高等职业教育计算机类专业新型一体化教材

Linux 服务器配置与管理

李志杰　主　编

何康健　郑荣茂　副主编

苏士泰　龙远双　林广源　王　荣　谢友洲　江子楠　林东鹏　参　编

電子工業出版社

Publishing House of Electronics Industry

北京 · BEIJING

内 容 简 介

本书基于企业服务器的运维需求，以目前应用最为广泛的 CentOS 7 为实战平台，全面介绍 Linux 服务器的安装、配置和管理。本书既包括了 Linux 简介、Linux 桌面系统，Linux 系统安装，Linux 系统基本配置，Linux 目录和文件管理，Linux 信息查看和处理，Linux 用户、用户组及权限管理，Linux 资源管理和 Linux 资源包管理等重要基础知识，又涵盖了 Apache、MySQL、FTP、DNS、DHCP、Samba、NFS、邮件、NAT、VPN 等服务器和防火墙、LAMP、Docker 等网络综合应用。

本书邀请了众多企业工程师参与编写，结合企业最新运维实战项目来设计本书的案例，每章均包括任务实战环节，并提供微课及实验素材，通过扫描各章名处的二维码可观看微课，有效辅助学生完成课堂任务。

图书在版编目（CIP）数据

Linux 服务器配置与管理 / 李志杰主编. —北京：电子工业出版社，2020.5（2023.9 重印）

ISBN 978-7-121-37488-3

Ⅰ. ①L… Ⅱ. ①李… Ⅲ. ①Linux 操作系统 Ⅳ.①TP316.85

中国版本图书馆 CIP 数据核字（2019）第 212652 号

责任编辑：李　静　　　　特约编辑：田学清
印　　刷：三河市华成印务有限公司
装　　订：三河市华成印务有限公司
出版发行：电子工业出版社
　　　　　北京市海淀区万寿路 173 信箱　　　邮编：100036
开　　本：787×1092　1/16　印张：21.5　　字数：578 千字
版　　次：2020 年 5 月第 1 版
印　　次：2023 年 9 月第 9 次印刷
定　　价：58.80 元

凡所购买电子工业出版社图书有缺损问题，请向购买书店调换。若书店售缺，请与本社发行部联系，联系及邮购电话：（010）88254888，88258888。

质量投诉请发邮件至 zlts@phei.com.cn，盗版侵权举报请发邮件至 dbqq@phei.com.cn。

本书咨询联系方式：（010）88254604，lijing@phei.com.cn。

前 言

Linux 因其稳定、可靠、高效、廉价和开源等众多优点受到众多企事业单位和个人用户的青睐，Linux 在服务器领域的应用越来越广泛，同时对 Linux 管理人员的需求不断增加，吸引了更多的人学习和使用 Linux。相对于 Windows 来说，Linux 的学习门槛较高、学习时间较长、实战环境搭建比较困难，本书希望帮助初学者在较短时间内快速掌握 Linux 的使用技巧，并且能够管理和维护 Linux 服务器系统。

本书共 22 章，在内容安排上，首先从 Linux 简介、Linux 桌面系统入手，逐步进入 Linux 系统，讲解 Linux 系统安装，介绍 Linux 系统基本配置，从而搭建好 Linux 学习环境。然后由浅入深地介绍了 Linux 目录和文件管理，Linux 信息查看和处理，Linux 用户、用户组及权限管理，Linux 资源管理及 Linux 资源包管理等内容，对 Linux 进行全面的系统管理。接下来重点介绍了 Apache 服务器配置、MySQL 服务器配置、FTP 服务器配置、DNS 服务器配置、DHCP 服务器配置、Samba 服务器配置、NFS 服务器配置、邮件服务器配置、NAT 服务器配置、VPN 服务器配置，对 Linux 支持的常见服务器系统的配置和管理进行了全面、系统的讲解。最后，通过对防火墙的介绍，使读者对 Linux 的安全体系和部署有了更深的认识和体验；LAMP 部署体现了 Linux 服务器系统的综合应用；Docker 容器部署让 Linux 服务器系统的维护和管理变得更加高效。

本书内容丰富，涉及 Linux 系统基础、系统管理维护、服务器配置和管理、系统运维等知识和技能，由浅入深、脉络清晰、通俗易懂。编者均是具有多年 IT 工作经验的企业一线工程师或专业教师，通过引入企业的真实案例，理论和实践相结合；使用大量的实例和图表对内容进行讲述，突出实践性和实用性，便于读者理解和掌握知识点与实践经验；结合企业案例设计任务实战环节，引导读者有针对性地完成章节任务实战，读者可按照微课讲解更加直观地学习和实践；各章节均提供 PPT 及实验素材，方便高校教师更好地教学。

本书第 1、14 章由王荣编写，第 2、3、4、10、11 章由何康健编写，第 5、6 章由李志杰编写，第 7、9 章由江子楠编写，第 8、12 章由林广源编写，第 13 章由何康健、林东鹏共同编写，第 15、16 章由林广源、江子楠共同编写，第 17 章由林东鹏编写，第 18 章由龙远双、林东鹏共同编写，第 19、20、21 章由苏士泰编写，第 22 章由谢友洲编写。

虽然我们对书中所述内容都尽量核实，并多次进行校对，但因时间所限，可能还存在疏漏和不足之处，恳请读者批评指正。如果读者在学习或使用过程中遇到困难或疑惑，请发邮件到 5294968@qq.com，我们会尽快解答。

编　者

2020 年 2 月

目 录

第 1 章　Linux 简介

Linux 是一套开源、免费和自由传播的类 UNIX 操作系统，是一个基于 POSIX 和 UNIX 的支持多用户、多任务、多线程和多 CPU 的操作系统。Linux 可以支持和运行 UNIX 工具软件、应用程序和网络协议，它支持 32 位和 64 位系统。Linux 的设计思想以网络为核心，是一个性能稳定的多用户网络操作系统。

虽然 Linux 有各种各样的版本，但是这些版本都使用了 Linux 内核。在日常生活中，Linux 无处不在，从嵌入式微小设备到超级计算机，如常见的手机、交换机、路由器、计算机、各种服务器等都使用了基于 Linux 内核的操作系统。

1.1　Linux 历史

Linux 是 UNIX（原名为 Unics）的一个衍生版本。

UNIX 是在 1969 年，由美国贝尔实验室的科学家在小型计算机上开发的一个分时操作系统。当时为了能在闲置不用的计算机上运行该科学家非常喜欢的“星际旅行”（一款游戏），该科学家利用一个月的时间开发出了 UNIX 的原型，其使用的是基本组合编程语言（BCPL 语言）。

1971 年，UNIX 才引起了人们的关注并将其使用在生产环境中，这是因为贝尔实验室需要给内部部门提供一个文字处理程序（nroff），而该程序的运行需要开发一个底层的操作系统，所以实验室在 UNIX 的基础上编写、运行并优化了该程序。

1972 年，UNIX 在贝尔实验室广为流行，装机量达到 10 台，之后使用移植性很强的 C 语言进行了改写，后来实验室使用 C 语言替换了当时使用的基本组合编程语言来重写 UNIX。只要机器编译器支持，就能把 UNIX 安装在对应的计算机上，这使得 UNIX 在大专院校得到了推广。

1977 年，Berkeley 大学的 Bill Joy 修改了 UNIX 的内核源码，使得 UNIX 的内核源码更适合自己的机器了，并将其命名为 BSD，BSD（Berkeley Software Distribution）由此诞生。

1979 年，AT&T 公司宣布对 UNIX 的商业化计划。

1984 年，Richard Stallman 陆续开发了 EMACS、GNUC、Bash Shell 等，目的是创建自由、开放的 UNIX。

1985 年，Richard Stallman 草拟了 GPL（GNU General Public License，GNU 通用公共许可

协议），但当时的软件只能在授权的 UNIX 平台上运行。

1991 年，Linux 正式对外发布，继承了 UNIX 以网络为核心的思想，是一个稳定的多用户网络操作系统。

1995 年，Bob Young 创办了 RedHat（红帽），以 GNU/Linux 为核心集成了多个源代码开放的程序模块，推出了一种冠以品牌的 Linux，即商业版 RedHat Linux，并且开始对外出售技术服务，推动了 Linux 的普及。

1.2 Linux 家族

1.2.1 Linux 常见特性

Linux 是 GPL 授权的产物，是一款开源且免费的操作系统。使用者可以通过多种渠道进行下载，例如，在通过网络资源下载 Linux 后，可以修改其源代码并使用，所以受到使用者的青睐。

1. 开放性

Linux 遵循 OSI（Open Systems Interconnection，开放系统互联）国际标准，所有代码免费对所有人开放，使用者可以根据自己需求进行修改、复制和共享。

2. 多用户和多任务

相对于 Windows 而言，Linux 支持多用户和多任务，文件系统可以根据用户来设置对应的权限，系统资源可以供多个用户同时访问。因为程序是独立运行的，所以每个程序和任务互不干扰，独立运行。

3. 用户界面

Linux 有两种操作界面，一种是基于文本的命令行，被称为 Shell，它可以让用户通过本机或远程输入对应的指令，从而完成交互和控制；另一种是图形界面，被称为 X-Window，类似于微软的 Windows，用户可以直接使用鼠标、键盘等外设进行直观操作，这种操作界面的易操作性强、交互性强，更直观。CentOS 是 Linux 的发行版本之一，CentOS 7 图形界面如图 1.1 所示。

4. 网络功能

丰富的内置网络是 Linux 的优点，网络和 Linux 属于共生的，Linux 在通信和网络方面比其他操作系统有优势。

5. 硬件兼容性

Linux 支持的硬件平台非常广泛，从嵌入式微小设备到超级计算机，都支持 Linux，如常见的掌上电脑、手机、计算机、路由器、机顶盒等。

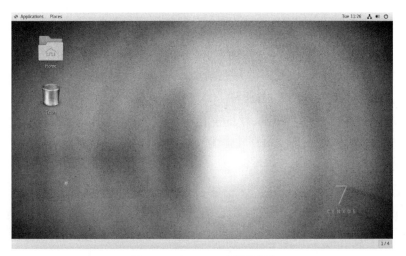

图 1.1　CentOS 7 图形界面

6. 安全可靠

Linux 支持多用户、多任务，因为每个用户和任务都是独立的，所以一旦某个任务崩溃，其他任务还能正常运行。

Linux 具有许多的安全技术措施，可以对读写权限进行很好的控制，可以对不同用户设置不同的读写执行权限。另外，Linux 具有强大的日志系统功能，还具有授权管理、审计等很好的安全措施。

作为服务器的 Linux，因为有优秀的内核支持，一般比较稳定（基本上作为服务器的操作系统都属于 7×24 小时运行，甚至长达数年连续运行，无须重新启动），使其在生产环境中表现出卓越、可靠的优势。

7. 设备独立性

在 Linux 中，一切皆文件，系统会把所有外设都当作文件来看待。只要安装好对应的驱动文件，用户就可以像使用文件一样使用这些外设，而不需要具体知道这些外设存在的形式。

Linux 内核强大的关键在于各种设备的独立性，使其适应能力很强。

1.2.2　Linux 结构组成

Linux 一般由硬件、内核、Shell 和应用程序组成，这几大部分使得 Linux 可以运行文件且具有处理文件的能力。Linux 的结构层次如图 1.2 所示。

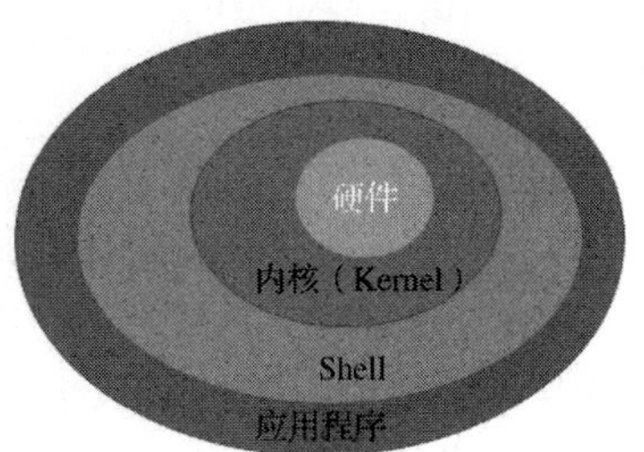

图 1.2　Linux 的结构层次图

1. 内核

内核是 Linux 的核心，就像人的大脑一样，属于最核心、最重要的组成部分。

内核由以下几个模块组成：内存管理、进程管理、设备驱动程序、文件系统和网络管理。

1）内存管理

对于计算机而言，资源是有限的，Linux 使用的是“虚拟内存”的管理方式，可以划分为多个小块（一般为 4KB），使虚拟内存映射为物理内存。

2）进程管理

在 Linux 中，多个进程可以同时运行，多任务机制使得每个程序都独自占有计算机空间，避免了进程间的相互干扰和某个出现问题的程序对系统的影响。

3）设备驱动程序

设备驱动程序可以实现操作系统和硬件间的交互，负责提供操作系统可以识别的接口。

4）文件系统

在 Windows 中，文件系统是通过盘符（如 C 盘、D 盘）来识别的，而 Linux 是通过树形结构来表示的。

5）网络管理

网络管理可以提供对各种网络标准的支持，如常见的 TCP/IP 协议。

2. Shell

Shell 是系统用户界面，属于用户与内核进行交互操作的一种接口，它在收到用户指令后，会通过特定方式将指令送到内核去执行，属于一个解释器。Shell 允许用户编写由命令组成的程序。

Shell 使用逐条解释的方式，支持文件、字符串或命令语句。

目前 Shell 具有以下版本。

Bourne Shell：贝尔实验室开发的版本。

BASH：GNU 操作系统上默认的 Shell 版本（Bourne Again Shell），现在很多 Linux 使用的都是这种 Shell 版本。

Korn Shell：Bourne Shell 的发展版本，大部分与 Bourne Shell 兼容。

C Shell：Sun 公司 Shell 的 BSD 版本。

3. 文件系统

Linux 目前能支持多种流行的文件系统格式，如 EXT2、EXT3、FAT、FAT32 等。

1）文件类型

Linux 中常见的文件类型如下所述。

普通文件：源代码、Shell 脚本、纯文本文件和二进制的可执行文件等。

目录文件：目录。

链接文件：指向同一个文件或目录的文件（功能类似于 Windows 的快捷方式）。

设备文件：外设的文件，分为块设备和字符设备。

2）目录结构

如前文所述，Linux 目录采用的是树形结构。从根目录出发，其他的所有目录都是基于根目录生成的。

在 Linux 中，目录树只有一个，虽然操作系统具有几个磁盘分区。

主要的目录树有/、/root、/home、/usr、/bin 等目录。一个典型的 Linux 目录结构如图 1.3 所示。

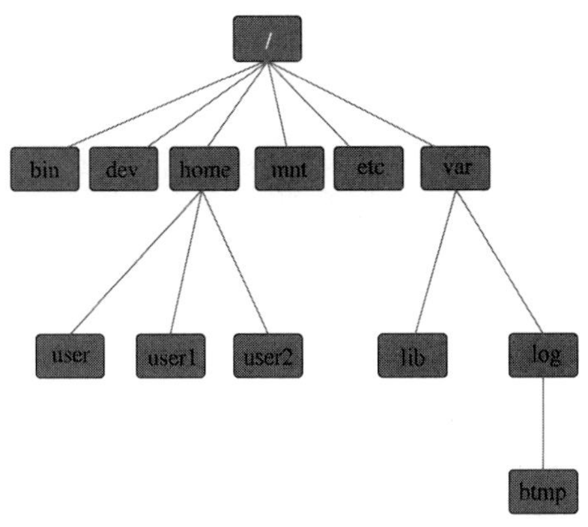

图 1.3 一个典型的 Linux 目录结构

3）常见的目录用途

在 Linux 中，每个目录一般都有不同的作用和功能。

查询根目录下有哪些文件可以使用如下命令：

```
[root@student ~]# ls /
bin   dev  home  lib64   mnt  proc  run   srv  tmp  var
boot  etc  lib   media  opt  root  sbin  sys  usr
```

上述输出为 Linux 根目录下常见的文件。

下面是常见的目录及其功能。

- /bin：存放必要的基本命令。
- /dev：存放各种设备文件。
- /home：普通用户的家目录（主目录），用户数据存放在该目录的子目录中。
- /lib：存放必要的运行库。
- /mnt：存放临时的映射文件系统，通常用来挂载使用。
- /proc：存放存储进程，数据可以直接写入内存。
- /tmp：存放临时文件。
- /var：存放系统默认的日志文件。
- /boot：存放内核和启动所需要的文件。
- /etc：存放系统配置文件。
- /media：外接存储设备目录。
- /root：超级用户的家目录。
- /sbin：和/bin 目录一样存储命令，但/sbin 目录中存放的命令只有超级用户才有权限查看。

- /usr：存放应用程序、软件等资源目录。
- /sys 和/proc 相同。

4. 应用程序

Linux 一般都有应用程序的程序集，包括文本编辑器、编程语言、数据库、X-Window、办公套件、Internet 等。

1.2.3 Linux 版本

Linux 版本分为内核版本和发行版本。发行版本在内核版本的基础上增加了一些资源，如程序和用户界面。

1. 内核版本

Linux 内核属于设备与应用程序之间的抽象介质，程序可以通过内核控制硬件。

Linus 领导下的开发小组控制着 Linux 内核的开发与规范，目前的最新稳定版本为 5.2.1，并且每隔一段时间就会更新一次版本，使得内核版本越来越完善和强大。

在一般情况下，Linux 内核版本的编号有严格的定义标准，为了分辨和统一，由 3 个数字组成（如最新版本 5.2.1），第 1 个数字叫主版本号，第 2 个数字叫次版本号，第 3 个数字叫修订版本号。

第 1 个数字表示大版本，也就是进行大升级的版本，改动比较多。

第 2 个数字表示大版本中的小版本，该数字为偶数表示生产版本，该数字为奇数表示测试版本。

第 3 个数字表示小版本的补丁包。

使用者可以到 Linux 官方网站下载所需要的内核版本，如图 1.4 所示。

图 1.4　Linux 内核版本下载的官方网站

2. 发行版本

如果只有内核，没有应用程序，操作系统就不完整。在内核的基础上，需要加入系统管理工具、网络工具、办公软件等，才能使内核版本完整并发挥作用。

所以一些组织就加入了某些个性化功能和软件，让内核和应用程序组合起来。这样就有了发行版本，只要用户安装后就可以直接使用。

但大部分发行版本不是免费的。以下为一些常见的发行版本。

1）RHEL（RedHat Enterprise Linux）

参考网址：www.redhat.com。

红帽公司属于全球最大的开源技术支持厂商，RHEL 在全世界非常受欢迎，使用非常广泛。RHEL 安装简单、上手快，目前的知名度非常高，被广泛使用在各种生产环境中。目前该公司已经被 IBM（International Business Machines Corporation）收购。RHEL 图标如图 1.5 所示。

图 1.5　RHEL 图标

2）CentOS（Community Enterprise Operating System）

参考网址：www.centos.org。

CentOS 的中文意思是社区企业操作系统。

CentOS 是 Linux 发行版本之一，它是由 RHEL 系统重新编译而成的，和 RHEL 不同的是，该系统免费且开源，所以被广泛使用。

2014 年，CentOS 宣布加入 RedHat，但保持着开源、免费等优点。CentOS 图标如图 1.6 所示。

3）Debian

参考网址：www.debian.org。

Debian 也属于目前非常流行的 Linux 服务器发行版本。

Debian 提供了自己特有的各种软件包管理器，其服务器更加安全、稳定。Debian 支持各种硬件架构，提供了丰富的开源软件。Debian 图标如图 1.7 所示。

图 1.6　CentOS 图标

图 1.7　Debian 图标

4）Ubuntu

参考网址：cn.ubuntu.com。

Ubuntu 衍生于 Debian，有很高的兼容性，有着出色的桌面系统，主要用于服务器。

Ubuntu 图标如图 1.8 所示。

5）Fedora

参考网址：getfedora.org。

Fedora 是红帽公司发布的桌面版系统套件，相当于 RHEL 的“实验版”，支持各种桌面环境。Fedora 图标如图 1.9 所示。

图 1.8　Ubuntu 图标

图 1.9　Fedora 图标

6）Oracle Linux

参考网址：www.oracle.com。

Oracle Linux（Oracle Enterprise Linux）是 Linux 发行版本之一，简称 OEL。

Oracle 公司在 2006 年发布了第 1 个版本。Oracle Linux 图标如图 1.10 所示。

7）Gentoo

参考网址：www.gentoo.org。

Gentoo 是一个自由灵活的操作系统，其操作比较复杂，需要极高的技术对其自定义，适合有一定技术基础的人员使用。Gentoo 图标如图 1.11 所示。

图 1.10　Oracle Linux 图标

图 1.11　Gentoo 图标

1.3　Linux 服务器

Linux 作为主流操作系统，在生产环境中占据着独有的优势，因为其稳定可靠，而且开源，所以受到大部分企业的青睐。

1.3.1　Linux 服务器为何受到青睐

随着互联网技术的高速发展，云计算、大数据、人工智能逐渐出现在人们的生活中。而随着 5G 时代的到来，Linux 服务器充当着不可或缺的角色。在生产环境的服务器中，Linux 属于备受欢迎的操作系统，而开源共享精神属于其备受欢迎的原因之一。

开源共享就是把代码公开打包共享给需要的人，并可以对其无限制地修改或者再次打包，实现使用自由、修改自由、传播自由、再生自由。这使得大家都非常喜欢开源软件，特别是技术爱好者。

开源软件具有下面的优点。

1. 公开透明

由于开源软件是开源的，因此代码都是公开的，一般不会被写入恶意软件或木马。

2. 风险低

在使用开源软件时，使用者就对其有了所有权，这样该软件就在自己的控制中。如果使用的是封闭软件，没有发行方的维护，使用者就无法继续使用。

3. 成本低

开源代表免费，很多开源发行版本可以直接使用，减少了资金成本和技术成本。

1.3.2 云计算

云计算是与信息技术、软件、互联网相关的一种服务，它可以把大量计算机资源集合起来，用软件实现管理，从而实现按需求分配计算机资源，使得计算机资源使用方便，扩展性、灵活性和可靠性高。

类似于一个水厂，有专门的管理团队把水集中在一起，使用者可以直接通过水龙头实现按需获取，减少了管理自建水厂的成本，并且如果不使用就不收费。

例如，某公司要搭建一个网站，需求量又不是很大，如果自己进行私有化处理，则需要购买硬件设备，设置专门的技术人员进行维护，还要保证服务不中断，这样就会造成资源过剩和浪费。

而云计算很好地解决了这个问题，该公司可以直接找一个云服务器供应商，按照公司需求购买满足需求的云服务器，不需要技术和硬件支持，不使用的时候可以直接停止，需要提高配置的时候可以有更好的扩展性。

国内常见的云服务器供应商有阿里云、华为云、腾讯云等。阿里云官方网站如图 1.12 所示。

图 1.12 阿里云官方网站

1.3.3 Linux 与云计算的关系

云计算之所以能实际应用到企业服务上，是因为它可以通过虚拟化服务器实现硬件资源的分配使用。

云平台需要运行，操作系统可以作为硬件与使用者之间的桥梁。因为对于集中式服务平台来说，开放性是非常重要的，所以云计算的大部分基础应用都基于开源软件。而开源属于Linux 的一大特性，所以云计算和 Linux 集合有着开源软件的共同优点，是一种重要的发展趋势。

第 2 章　Linux 桌面系统

扫一扫，
获取微课

对于长期使用 Windows 的用户来说，Linux 似乎显得高深莫测，就像在很多电影镜头里的黑客那样在黑底白字的屏幕里快速地敲击着键盘，然后一行行字符在屏幕里不断地闪过，这大概就是很多人对于 Linux 的第一印象。在历史发展过程中，Linux 要远远早于 Windows，但如今 Windows 在桌面领域几乎已经“一统天下”，在桌面系统发展得如此成熟的今天，为什么很少有 Linux 桌面系统能被人们记住呢？原因在于 Linux 大多用于服务器领域，还有少部分用于开发。作为服务器，Linux 只需要长期、稳定、安全地运行着特定的服务进程以对外提供服务即可，这些功能在字符界面下就能高效地完成，如果加入 Linux 桌面不但会占用服务器的 CPU、内存等资源，还会因为使用额外的程序而增加安全的风险。但这并不意味着 Linux 桌面系统的存在毫无意义，对于一些从 Windows 过渡到 Linux 的新手来说，Linux 桌面系统能够很好地帮助新手适应新的系统，从而更高效地使用新的系统。但本书认为最终还是需要摆脱 Linux 桌面，回到最高效、最节约资源的字符界面。本章将讲解比较流行的几款 Linux 桌面系统和 Linux 桌面系统的安装。

2.1　Linux 桌面系统介绍

2.1.1　GNOME 3

GNOME（GNU Network Object Model Environment，GNU 网络对象模型环境）于 1999 年首次发布，GNOME 提供了一种简单而经典的桌面体验，没有太多的选项需要定制。GNOME 的受欢迎程度证明了这些设计目标的正确性。GNOME 3 桌面设计的目标是简单、易于访问和可靠。Ubuntu 16.04 版本使用的默认桌面是 Unity，而 Ubuntu 18.04 版本开始弃用 Unity，改用 GNOME 3 作为官方默认桌面，这必将使得 GNOME 3 桌面更加流行。GNOME 3 桌面如图 2.1 所示。

GNOME 3 桌面的优点：

- 在用户第一次登录时会显示入门教程，这为 GNOME 新用户提供了一个简单、明了的操作提示。
- 桌面整洁，用户一般只能看到顶部栏，其他的栏目都会被隐藏，直到需要时才会显示。目的是使用户专注于目前的任务，并尽量减少桌面上其他内容所造成的干扰。

- 它的界面可以通过扩展进行自定义，允许用户按照自己喜欢的方式调整桌面环境。

图 2.1　GNOME 3 桌面

2.1.2　KDE

KDE（K Desktop Environment，K 桌面环境）是高度可配置的，如果用户不喜欢该桌面的某些内容，则在绝大多数情况下用户可以按照自己的想法来配置桌面环境。它在 1998 年发布了第 1 个版本。KDE 在可定制性方面一直优于 GNOME 及其衍生的 Linux 发行版本，这意味着用户可以定制该桌面环境中的一切元素，甚至不需要通过扩展插件来完成。KDE 桌面如图 2.2 所示。

KDE 桌面的优点：

- 非常先进和强大的桌面环境。
- 高度可配置。
- 外观新颖而优美。
- 硬件兼容性好。

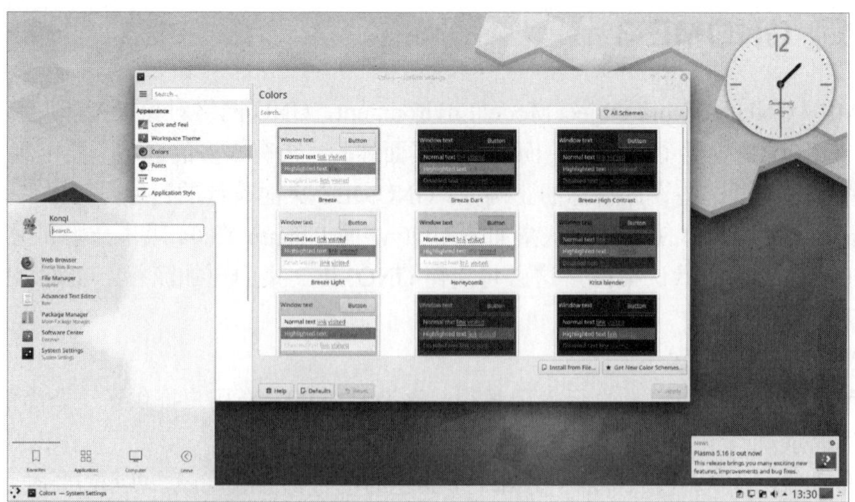

图 2.2　KDE 桌面

2.1.3 Xfce

Xfce是类UNIX的轻量级桌面环境。虽然它致力于快速运行与低资源消耗，但是它仍然具有视觉吸引力且易于使用。Xfce包含大量组件，有用户期待的现代桌面环境所应具有的完整功能。类似于GNOME 3和KDE，Xfce是一个桌面环境，它包含一套应用程序，如根窗口程序、窗口管理器、文件管理器、面板等。Xfce使用GTK2进行开发，同时，与其他桌面环境一样，它也有自己的开发环境（库、守护进程等）。不同于GNOME 3和KDE，Xfce是轻量级的，并且在设计上更接近CDE，而不是Windows或mac OS。Xfce的开发周期比较长，但它非常稳定，速度极快。Xfce很适合在比较老的机器上使用。Xfce桌面如图2.3所示。

Xfce桌面的优点：

- 相较于其他主流桌面环境，Xfce更轻量，占用更少的资源。
- 几乎所有的设置都可以通过图形界面完成，Xfce不会尝试向用户隐瞒任何内容。
- Xfce允许用户使用混合特性，可以体验“真透明”和GPU加速等。
- Xfce可以工作在多个监视器上。
- Xfce4是一个稳健、成熟的桌面套件。

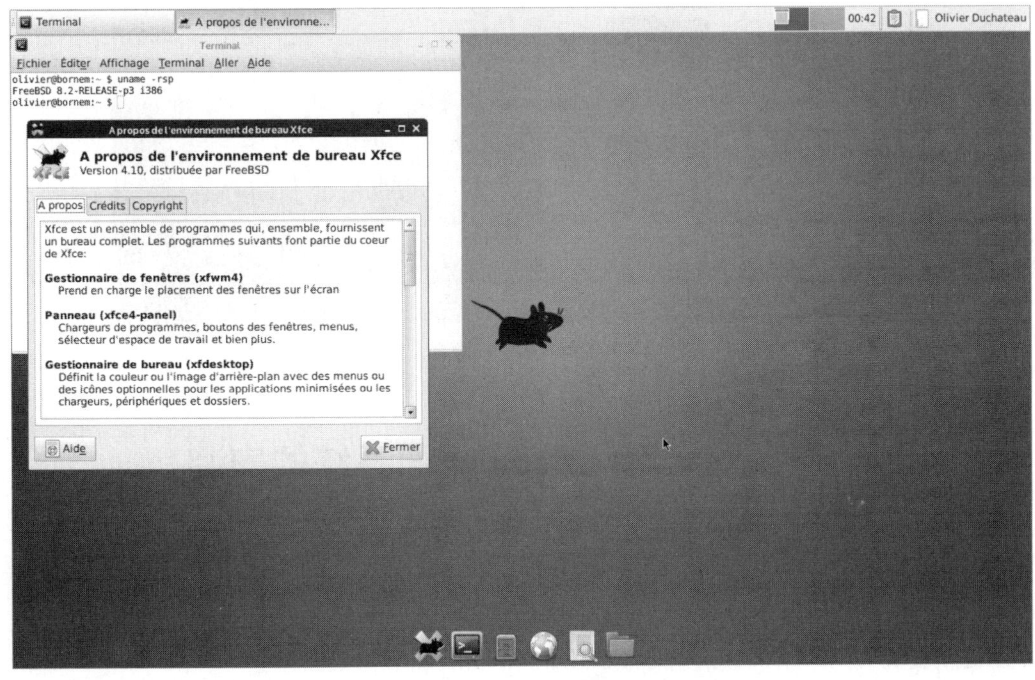

图2.3 Xfce桌面

2.1.4 LXDE

LXDE，全称为Lightweight X11 Desktop Environment，是一个自由桌面环境，可在UNIX，以及类似于Linux、BSD等POSIX平台上运行。LXDE旨在提供一个新的、轻巧的、快速的桌面环境；相较于功能强大与伴随而来的膨胀性，LXDE注重实用性和轻巧性，并且尽力降低其对系统资源的消耗。不同于其他桌面环境，其元件相依性极小，各元件可以独立运行，大多数的元件都无须依赖其他套件而独自执行。LXDE 使用 Openbox 作为其预设视窗管理器，并且希望能够提供一个建立在可独立的套件上的轻巧而快速的桌面。LXDE 桌面如图 2.4 所示。

LXDE 桌面的优点：

- 轻量级桌面。
- 占用资源较少。
- 适合老机器。

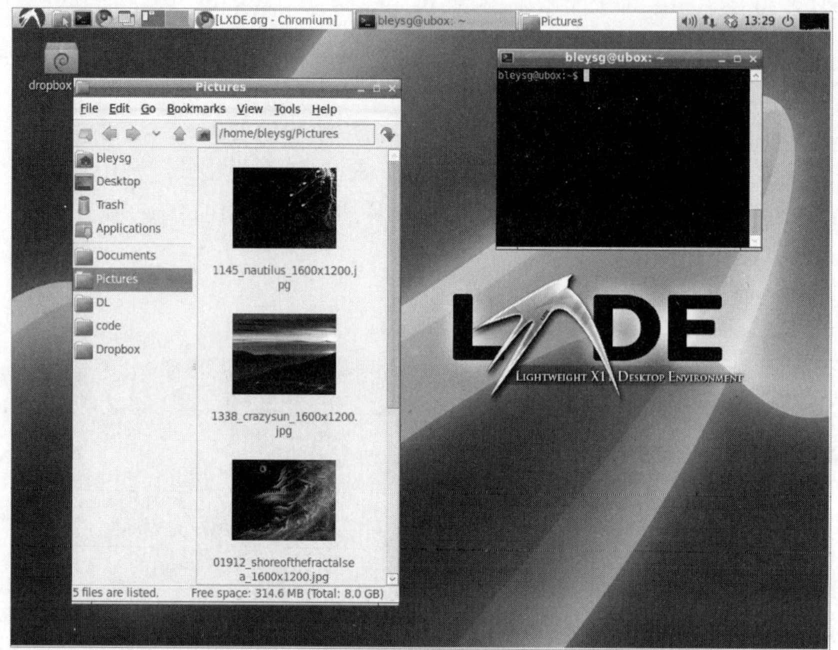

图 2.4 LXDE 桌面

2.2 Linux 桌面系统的安装

通常 Linux 管理员大部分时间都在终端上工作，而有些人喜欢在 GUI（图形用户界面）上而不是终端上工作。在默认情况下，CentOS 7 作为服务器安装最简化的系统，需要用户干预才能更改安装类型。本节将讲解在 CentOS 7 上安装图形化桌面。

2.2.1 在 CentOS 7 上安装 GNOME 3 桌面

（1）首先确保 Yum 源配置正确且可用，并运行以下命令以列出 CentOS 7 的可用软件包组。

```
[root@kangvcar ~]# yum group list
Failed to set locale, defaulting to C
Loaded plugins: fastestmirror
```

```
There is no installed groups file.
Maybe run: yum groups mark convert (see man yum)
Loading mirror speeds from cached hostfile
 * base: mirrors.163.com
 * extras: mirrors.njupt.edu.cn
 * updates: ftp.sjtu.edu.cn
Available Environment Groups:
   Minimal Install
   Compute Node
   Infrastructure Server
   File and Print Server
   Basic Web Server
   Virtualization Host
   Server with GUI
   GNOME Desktop
   KDE Plasma Workspaces
   Development and Creative Workstation
Available Groups:
   Compatibility Libraries
   Console Internet Tools
   Development Tools
   Graphical Administration Tools
   Legacy UNIX Compatibility
   Scientific Support
   Security Tools
   Smart Card Support
   System Administration Tools
   System Management
Done
```

（2）使用以下命令安装 GNOME GUI 软件包组，该软件包组大小约为 743MB，需耐心等待下载完成。如果需要获得更快的下载速度，则可以配置本地 Yum 源，具体配置步骤见任务实战部分。

```
[root@kangvcar ~]# yum -y groupinstall "GNOME Desktop" "Graphical Administration Tools"
```

（3）设置在系统启动时进入图形化桌面，命令如下：

```
## 使用以下命令设置默认启动级别
[root@kangvcar ~]# systemctl set-default graphical.target
## 重启后即可进入图形化桌面
[root@kan1gvcar ~]# reboot
```

（4）重启后进行基本配置。

根据向导提示来设置语言、键盘布局、位置服务、时区、用户名、密码等，在完成后，会弹出新手使用教程。安装完成后的 GNOME 桌面如图 2.5 所示。

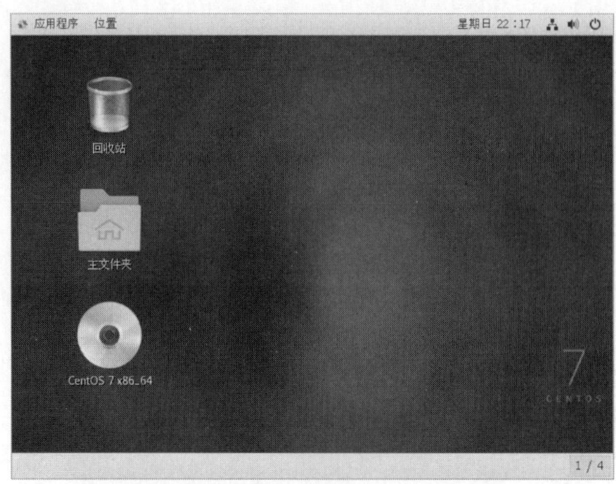

图 2.5　安装完成后的 GNOME 桌面

2.2.2　在 CentOS 7 上安装 KDE 桌面

（1）首先确保 Yum 源配置正确且可用，详细的配置见第 4 章，并运行以下命令以列出 CentOS 7 的可用软件包组。

```
[root@kangvcar ~]# yum group list
```

（2）使用以下命令安装 KDE GUI 软件包组，该软件包组大小约为 192MB，需耐心等待下载完成。如果需要获得更快的下载速度，则可以配置本地 Yum 源，具体配置步骤见任务实战部分。

```
[root@kangvcar ~]# yum groupinstall -y "KDE Plasma Workspaces"
```

（3）执行以下命令进入 KDE 桌面，安装完成后的 KDE 桌面如图 2.6 所示。

```
# echo "exec startkde" >> ~/.xinitrc
# startx
```

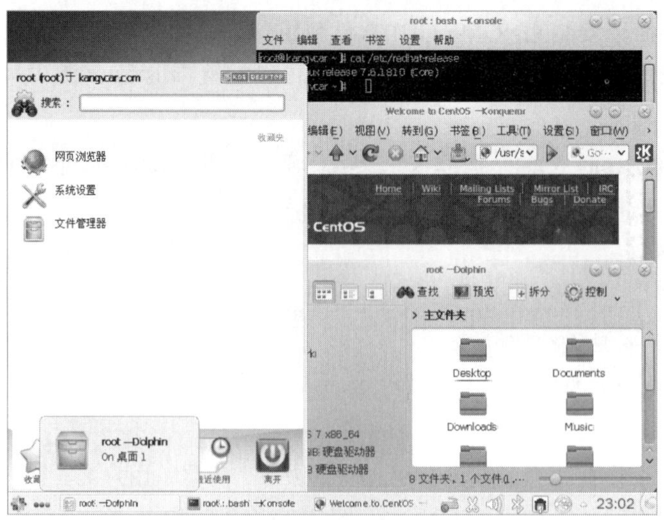

图 2.6　安装完成后的 KDE 桌面

2.3 任务实战

2.3.1 任务描述

本任务将在最小化安装的 CentOS 7 环境下，使用 CD/DVD 介质配置本地 Yum 源，并安装 GNOME 图形化桌面。

2.3.2 任务实施

1. 使用 CD/DVD 介质配置本地 Yum 源

首先在 VMware Workstation 中添加 CD/DVD 虚拟光驱并使用 CentOS ISO 镜像文件，然后在 CentOS 中挂载光驱，命令如下：

```
[root@kangvcar ~]# mount /dev/cdrom /mnt/
```

在创建 repo 文件之前，备份/etc/yum.repos.d 目录中默认的 repo 文件，然后在/etc/repos.d 目录下创建名为 local.repo 的新 repo 文件，命令如下：

```
[root@kangvcar ~]# mv /etc/yum.repos.d/*.repo /tmp/
[root@kangvcar ~]# vi /etc/yum.repos.d/local.repo
[LocalRepo]
name=LocalRepository
baseurl=file:///mnt
enabled=1
gpgcheck=0
```

Yum 源配置文件的解释如下所述。

[LocalRepo]表示将在程序包安装期间显示的 Yum 源名称。

name 表示 Yum 源的名称。

baseurl 表示 Yum 源的位置。

enabled 表示启用 Yum 源。

gpgcheck 表示启用安全安装。

gpgkey 表示密钥的位置。

在本地 Yum 源配置完成后，清除 Yum 源缓存，命令如下：

```
[root@kangvcar ~]# yum clean all
```

2. 安装 GNOME 图形化桌面

```
## 安装 GNOME 软件包组
[root@kangvcar ~]# yum -y groupinstall "GNOME Desktop" "Graphical Administration Tools"
```

3. 设置在系统启动时进入图形化桌面

```
## 使用以下命令设置默认启动级别
[root@kangvcar ~]# systemctl set-default graphical.target
## 重启后即可进入图形化桌面
[root@kan1gvcar ~]# reboot
```

第 3 章　Linux 系统安装

扫一扫，
获取微课

我们平时使用得较多的系统是 Windows 或 mac OS，很少会有人把 Linux 作为办公系统，因为 Linux 的图形化桌面体验远不如前两者，但这并不代表 Linux 不流行，事实上在大型公司里使用 Linux 的比例很高，这足以证明 Linux 的强大。

为了方便本书的学习和实验，我们需要一个 Linux 环境，本书的所有实验都将在 CentOS 环境上完成。如果条件允许，则最好把 CentOS 安装在一台个人计算机上。但大多数的读者比较习惯于使用 Windows，为了不影响原有系统的使用，我们可以使用目前比较流行的解决方案，即使用虚拟机来安装 Linux。虚拟机有很多强大的功能辅助我们进行更好的学习和实验，如快照恢复，模拟光驱，模拟网络，自定义内存、磁盘、CPU 的大小等。

本节将讲解如何在 VMware Workstation 上安装 CentOS。

3.1　VMware Workstation 的安装

VMware Workstation 是一款功能强大的桌面虚拟计算机软件，可供用户在单一的桌面上同时运行不同的操作系统，是进行开发、测试、部署新的应用程序的最佳解决方案。VMware Workstation 可在一部实体机器上模拟完整的网络环境，其更好的灵活性与先进的技术胜过了市面上其他的虚拟计算机软件。对于企业的 IT 开发人员和系统管理员而言，VMware Workstation 在虚拟网络、实时快照、拖曳共享文件夹、支持 PXE 等方面的特点使它成为必不可少的工具。在安装 VMware Workstation 时，首先需要到官方网站下载软件安装包，然后进行安装，其安装步骤比较简单，只需要根据提示操作即可，安装完成后的 VMware Workstation 界面如图 3.1 所示。

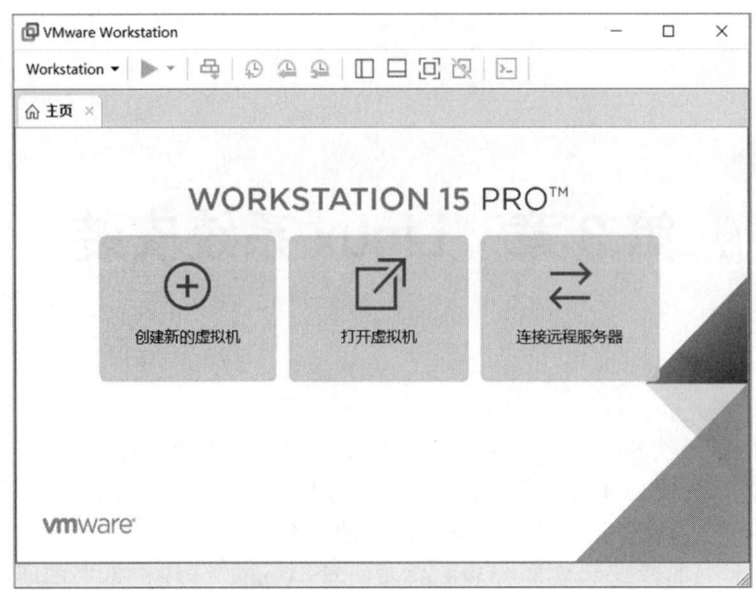

图 3.1　安装完成后的 VMware Workstation 界面

3.2　镜像文件的下载

在 VMware Workstation 安装完成后，就可以开始安装 CentOS 了。在安装 CentOS 之前，需要先下载 CentOS 镜像文件，同样可以通过其官方网站（www.centos.org）获取，但国内访问其官方网站的速度非常慢，所以还可以通过清华大学开源软件镜像站来下载。

CentOS 镜像文件类型如表 3.1 所示。

表 3.1　CentOS 镜像文件类型

版　本	说　明
CentOS-7-x86_64-DVD-1810.iso	标准安装版
CentOS-7-x86_64-Everything-1810.iso	完整版，集成所有软件
CentOS-7-x86_64-LiveGNOME-1810.iso	GNOME 桌面版
CentOS-7-x86_64-LiveKDE-1810.iso	KDE 桌面版
CentOS-7-x86_64-Minimal-1810.iso	最小化版
CentOS-7-x86_64-NetInstall-1810.iso	网络安装镜像

找到 CentOS-7-x86_64-DVD-1810.iso，然后下载并安装即可。

3.3　创建新的虚拟机

在虚拟计算机软件和镜像文件都准备好以后，就可以开始创建新的虚拟机了。

（1）启动 VMware Workstation，如图 3.2 所示，单击“创建新的虚拟机”，即可弹出如图 3.3

所示的“新建虚拟机向导”对话框，选中“典型”。

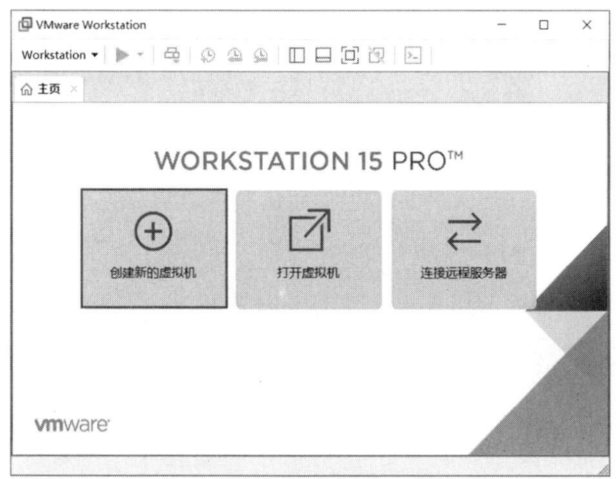

图 3.2　创建新的虚拟机

图 3.3　“新建虚拟机向导”对话框

（2）如图 3.4 所示，进行客户机操作系统安装的选择，在这里直接选择“稍后安装操作系统”，具体的操作系统将在后面的步骤中安装。

（3）如图 3.5 所示，进行客户机操作系统类型的选择，根据所需要安装的操作系统进行选择即可，在这里选择“Linux”，版本为“CentOS 7 64 位”。

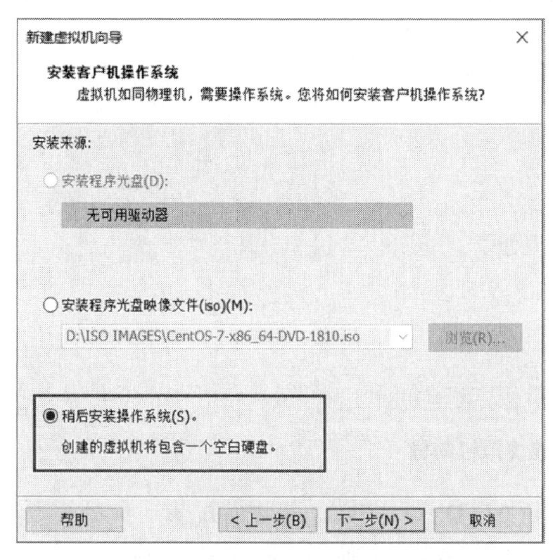

图 3.4　客户机操作系统安装的选择

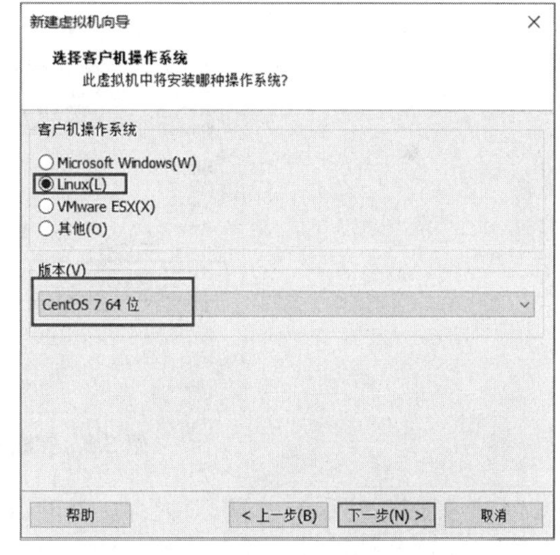

图 3.5　客户机操作系统类型的选择

（4）如图 3.6 所示，进行虚拟机名称和存放位置的设置。

（5）如图 3.7 所示，进行磁盘容量的设置，可以根据需要设置，一般将用于实验的“最大磁盘大小”设置为 20GB 即可。

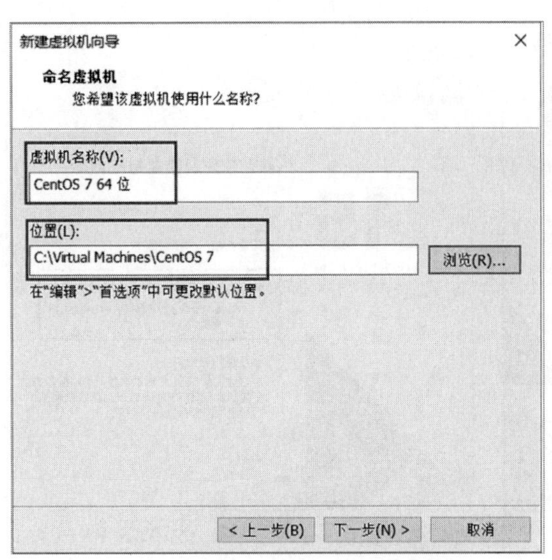

图 3.6 设置虚拟机名称和存放位置

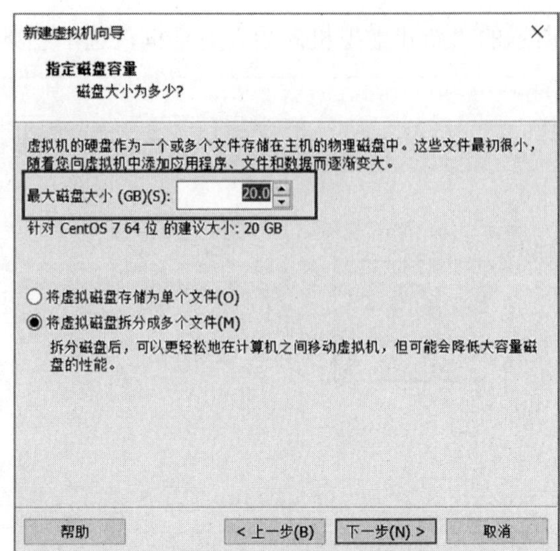

图 3.7 设置磁盘容量

（6）如图 3.8 所示，新建虚拟机向导完成了，但还需要进一步配置虚拟机，单击“自定义硬件”，即可进入相应的配置界面。

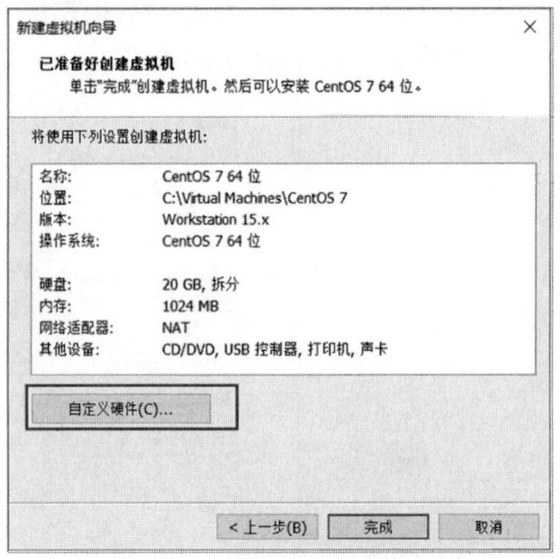

图 3.8 完成新建虚拟机向导

（7）如图 3.9 所示，可以对内存、处理器、新 CD/DVD（IDE）等进行配置。此处需要配置 CentOS 的安装镜像，单击“新 CD/DVD(IDE)”，然后选中“使用 ISO 映像文件”并选择刚刚下载的 CentOS 镜像文件。

（8）如图 3.10 所示，还需要对网络进行配置，这里选择“NAT 模式(N):用于共享主机的 IP 地址”，在这种模式下，物理主机充当“路由器”的角色，虚拟机通过物理主机连接网络。其他配置保持默认即可。

- 桥接模式：在这种模式下，虚拟机和物理主机处于同一个网络中，地位相当。
- NAT 模式：在这种模式下，物理主机充当“路由器”的角色，虚拟机通过物理主机连接网络。
- 仅主机模式：在这种模式下，虚拟机处于一个指定的虚拟局域网中。

图 3.9　CD/DVD 配置

图 3.10　网络适配器设置

（9）在配置完成后，可以再次检查配置参数，如图 3.11 所示。

（10）至此，虚拟机的配置已经完成，可以单击图 3.11 中的“开启此虚拟机”来正式安装 CentOS。

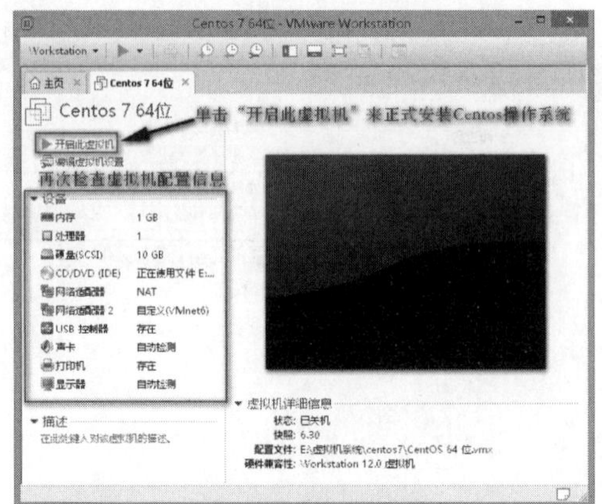

图 3.11　检查配置参数

3.4　CentOS 的安装

（1）在虚拟机创建完成后，单击“开启此虚拟机”，虚拟机就会自动加载虚拟光驱中的镜像文件，并弹出如图 3.12 所示的界面，包括 3 个安装选项。

- Install Centos 7：直接安装 CentOS 7。
- Test this media & install CentOS 7：检测安装介质并安装 CentOS 7。
- Troubleshooting：排错。

我们通过键盘的方向键选择第 1 个选项“Install CentOS 7”来安装 CentOS 7。需要注意的是，如果想要在虚拟机里面使用鼠标或键盘操作，就需要先把鼠标移动到虚拟机页面并单击；如果想要把鼠标退出来，就需要按 Ctrl+Alt 组合键。

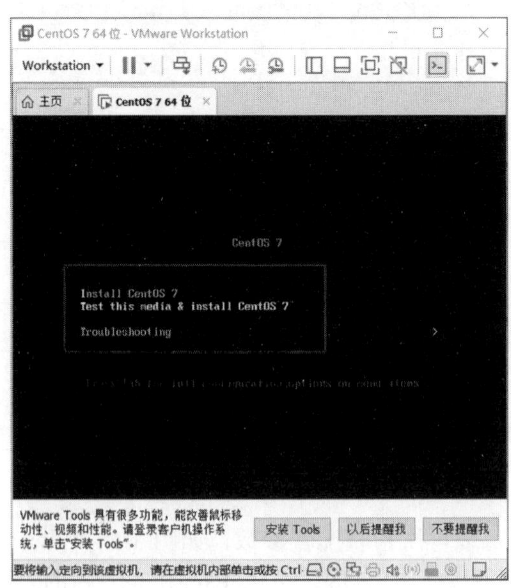

图 3.12　安装选项

（2）如图 3.13 所示，安装的第 1 步需要选择使用的语言，此处选择“中文”和“简体中文”。

图 3.13　选择语言

（3）如图 3.14 所示，安装信息摘要包括“本地化”“软件”“系统”。其中，“本地化”信息配置保持默认即可；“软件”信息配置也可以保持默认，默认为最小化安装（即字符界面，没有图形化桌面），如果需要使用图形化桌面，则可以单击“软件选择”来选取需要安装的软件组（可以选择“GNOME 桌面”或“KDE Plasma Workspaces”），如图 3.15 所示。

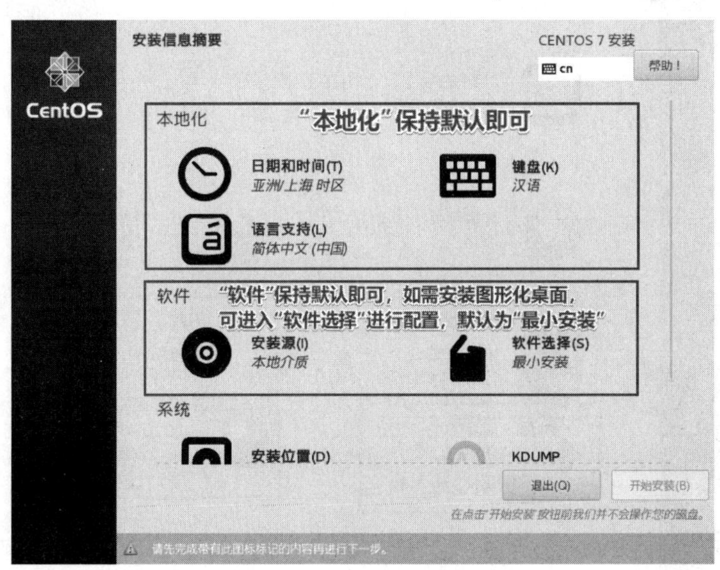

图 3.14　安装信息摘要

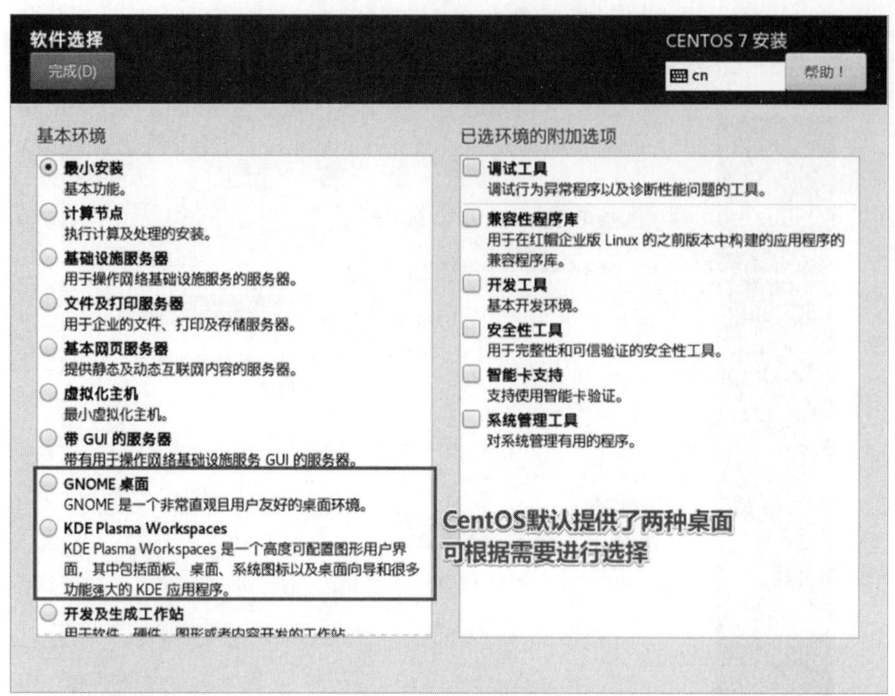

图 3.15　软件选择

（4）如图 3.16 所示，单击“安装位置”可以配置系统分区，如图 3.17 所示，可以使用默认分区也可以手动进行分区；在实验环境中可以关闭 KDUMP 以节省资源；单击“网络和主机名”可以配置网络和主机名，如图 3.18 所示，也可以在系统安装完成后再进行配置。

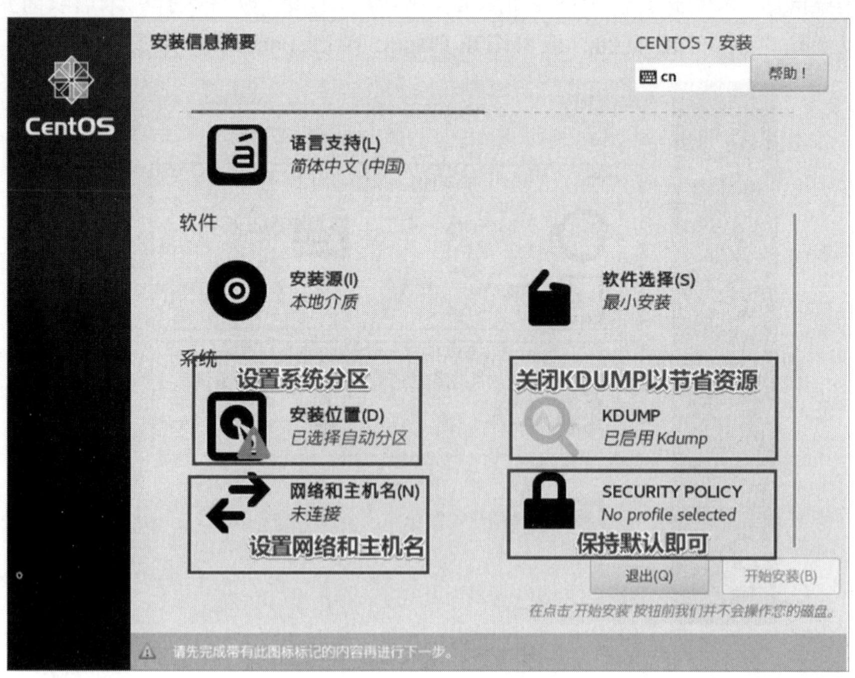

图 3.16　“系统”信息配置

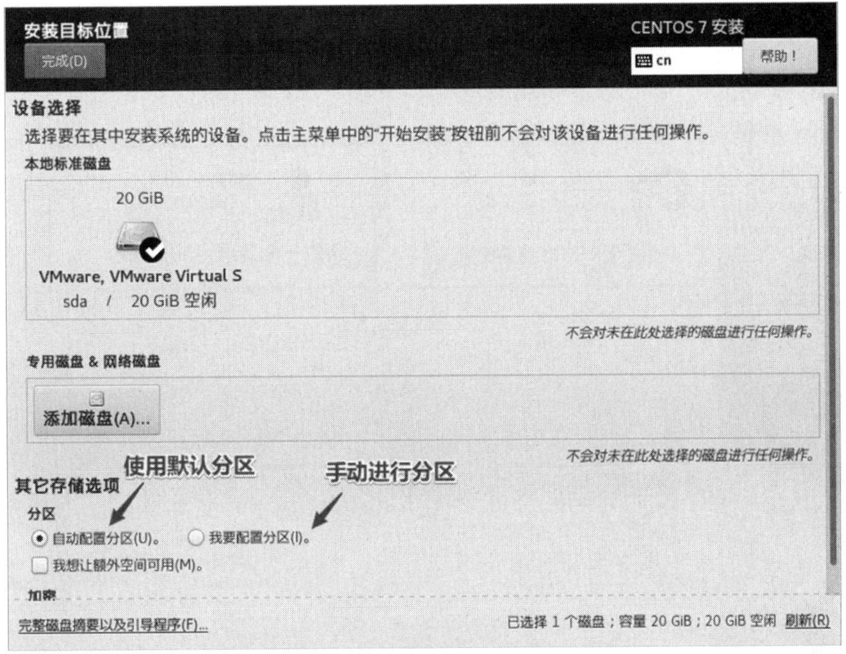

图 3.17 配置系统分区

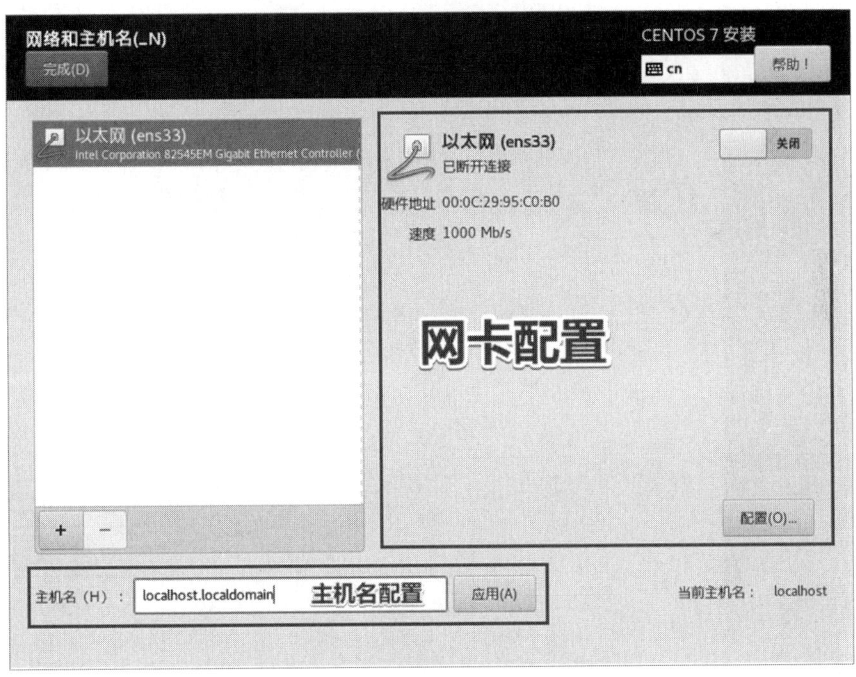

图 3.18 配置网络和主机名

（5）在上述步骤完成后，单击“开始安装”，会打开如图 3.19 所示的“配置”界面，此时必须设置 root 用户的密码，还可以选择创建一个普通用户。然后就可以等待系统自行安装了，CentOS 安装完成如图 3.20 所示，单击“重启”，即可进入 CentOS。

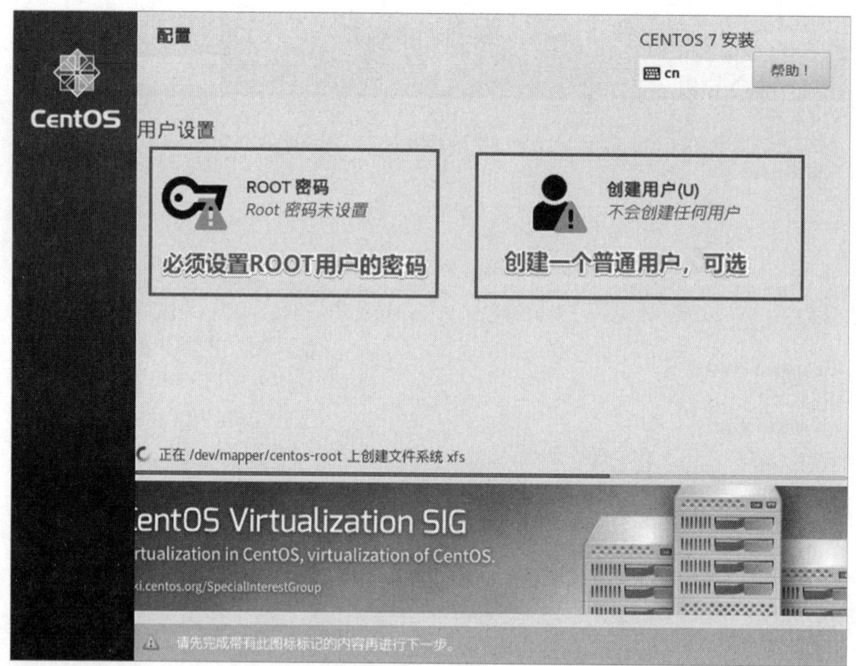

图 3.19 “配置”界面

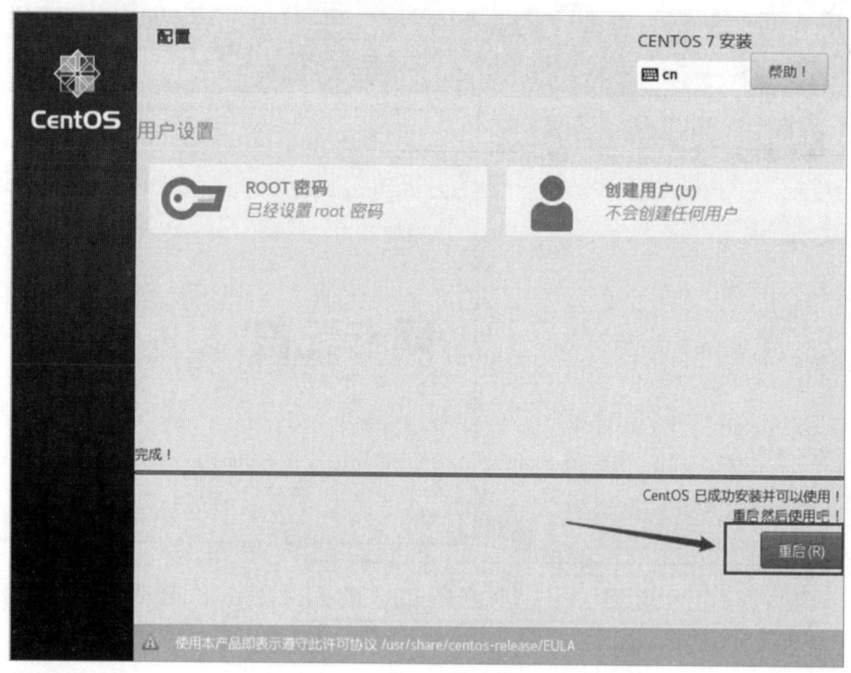

图 3.20 CentOS 安装完成

（6）重启后如图 3.21 所示，即表示系统已经成功安装并启动了。因为我们选择的是默认的最小化安装，并没有选择图形化桌面，所以看到的是一个黑底白字的命令行界面，这是因为在生产环境中几乎不会使用图形化桌面，我们需要尽快适应（也可以安装图形化桌面来体验一下）。

在图 3.21 中输入用户名 root 和刚刚设置的 root 密码即可登录系统。

```
CentOS Linux 7 (Core)
Kernel 3.10.0-123.9.3.el7.x86_64 on an x86_64

localhost login: root
Password:
Last login: Fri Jun [illegible] 17:09:36 from 192.168.141.1
[root@localhost ~]#
```


图 3.21　登录系统

至此，已经成功在 VMware Workstation 上安装了 CentOS。

3.5　任务实战

3.5.1　任务描述

本任务将在 VMware Workstation 中安装最小化的 CentOS 7。

3.5.2　任务实施

在本任务开始前需要确保计算机已经成功安装了 VMware Workstation。

1. 下载 CentOS 镜像文件

我们可以通过 CentOS 的官方网站（www.centos.org）来获取最新的操作系统镜像文件，在选择镜像文件下载源时，应尽量选择国内的清华大学开源软件镜像站、阿里巴巴开源镜像站或者网易开源镜像站提供的镜像文件，这样能够获得更快的下载速度，如图 3.22 所示。

2. 使用 VMware Workstation 创建新的虚拟机

具体设置如下所述。

- 您希望使用什么类型的配置：典型（推荐）。
- 安装来源：稍后安装操作系统。
- 客户机操作系统：Linux。
- 版本：CentOS 7 64 位。
- 虚拟机名称：CentOS-7。
- 位置：设置一个存放虚拟机文件的目录。
- 最大磁盘大小：20GB。

图 3.22　镜像文件下载列表

在上述配置向导完成后，单击“自定义硬件”，进一步配置内存、处理器、新 CD/DVD（IDE）等。

- 内存：2GB。
- 处理器：1。
- 新 CD/DVD(IDE)：使用 ISO 映像文件，并选择之前下载的 CentOS 镜像文件，如图 3.23 所示。
- 网络适配器：NAT 模式。

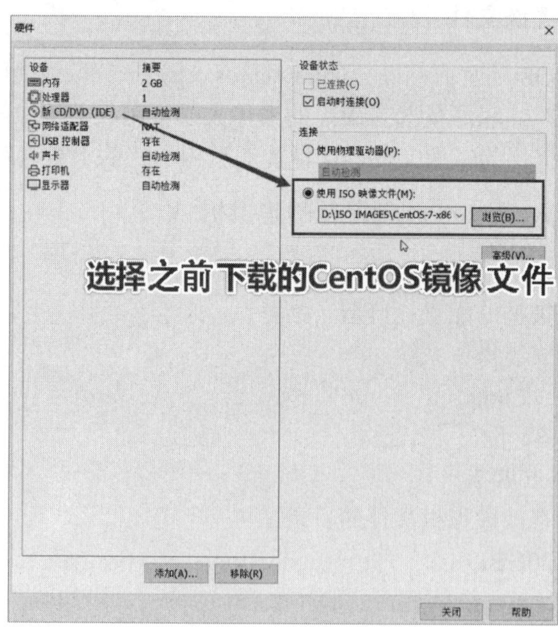

图 3.23　载入 CentOS 镜像文件

其他选项保持默认即可，至此就完成了虚拟机的创建。

3. 安装 CentOS 7

单击 VMware Workstation 中的 CentOS-7 标签页下的“开启此虚拟机”，即可开始模拟开机启动，启动后会看到一个黑底蓝字的页面，选择第 1 个选项“Install CentOS 7”，即可开始系统的安装操作，步骤如下。

- 您在安装过程中想使用哪种语言：中文，简体中文（中国）。
- 日期和时间：亚洲/上海时区。
- 键盘：汉语。
- 语言支持：简体中文（中国）。
- 安装源：本地介质。
- 软件选择：最小安装。
- 安装位置：自动配置分区。
- KDUMP：禁用。
- 网络和主机名：启动网卡并设置主机名。
- SECURITY POLICY：保持默认设置。

在配置完成后单击“开始安装”，根据提示设置 root 密码和创建用户，并等待系统安装完成。

4. 首次登录 CentOS 7

在系统安装完成后，单击“重启”，即可进入 CentOS 7，在界面中输入用户名和密码，可以登录系统，如图 3.24 所示。

- 用户名：root 或安装时创建的用户。
- 密码：安装时设置的密码。

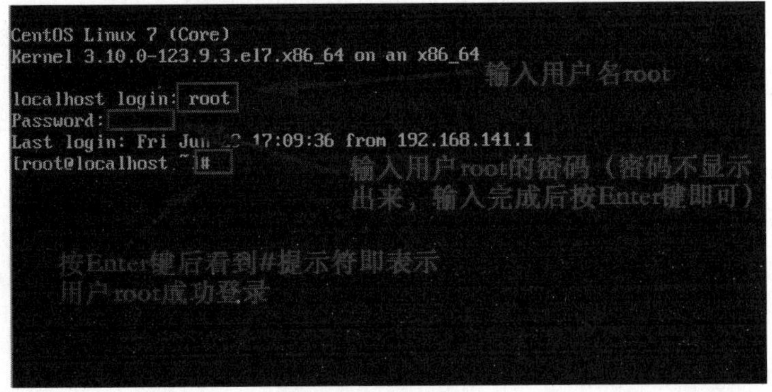

图 3.24　登录系统

看到“#”提示符即登录成功，本任务到此结束。

第 4 章　Linux 系统基本配置

扫一扫，
获取微课

上一章在 VMware Workstation 中成功安装了 CentOS，并且使用的是最小化安装（没有图形化桌面），为了更好地实现相关功能，我们还需要对刚安装好的系统进行一些基本的配置，比如配置一个主机名来表示主机，配置一个 IP 地址来连接网络，在实验环境中关闭防火墙和 SELinux（在生产环境中不应该关闭，这是对系统安全来说很重要的一道防线），更换国内 Yum 源来加速软件的下载等。需要注意的是，对于系统配置的修改都需要 root 用户进行操作。

4.1　系统安装后的基本配置

4.1.1　配置主机名

主机名可以通过两种方法配置为 kangvcar.com，命令如下：

```
## 方法一：使用 hostnamectl 命令
[root@localhost ~]# hostnamectl set-hostname kangvcar.com
## 方法二：修改配置文件/etc/hostname
[root@localhost ~]# vi /etc/hostname
kangvcar.com
## 修改完主机名后需要重新登录才能生效，使用 logout 命令登出，再重新登录，即可看到更新内容
[root@kangvcar ~]#
## 通过 hostnamectl 命令查看详细信息
[root@kangvcar ~]# hostnamectl
   Static hostname: kangvcar.com
         Icon name: computer-vm
           Chassis: vm
        Machine ID: c6b6d9e5db2a4f8f82388967a0cbb80a
           Boot ID: 89fa06f2516d4d3c912f925a4ae274c9
    Virtualization: vmware
  Operating System: CentOS Linux 7 (Core)
       CPE OS Name: cpe:/o:centos:centos:7
```

```
       Kernel: Linux 3.10.0-957.el7.x86_64
  Architecture: x86-64
```

4.1.2 配置 IP 地址和网卡

在创建虚拟机时，我们为 CentOS 选择的是“NAT 模式”，该模式会使用 DHCP 服务为虚拟机分配 IP 地址，但是刚安装好的 CentOS 默认没有启动网卡，所以无法获取到 IP 地址的信息。我们只需要把网卡配置为开机自启动，然后重启网络即可，命令如下：

```
## 首先通过 ip link 命令查看网卡名称，可以看到有两个网卡，分别为 lo 和 ens33
[root@kangvcar ~]# ip link
1: lo: <LOOPBACK,UP,LOWER_UP> mtu 65536 qdisc noqueue state UNKNOWN mode DEFAULT group default qlen 1000
    link/loopback 00:00:00:00:00:00 brd 00:00:00:00:00:00
2: ens33: <BROADCAST,MULTICAST,UP,LOWER_UP> mtu 1500 qdisc pfifo_fast state UP mode DEFAULT group default qlen 1000
    link/ether 00:0c:29:95:c0:b0 brd ff:ff:ff:ff:ff:ff
## 通过修改配置文件把网卡配置为开机自启动
## 网卡配置文件默认都存放在/etc/sysconfig/network-scripts/目录下
## 比如 ens33 网卡的配置文件为 ifcfg-ens33
## 把配置文件中的 ONBOOT=no 修改为 ONBOOT=yes
[root@kangvcar ~]# vi /etc/sysconfig/network-scripts/ifcfg-ens33
...
TYPE=Ethernet
BOOTPROTO=dhcp
DEVICE=ens33
ONBOOT=yes
...
## 在修改完成后，保存并退出，然后重新启动网络服务
[root@kangvcar ~]# systemctl restart network
## 使用 ip addr 命令查看网卡信息，可以看到 ens33 网卡的 IP 地址为 192.168.35.128
[root@kangvcar ~]# ip addr
1: lo: <LOOPBACK,UP,LOWER_UP> mtu 65536 qdisc noqueue state UNKNOWN group default qlen 1000
    link/loopback 00:00:00:00:00:00 brd 00:00:00:00:00:00
    inet 127.0.0.1/8 scope host lo
       valid_lft forever preferred_lft forever
    inet6 ::1/128 scope host
       valid_lft forever preferred_lft forever
2: ens33: <BROADCAST,MULTICAST,UP,LOWER_UP> mtu 1500 qdisc pfifo_fast state UP group default qlen 1000
    link/ether 00:0c:29:95:c0:b0 brd ff:ff:ff:ff:ff:ff
    inet 192.168.35.128/24 brd 192.168.35.255 scope global noprefixroute dynamic ens33
       valid_lft 1761sec preferred_lft 1761sec
    inet6 fe80::8ba9:8c:3e24:1e26/64 scope link noprefixroute
```

```
            valid_lft forever preferred_lft forever
## 在 IP 地址配置完成后，可以使用 ping 命令测试网络的连通性
[root@kangvcar ~]# ping www.baidu.com
PING www.a.shifen.com (14.215.177.39) 56(84) bytes of data.
64 bytes from 14.215.177.39 (14.215.177.39): icmp_seq=1 ttl=128 time=54.0 ms
64 bytes from 14.215.177.39 (14.215.177.39): icmp_seq=2 ttl=128 time=77.4 ms
```

4.1.3 配置防火墙和 SELinux

防火墙（firewalld）和 SELinux 的存在是 Linux 安全可靠的原因之一，也是对于系统安全来说很重要的一道防线，所以在生产环境中一定不能关闭防火墙和 SELinux。但是为了实验方便，可以暂时先关闭防火墙和 SELinux，待我们熟悉防火墙和 SELinux 的操作后再开启它们。

停止并禁用 firewalld 服务，命令如下：

```
## 首先查看 firewalld 的状态
[root@kangvcar ~]# systemctl status firewalld
## 停止 firewalld 服务
[root@kangvcar ~]# systemctl stop firewalld
## 禁用 firewalld 服务，下次开机后不会启动
[root@kangvcar ~]# systemctl disable firewalld
Removed symlink /etc/systemd/system/multi-user.target.wants/firewalld.service.
Removed symlink /etc/systemd/system/dbus-org.fedoraproject.FirewallD1.service.
```

禁用 SELinux 服务，命令如下：

```
## 首先通过 getenforce 命令查看 SELinux 的状态
[root@kangvcar ~]# getenforce
Enforcing
## 通过修改配置文件类禁用 SELinux 服务
## SELinux 的配置文件为 /etc/selinux/config
## 修改配置文件中的 SELINUX=enforcing 为 SELINUX=disabled
[root@kangvcar ~]# vi /etc/selinux/config
SELINUX=disabled
SELINUXTYPE=targeted
## 修改配置文件后需要重启后才能生效
```

4.1.4 更换国内 Yum 源

Yum 是一个软件包管理工具，主要用于添加、删除、更新 RPM 包，并自动解决软件包之间的依赖关系，方便系统更新及软件管理。Yum 可以通过软件仓库（repository）进行软件的下载、安装等，软件仓库可以是一个 HTTP 或 FTP 站点，也可以是一个本地软件池，软件仓库可以有多个，只需要在/etc/yum.conf 目录中进行相关配置即可。在 Yum 的资源库中，会包括 RPM 的头信息（header），头信息中包括软件的功能描述、依赖关系等。通过分析这些信

息，Yum 可以计算出依赖关系并进行相关的升级、安装、删除等操作。由于 CentOS 中默认的 Yum 源的服务器在国外，所以在国内的访问速度非常慢甚至连接不上。我们可以将默认的 Yum 源更换为国内的阿里巴巴开源镜像站提供的 Yum 源。

首先我们需要学习一下 Yum 源的配置文件。

```
## Yum 源通过配置文件来指定，配置文件必须存放在/etc/yum.repos.d/ 目录下
## 配置文件的格式如下
[base]                                              ## Yum 源标识符
name=CentOS                                         ## Yum 源名称
baseurl=http://mirror.centos.org/centos             ## Yum 源地址
gpgcheck=1                                          ## 是否检查软件包的完整性
gpgkey=file:///etc/pki/rpm-gpg/RPM-GPG-KEY-CentOS-7 ## 校验文件，如 gpgcheck=0 可不设置该项
enabled=1                                           ## 是否启用该 Yum 源
```

在认识 Yum 源的配置文件后，就可以开始更换默认的 Yum 源了，命令如下：

```
## 首先备份默认的 Yum 源文件，Linux 没有回收站，删除的文件就找不回来了
[root@kangvcar ~]# mv /etc/yum.repos.d/CentOS-Base.repo /etc/yum.repos.d/CentOS-Base.repo.backup
## 然后下载国内阿里巴巴开源镜像站提供的 Yum 源配置文件
[root@kangvcar ~]# curl -o /etc/yum.repos.d/CentOS-Base.repo http://mirrors.aliyun.com/repo/Centos-7.repo
## 下载完成后清除一下缓存，再检查一下 Yum 源是否可用
[root@kangvcar ~]# yum clean all
[root@kangvcar ~]# yum repolist
## 至此 Yum 源已经更换完成，可以尝试下载安装一个 vim 编辑器
[root@kangvcar ~]# yum install vim
```

4.1.5 配置系统时间同步

时间同步在计算机网络中是非常重要的，计算机中的很多服务都需要时间同步才可以正常有序地运行，所以我们有必要在系统中使用 NTP 来进行时间同步，使网络内所有设备的时间保持一致，从而使设备能够支持基于统一时间的多种应用。对于运行 NTP 的本地系统来说，既可以接收来自其他时间源的同步，又可以作为时间源同步其他的时间，并且可以和其他设备互相同步，命令如下：

```
## 安装 NTP 时间同步服务
[root@kangvcar ~]# yum install -y ntp
## 在配置文件中注释默认的时间服务器并添加阿里云提供的时间服务器
[root@kangvcar ~]# vim /etc/ntp.conf
#server 0.centos.pool.ntp.org iburst
#server 1.centos.pool.ntp.org iburst
#server 2.centos.pool.ntp.org iburst
```

```
#server 3.centos.pool.ntp.org iburst
server ntp1.aliyun.com
## 修改完配置文件后，启动 ntpd 服务，并配置为开机自启动
[root@kangvcar ~]# systemctl restart ntpd
[root@kangvcar ~]# systemctl enable ntpd
## 手动进行时间同步
[root@kangvcar ~]# ntpdate ntp1.aliyun.com
## 同步系统时间到硬件时间
[root@kangvcar ~]# hwclock --systohc
```

4.2 远程连接

Linux 大多用于服务器，而服务器不可能像个人计算机一样被放在办公室，它们是被放在 IDC 机房的，通常我们是没有权限进入机房的，即使我们能进入机房，也不会希望每次操作都要去一趟机房，所以可以远程登录 Linux 进行相关操作。比如，我们在服务器提供商那里购买了服务器后，服务器提供商会提供服务器的 IP 地址和密码给我们，这样就可以远程登录到服务器上进行操作而无须知道服务器在哪个机房运行了。Linux 通过 SSH 服务实现远程登录功能，默认 SSH 服务开启了 22 端口。当我们安装完系统时，SSH 服务就已经安装且是开机自启动的，所以不需要进行额外配置就可以直接远程登录 Linux。

常用的远程连接软件有 XShell、PuTTY、SecureCRT。本节将讲解如何使用 PuTTY 连接到 Linux 服务器上，PuTTY 是一个免费的、开源的、支持 Telnet/SSH/Rlogin 等连接类型的远程连接软件，使用 PuTTY 来远程管理 Linux 服务器十分方便，其主要优点如下：

- 完全免费。
- 绿色软件，无须安装，下载后双击“运行”即可使用。
- 在 Windows 9x / NT / 2000 / 7 / Vista / 8 中运行的效果都非常好。
- 全面支持 SSH1 和 SSH2。
- 体积很小，只有 1.1MB。
- 操作简单，几乎不需要配置。

4.2.1 下载 PuTTY

PuTTY 提供了完整的套件，我们可以只下载需要的软件，常用的软件如下所述。

- PuTTY：SSH 和 Telnet 客户端软件。
- PSCP：SCP 客户端，用来远程复制文件。
- PSFTP：SFTP 客户端，使用 SSH 加密协议传输文件。
- PuTTYtel：Telnet 客户端。
- Plink：Windows 下的命令行接口。
- Pageant：SSH 的密钥守护进程，开启后，密钥保存在内存中，连接时不需要输入密钥的密码，可用于 PuTTY、PSCP、PSFTP 和 Plink。

- PuTTYGen：生产密钥对的工具。

其中，使用最多的软件是 PuTTY，可以通过它进行 SSH 连接，所以只需要下载 putty.exe 即可，如图 4.1 所示。只要下载了 PuTTY，就可以运行并使用它，而对于关系到服务器安全的工具软件，建议到官方网站下载，以避免软件被植入恶意代码。

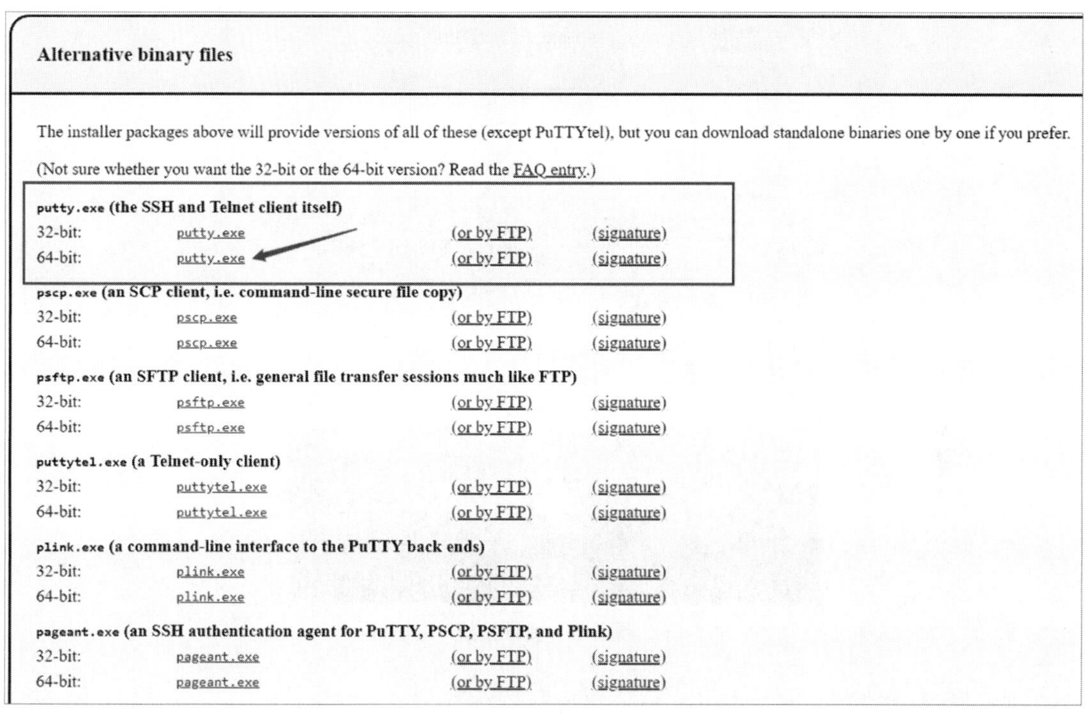

图 4.1　官方网站下载列表

4.2.2　使用 PuTTY 连接服务器

在下载 PuTTY 后，无须安装，直接双击打开即可，如图 4.2 所示，然后根据提示填写需要连接的远程 Linux 主机信息，其中“Host Name（or IP address）”一栏填写服务器的 IP 地址；“Port”一栏填写 SSH 服务的端口；“Connection type”一栏选择 SSH；“Saved Sessions”一栏填写自定义的一个方便识别的名称；其他项保持默认即可，并在填写完成后单击“Open”进行连接。

在单击“Open”后会弹出一个提示框，询问是否信任该主机，单击“是”即可。然后会出现如图 4.3 所示的界面，此时根据命令行提示输入用户名和密码即可登录系统。

至此，我们已成功通过 PuTTY 登录到远程 Linux 服务器上。

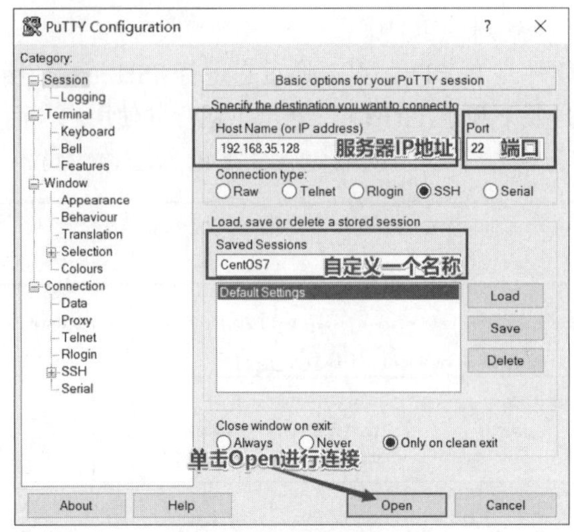

图 4.2　PuTTY 连接信息

图 4.3　登录系统

4.3　关机和重启

Linux 服务器一般都是 24 小时不间断运行，因为它必须时时刻刻对外提供服务，所以除非发生特殊情况，否则它是不会关机的。而且 Linux 不同于 Windows 的是，Linux 是多用户系统，可能同一时间会有多个用户在同时使用一台服务器，如果其中一个用户关闭了服务器，其他用户也会断开连接。但出于学习目的，我们需要了解一下 Linux 服务器是如何关机和重启的。

在关机前，我们必须检查一下是否还有其他用户在登录，可以使用 who 命令检查。

在 Linux 中，关于关机和重启的命令有 poweroff、shutdown、halt 等，具体的使用方法可以通过 man shutdown 命令查看帮助文档，常用的关机和重启操作命令如表 4.1 所示。

表 4.1　关机和重启操作命令

命　　令	说　　明
poweroff	立即关机
reboot	立即重启
halt	立即关机
shutdown -h 10	将在 10 分钟后关机
shutdown -h 19:20	将在 19:20 关机

4.4 重置 root 密码

密码是我们登录系统的凭证，但有时我们可能会忘记密码。在 Windows 中，如果我们忘记了登录密码，那么可以使用 PE 系统来轻松地重置密码，而在 Linux 中我们并不能同样使用 PE 系统来重置密码，可以使用 Linux 的 emergency 模式来重置密码，操作步骤如下所述。

4.4.1 重新启动系统

重新启动系统后，在如图 4.4 所示的界面中可以在 5 秒内通过键盘方向键来阻止系统正常启动，然后通过键盘方向键移动到第 1 行并按 E 键来编辑系统的启动参数。

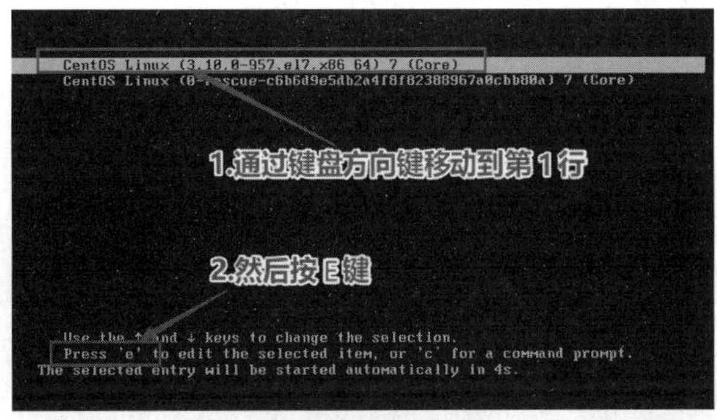

图 4.4 内核选择页面

4.4.2 进入 emergency 模式

通过键盘方向键移动到以“Linux 16”开头的行并把光标移动到行末，在该行末添加“rd.break”，如图 4.5 所示。然后按 Ctrl+X 组合键，系统就会进入 emergency 模式，如图 4.6 所示。

```
        insmod part_msdos
        insmod xfs
        set root='hd0,msdos1'
        if [ x$feature_platform_search_hint = xy ]; then
          search --no-floppy --fs-uuid --set=root --hint-bios=hd0,msdos1 --hin\
t-efi=hd0,msdos1 --hint-baremetal=ahci0,msdos1 --hint='hd0,msdos1'  a73f3d9a-f\
eca-4539-9768-0ce8f20a73f9
        else
          search --no-floppy --fs-uuid --set=root a73f3d9a-feca-4539-9768-0ce8\
f20a73f9
        fi
        linux16 /vmlinuz-3.10.0-957.el7.x86_64 root=/dev/mapper/centos-root ro\
 rd.lvm.lv=centos/root rd.lvm.lv=centos/swap rhgb quiet LANG=zh_CN.UTF-8 rd.br\
eak_
        initrd16 /initramfs-3.10.0-957.el7.x86_64.img

      Press Ctrl-x to start, Ctrl-c for a command prompt or Escape to
      discard edits and return to the menu. Pressing Tab lists
      possible completions.
```

图 4.5 修改启动配置

```
Entering emergency mode. Exit the shell to continue.
Type "journalctl" to view system logs.
You might want to save "/run/initramfs/rdsosreport.txt" to a USB stick or /boot
after mounting them and attach it to a bug report.

switch_root:/#
```

图 4.6　emergency 模式

4.4.3　修改 root 密码

修改 root 密码可以分为 5 个步骤，如图 4.7 所示，说明如下所述。

- 在 emergency 模式下重新挂载/sysroot 目录为可读写模式。
- 切换/sysroot 目录为根目录。
- 使用 passwd 密码修改 root 密码。
- 创建.autorelabel 文件，该文件的作用是对文件系统赋予标签；如果操作系统在重置密码之前关闭了 SELinux，则可以不执行此步骤。
- 退出 emergency 模式并重启系统。

```
Entering emergency mode. Exit the shell to continue.
Type "journalctl" to view system logs.
You might want to save "/run/initramfs/rdsosreport.txt" to a USB stick or /boot
after mounting them and attach it to a bug report.

switch_root:/# mount -o remount,rw /sysroot      <-- 1.重新挂载/sysroot目录为可读写模式
switch_root:/# chroot /sysroot                   <-- 2.切换/sysroot为根目录
sh-4.2# LANG=en
sh-4.2# passwd root                              <-- 3.修改root密码
Changing password for user root.
New password:
BAD PASSWORD: The password is shorter than 8 characters
Retype new password:
passwd: all authentication tokens updated successfully.
sh-4.2# touch /.autorelabel                      <-- 4.创建.autorelabel文件
sh-4.2# exit
exit                                             <-- 5.退出emergency模式并重启
switch_root:/# reboot
```

图 4.7　修改密码步骤

在重新启动后，即可使用新的 root 密码登录系统。

4.5　任务实战

4.5.1　任务描述

本任务将使用 PuTTY 远程连接 CentOS 7 并模拟重置 root 用户密码。

4.5.2　任务实施

1. 下载 PuTTY 远程连接软件

PuTTY 的官方网站会提供一系列软件，进行远程连接只需下载 putty.exe 即可，该软件是一个绿色软件，下载完成后无须安装，直接双击打开即可使用，如图 4.8 所示。

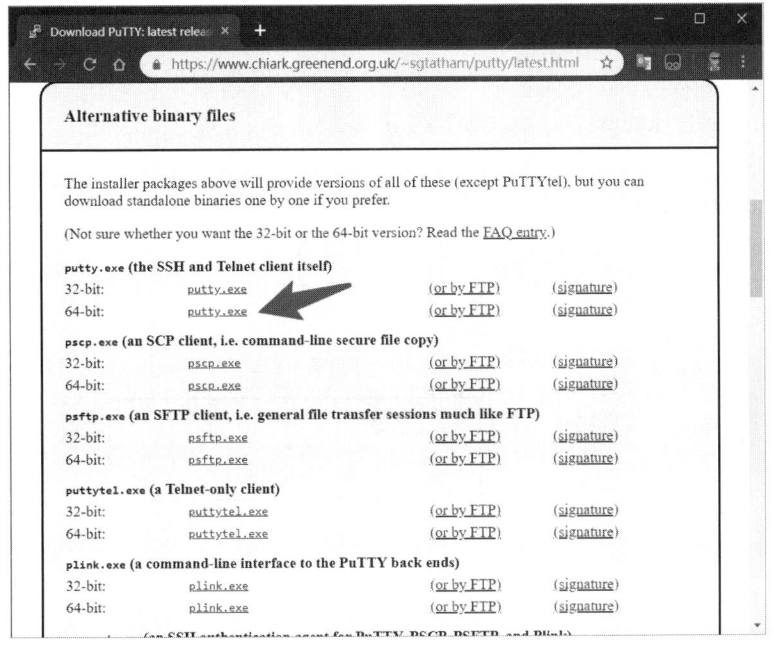

图 4.8　官方网站下载列表

2. 获取主机的 IP 地址

登录 CentOS 7，然后使用 ip address 命令获取主机的 IP 地址用于下一步的远程连接，如图 4.9 所示。

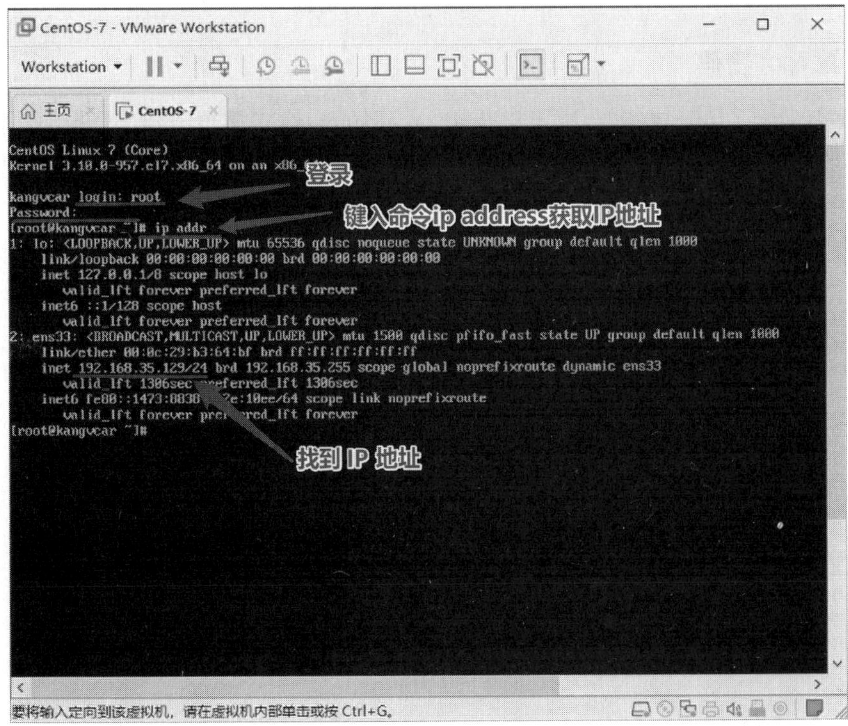

图 4.9　查看 IP 地址

3. 连接 CentOS 7

双击打开 putty.exe 并填写以下 3 个必选项，其他选项可根据需要填写，如图 4.10 所示。

- HostName(or IP address)：CentOS 7 的 IP 地址。
- Port：SSH 服务的端口号，默认为 22。
- Connection type：连接类型，默认为 SSH。

在填写完成后，单击“Open”，即可进行远程连接。

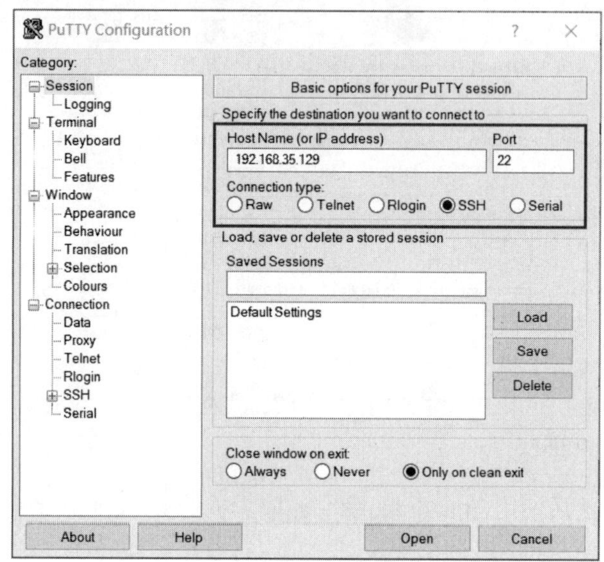

图 4.10　PuTTY 连接信息

4. 重置 root 密码

如果我们忘记了 root 密码，则可以使用 emergency 模式重置 root 密码，具体的操作步骤见 4.4 节。

第 5 章　Linux 目录和文件管理

扫一扫，
获取微课

使用文件和目录是工作中不可避免的环节，Linux 的所有内容都是以文件的形式存在的。我们对 Linux 有了一些基本认识之后，就有必要认识 Linux 的目录结构和文件类型等，从而对文件系统中的目录、文件进行相应的管理。

5.1　Linux 目录结构

Linux 目录结构的组织形式和 Windows 有很大的不同。Linux 没有盘符的概念，也就是说 Linux 不存在所谓的 C 盘、D 盘等，已经建立文件系统的硬盘分区会被挂载到某个目录下，用户通过操作目录就可以实现磁盘读写。在 Linux 中，使用正斜杠“/”而不是反斜杠“\”来标识目录。

5.1.1　重要目录

Linux 文件系统的顶层是由根目录开始的，系统使用“/”来表示根目录。在根目录下包括很多重要的子目录，在根目录中执行 ls 命令可看到以下子目录。

```
[root@localhost /]# ls –a
.   ..   bin   boot   dev   etc   home   lib   mnt   proc   root   sbin   srv   tmp   usr   var
```

1. 两个特殊的目录

Linux 文件系统中有两个特殊的目录，一个是用户所在的工作目录，即当前目录，用一个点“.”表示；另一个表示当前目录的上一层目录，也叫父目录，用两个点“..”表示。

2. /bin 目录和/sbin 目录

在/bin 目录下存放的是常用的可执行文件，即命令或程序，如上面的 ls 命令。/sbin 目录用来存放系统的可执行文件，如用于磁盘分区管理的 fdisk 命令文件。

3. 家目录

用户使用最多的目录应该是家目录，用于存放用户自己的文件或目录。每当用户登录 Linux 时，就会自动进入家目录。其中超级用户 root 的家目录是/root，而普通用户的家目录被存放在/home 目录下，在/home 目录下有与用户名相对应的子目录，如用户 jake 的家目录为/home/jake/。

4. 系统配置目录

系统的主要配置文件都被放在/etc 这个目录下，如用户的 passwd 口令文件，在这个目录下的文件基本都是 ASCII 码文件。

5. 系统引导目录

/boot 目录存放的是 Linux 的内核文件和系统启动时所使用的文件。其中以 vmlinuz 开头的文件就是 Linux 的内核文件，如果引导程序选择了 grub，则该目录中还会有一个子目录，即/boot/grub。

6. 临时存放目录

普通用户或程序可将临时文件存放在/tmp 目录中，方便与其他用户或程序交互信息，该目录是任何用户都可以访问的。

7. 设备文件存放目录

/dev 目录存放的是这台计算机中所有的设备，在 Linux 中所有的硬件均被看作文件。

8. 应用程序存放目录

/usr 目录存放的是系统的应用程序和与命令相关的系统数据，包括系统的一些函数库及图形界面所需要的文件等，类似于 Windows 中的 c:\program files 文件夹。

9. 虚拟文件系统目录

/proc 目录是一个虚拟的文件系统，它是常驻在内存中的，不占用任何磁盘空间。它存放了系统运行时所需要的信息。

10. 变化文件存放目录

/var 目录存放的是系统运行过程中经常变化的文件，如 log 日志文件和 mail 文件。

11. 服务存放目录

/srv 目录存放的是与服务器相关的所有服务数据，即在某些服务启动后，这些服务需要访问的目录。

12. 系统挂载目录

当 Linux 监测到移动存储设备被加入文件系统时，就会产生一个挂载目录，这个挂载目录会被挂载到/mnt 或/media 目录中。

13. 函数库存放目录

/lib 目录存放的是系统使用的函数库，许多程序在运行的过程中都会从这些函数库中调用一些共享的函数，如/lib/modules 目录下包括了与内核相关的模块。

5.1.2 文件类型

在 Linux 中，所有的目录和设备都是以文件的形式存在的，常见的 Linux 文件类型包括普通文件、目录文件、设备文件、管道文件、链接文件和套接字文件。

1. 普通文件

用 ls-l 命令查看某个文件的属性，可以看到类似“-rw-r--r-A”的属性符号。文件属性第 1 个字符“-”表示文件类型为普通文件。这些文件一般是用一些相关的应用程序创建的。使用 ls 命令可查看/root 目录下的文件，命令如下：

```
[root@localhost /]# ls /root -l
总用量 4.0K
-rw-------. 1 root root 1.2K 4 月   12 2018 anaconda-ks.cfg
```

第 1 个字符“-”表示 anaconda-ks.cfg 是一个普通文件。

2. 目录文件

如果看到某个文件属性的第 1 个字符是“d”，这样的文件在 Linux 中就是目录文件。使用 ls 命令可查看/home 目录下的文件，命令如下：

```
[root@localhost ~]# ls /home -l
drwx------. 5 wl1701991 ftpgroups 4.0K 6 月   29 08:31 ftp
drwx------. 3 user1     user1       74 12 月   3 03:13 user1
```

两个文件属性的第 1 个字符均是“d”，表示它们分别是/home/ftp 和/home/user1 的目录文件。

3. 设备文件

Linux 下的/dev 目录中有大量的设备文件，主要是块设备文件和字符设备文件。

块设备的主要特点是可以随机读写，而最常见的块设备就是磁盘，执行 ls /dev -l|grep sd 命令可查看块设备文件，命令如下：

```
[root@localhost ~]# ls /dev -l|grep sd
brw-rw----. 1 root disk     8,   0 12 月   2 21:45 sda
brw-rw----. 1 root disk     8,   1 12 月   2 21:45 sda1
brw-rw----. 1 root disk     8,   2 12 月   2 21:45 sda2
brw-rw----. 1 root disk     8,   3 12 月   2 21:45 sda3
```

sda、sda1 等均表示磁盘或磁盘中的分区，其属性的第 1 个字符为“b”。

常见的字符设备文件是打印机和终端，可以接收字符流。/dev/null 是一个非常有用的字符设备文件，送入这个设备的所有内容均会被忽略。使用 ls 命令可查看其属性，命令如下：

```
[root@localhost ~]# ls /dev -l|grep null
crw-rw-rw-. 1 root root     1,   3 12 月   2 21:45 null
```

可以看出其属性的第 1 个字符为“c”。

4. 管道文件

管道文件有时也叫作 FIFO 文件，其文件属性的第 1 个字符为“p”，在/run/systemd/sessions 目录中可以查看管道文件，命令如下：

```
[root@localhost ~]# ls -l  /run/systemd/sessions
-rw-r--r--. 1 root root 287 12 月   3 03:12 12
prw-------. 1 root root     0 12 月   3 03:12 12.ref
-rw-r--r--. 1 root root 277 12 月   2 21:50 2
prw-------. 1 root root     0 12 月   2 21:50 2.ref
```

12.ref 和 2.ref 两个文件均为管道文件。

5. 链接文件

链接文件有两种类型，即软链接文件和硬链接文件。

软链接文件又叫符号链接文件，这个文件包含了另一个文件的路径名，可以是任意文件或目录，可以链接不同文件系统的文件。在对软链接文件进行读写操作时，系统会自动把该操作转换为对源文件的操作，但在删除软链接文件时，系统仅删除软链接文件，而不删除源文件，它的文件属性的第 1 个字符为“l”，这种形式类似于 Windows 中的快捷方式。查看其文件属性的命令如下：

```
[root@localhost ~]# ls /etc -lh|grep rc*.d
lrwxrwxrwx.   1 root root      11 6 月   29 17:24 init.d -> rc.d/init.d
lrwxrwxrwx.   1 root root      10 6 月   29 17:24 rc0.d -> rc.d/rc0.d
lrwxrwxrwx.   1 root root      10 6 月   29 17:24 rc1.d -> rc.d/rc1.d
lrwxrwxrwx.   1 root root      10 6 月   29 17:24 rc2.d -> rc.d/rc2.d
lrwxrwxrwx.   1 root root      10 6 月   29 17:24 rc3.d -> rc.d/rc3.d
lrwxrwxrwx.   1 root root      10 6 月   29 17:24 rc4.d -> rc.d/rc4.d
lrwxrwxrwx.   1 root root      10 6 月   29 17:24 rc5.d -> rc.d/rc5.d
lrwxrwxrwx.   1 root root      10 6 月   29 17:24 rc6.d -> rc.d/rc6.d
```

可以看到，/etc 目录中存在 rc0.d 及 rc1.d 等文件，它们均是来源于/etc/rc.d 子目录下相应文件的软链接文件。

硬链接文件是已存在文件的另一个文件，在对硬链接文件进行读写和删除操作时，结果和软链接文件相同，但在删除硬链接文件的源文件时，硬链接文件仍然存在，而且保留了原有的内容。硬链接文件属性的第 1 个字符是“-”，与普通文件一致。

6. 套接字文件

通过套接字文件，可以实现网络通信，套接字文件属性的第 1 个字符是“s”，/dev/log 文件就是套接字文件。查看其文件属性的命令如下：

```
[root@localhost ~]# ls /dev/log -l
srw-rw-rw-. 1 root root 0 12 月   2 21:44 /dev/log
```

5.1.3 文件信息

1. inode和目录项

每个文件都包括文件名称、文件长度、文件的用户所有者等文件信息，这些文件元信息都被存储在专门的存储区域中，就是我们接下来要介绍的inode和目录项。

其中inode包括文件长度、文件的用户所有者、文件的组群所有者、文件的权限、文件的时间戳、文件链接数、文件数据块的位置等；而目录项则包括文件的文件名称及该文件名称对应的inode号码。

inode也会占用硬盘空间，在硬盘格式化时，操作系统会自动将硬盘分成两个区域，一个是数据区，用于存放文件数据；另一个是inode区，用于存放inode所包含的信息。每一个inode的大小一般是128byte或256byte。inode的总数在格式化时就给定，一般是每1KB或每2KB就设置一个inode。假设在一个1GB的硬盘中，每一个inode的大小为128byte，每1KB就设置一个inode，那么inode表的大小就会达到128MB，占整个硬盘的12.8%。使用df命令可以查看每个硬盘分区的inode总数和已经使用的数量，命令如下：

```
[root@localhost ~]# df -i
文件系统              inode  已用(I)  可用(I)  已用(I)% 挂载点
/dev/sda3           9216000    93458 9122542       2% /
devtmpfs             121848      373  121475       1% /dev
tmpfs                124740        1  124739       1% /dev/shm
tmpfs                124740      745  123995       1% /run
tmpfs                124740       16  124724       1% /sys/fs/cgroup
/dev/sda1            204800      338  204462       1% /boot
tmpfs                124740        1  124739       1% /run/user/0
```

如果需要查看inode的大小，可以使用如下命令：

```
[root@localhost ~]# xfs_growfs   /dev/sda1|grep "isize"
meta-data=/dev/sda1              isize=256    agcount=4, agsize=12800 blks
```

可以看到/dev/sda1分区中的inode的大小为256byte。

由于每个文件都必须有一个inode，因此有可能发生inode已经用光，但是硬盘还未存满的情况，这时就无法在硬盘上创建新的文件了。

每个inode都有一个号码，Linux用inode号码来识别不同的文件。实际上在系统内部这个过程分为三步：首先，系统找到这个文件名对应的inode号码；其次，通过inode号码获取inode信息；最后，根据inode信息找到文件数据所在的块，读出数据。使用ls-i命令可以查看文件的inode号码，命令如下：

```
[root@localhost ~]# ls -i
35452462 anaconda-ks.cfg
```

2. 使用stat命令查看文件信息

使用stat命令可以查看文件的信息，如文件的inode、权限、时间属性、文件大小、所有者、链接数量和文件类型等，命令如下：

```
[root@localhost ~]# stat anaconda-ks.cfg
  文件："anaconda-ks.cfg"
  大小：1130        块：8          IO 块：4096   普通文件
设备：803h/2051d        Inode：35452462     硬链接：1
权限：(0600/-rw-------)  Uid：(    0/    root)   Gid：(    0/    root)
环境：system_u:object_r:admin_home_t:s0
最近访问：2018-04-12 10:16:18.748365243 +0800
最近更改：2018-04-12 10:16:18.774365065 +0800
最近改动：2018-04-12 10:16:18.774365065 +0800
创建时间：-
```

使用 stat 命令查看/root/anaconda-ks.cfg 文件的详细信息。如果要以简明的格式来输出文件的信息，则可以使用参数“-t”，将结果在一行内输出显示，命令如下：

```
[root@localhost ~]# stat -t anaconda-ks.cfg
anaconda-ks.cfg 1130 8 8180 0 0 803 35452462 1 0 0 1523499378 1523499378 1523499378 0 4096
system_u:object_r:admin_home_t:s0
```

如果只需要显示文件所在文件系统中的状态信息，则可以使用参数“-f”来实现，命令如下：

```
[root@localhost ~]# stat -f anaconda-ks.cfg
文件："anaconda-ks.cfg"
ID：80300000000  文件名长度：255      类型：xfs
块大小：4096         基本块大小：4096
块：总计：2301440      空闲：1743722      可用：1743722
Inodes：总计：9216000      空闲：9122542
```

如果只需要输出某一项文件信息，则可以使用“-c <格式>”按指定的格式输出某一项文件信息，命令如下：

```
[root@localhost ~]# stat -c %F anaconda-ks.cfg
普通文件
[root@localhost ~]# stat -c %i anaconda-ks.cfg
35452462
[root@localhost ~]# stat -c %G anaconda-ks.cfg
root
```

其中，“%F”表示输出文件的类型，“%i”表示输出文件的 inode 号码，“%G”表示输出文件的属组名。

3. 使用 ls 命令查看文件信息

使用 ls 命令可以查看文件的详细信息，加上参数“-l”表示以较长的格式查看文件信息，命令如下：

```
[root@localhost ~]# ls -l anaconda-ks.cfg
-rw-------. 1 root root 1130 4 月   12 2018 anaconda-ks.cfg
```

如果只是查看某方面的文件信息，则可以加上相应的参数，命令如下：

```
[root@localhost ~]# ls -i anaconda-ks.cfg
35452462 anaconda-ks.cfg
[root@localhost ~]# ls -s anaconda-ks.cfg
4 anaconda-ks.cfg
```

其中，参数“-i”表示查看文件的 inode 号码，参数“-s”表示查看文件占用磁盘空间的大小。

5.1.4 目录路径

1. 目录和文件的命名

Linux 对文件或目录命名的要求是比较宽松的，命名原则如下：

- 除字符“/”以外，所有的字符都可以使用，但是在目录名或文件名中使用某些特殊字符并不是明智之举。例如，应该避免使用“<”、“>”、“？”、“*”和非打印字符等。如果一个文件名中包含了特殊字符，如空格，那么在访问这个文件时就需要使用引号将文件名引起来。
- 目录名或文件名的长度不能超过 255 个字符。
- 目录名或文件名是区分大小写的。但是使用字符大小写来区分不同的文件或目录也是不明智的选择。
- 文件的扩展名对 Linux 没有特殊的含义，这与 Windows 不一样。

2. 相对路径和绝对路径

文件是存放在目录中的，而目录又可以存放在其他的目录中，用户或程序可以通过文件名和目录名从文件树中的任何地方开始搜寻并定位所需的目录或文件，探寻的方法有两种，分别是绝对路径和相对路径。

一个绝对路径必须以一个正斜线“/”开始，表示根目录，并且必须遍历每一个目录的名称。绝对路径是文件位置的完整路径，因此在任何情况下都可以使用绝对路径找到所需的文件。

相对路径不是以正斜线“/”开始的，它包含从当前目录到要查找的对象（目录或文件）所必须遍历的每一个目录的名称。相对路径一般比绝对路径短，因此相对路径被更多的用户青睐。例如：

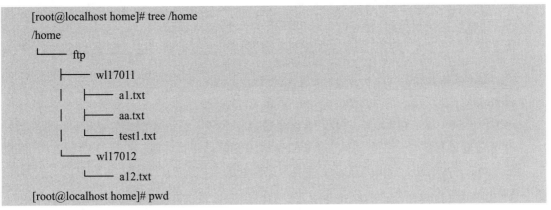

```
[root@localhost home]# tree /home
/home
└── ftp
    ├── wl17011
    │   ├── a1.txt
    │   ├── aa.txt
    │   └── test1.txt
    └── wl17012
        └── a12.txt
[root@localhost home]# pwd
```

```
/home
```

通过 pwd 命令可以查看到当前的工作目录为/home，如果需要将当前工作目录切换为上面的/home/ftp/wl1701，则可以使用下列两条命令中的任一条。

绝对路径切换命令为 cd /home/ftp/wl1701。

相对路径切换命令为 cd ftp/wl1701。

如果需要查看 a1.txt 文件的内容，则可以使用下列两条命令中的任一条。

绝对路径查看命令为 cat /home/ftp/wl1701/a1.txt。

相对路径查看命令为 cat ftp/wl1701/a1.txt。

5.1.5 通配符

人的记忆是有限的，在操作文件时，如果我们只记住了文件名的一部分，那该怎么办呢？Linux 提供了通配符，使用通配符可以代替文件名中未知的字符。Linux 提供了以下通配符。

- *：将匹配 0 个（即空白）或多个字符。
- ？：将匹配任何一个字符且只能是一个字符。
- [a-z]：将匹配 a～z 范围内的所有字符。
- [^a-z]：将匹配除 a～z 范围以外的其他字符。
- [xyz]：将匹配方括号中的任意一个字符。
- [^xyz]：将匹配不包括方括号中的字符的其他字符。

例如，在下面的命令行中，"*"表示所有字符，可以查看/etc 目录中以"l"开头且以".conf"结尾的所有文件。

```
[root@localhost ~]# ls /etc/l*.conf -l
-rw-r--r--. 1 root root     28 2 月    28 2013 /etc/ld.so.conf
-rw-r-----. 1 root root    191 10 月  12 2017 /etc/libaudit.conf
-rw-r--r--. 1 root root 2391 10 月  13 2013 /etc/libuser.conf
-rw-r--r--. 1 root root     19 4 月    12 2018 /etc/locale.conf
-rw-r--r--. 1 root root    662 7 月    31 2013 /etc/logrotate.conf
```

在下面的命令行中，"?"表示一个字符，此处分别代表 0、1、2、3、4、5、6，对应 7 个软链接文件。

```
[root@localhost ~]# ls /etc/rc?.d -l
lrwxrwxrwx. 1 root root 10 6 月    29 17:24 /etc/rc0.d -> rc.d/rc0.d
lrwxrwxrwx. 1 root root 10 6 月    29 17:24 /etc/rc1.d -> rc.d/rc1.d
lrwxrwxrwx. 1 root root 10 6 月    29 17:24 /etc/rc2.d -> rc.d/rc2.d
lrwxrwxrwx. 1 root root 10 6 月    29 17:24 /etc/rc3.d -> rc.d/rc3.d
lrwxrwxrwx. 1 root root 10 6 月    29 17:24 /etc/rc4.d -> rc.d/rc4.d
lrwxrwxrwx. 1 root root 10 6 月    29 17:24 /etc/rc5.d -> rc.d/rc5.d
lrwxrwxrwx. 1 root root 10 6 月    29 17:24 /etc/rc6.d -> rc.d/rc6.d
```

在下面的命令行中，"[sn]"表示文件名中该位置的字符为"s"或"n"中的任何一个，而文件/etc/host.conf 被过滤掉了。

```
[root@localhost etc]# ls /etc/host[sn]*
/etc/hostname   /etc/hosts   /etc/hosts.allow   /etc/hosts.deny
[root@localhost etc]# ls /etc/host*
/etc/host.conf   /etc/hostname   /etc/hosts   /etc/hosts.allow   /etc/hosts.deny
```

通过通配符，可以查看根目录下/home和/var两个目录中的内容，命令如下：

```
[root@localhost home]# ls /[hv][ao][mr]*
/home:
ftp
/var:
adm     db      games     lib    log    nis       run     var
cache   empty   gopher    local  mail   opt       spool   yp
crash   ftp     kerberos  lock   named  preserve  tmp
```

5.1.6 Shell中特殊符号

在Linux中，许多字符对于Shell来说是具有特殊意义的。在Shell中有以下特殊符号。

- ~：用户主目录。
- `：反引号，用来代替命令（Tab键上面的那个键）。
- #：注释。
- $：变量取值。
- &：后台进程工作。
- (：子Shell开始。
-)：子Shell结束。
- \：使命令持续到下一行。
- |：管道。
- <：输入重定向。
- >：输出重定向。
- >>：追加重定向。
- <<：标准输入。
- ‘：单引号（不具有变数转换的功能）。
- “：双引号（具有变数转换的功能）。
- /：路径分隔符。
- ;：命令分隔符。

“~”表示用户主目录，也就是用户家目录，在此表示/root目录，命令如下：

```
[root@localhost home]# ls ~
anaconda-ks.cfg
```

在下面的命令行中，首先定义了变量“a”，变量内容为字符串“moon”；然后通过echo命令显示变量，变量的引用需要加上特殊字符“$”，而后半句中的“# a=moom”只是注释，不会参与命令的执行，也不会在结果中显示。

```
[root@localhost home]# a="moon"
```

```
[root@localhost home]# echo $a # a=moom
moon
```

使用以下命令的结果显示/var 目录中有 23 个文件或目录，通过管道符“|”将两个命令结合起来，意思是使用 wc 命令统计 ls /var 命令执行的结果。

```
[root@localhost home]# ls /var|wc -l
23
```

5.2 文件和目录管理

在 Linux 中，普通文件、目录、设备等均是以文件形式存在的，对于一个使用 Linux 的用户来说，熟悉文件和目录的操作及管理显得非常重要。本节将介绍 Linux 的文件和目录管理。

5.2.1 使用 pwd 命令显示工作目录路径

使用 pwd 命令可以显示当前用户所处工作目录的绝对路径，命令如下：

```
[root@localhost rc1.d]# pwd
/etc/rc1.d
[root@localhost rc1.d]# pwd -L
/etc/rc1.d
[root@localhost rc1.d]# pwd -P
/etc/rc.d/rc1.d
```

其中，参数“-P”表示显示的是实际物理路径，参数“-L”表示显示的是链接路径，此处路径/etc/rc1.d 只是链接路径，其真正的路径是/etc/rc.d/rc1.d，通过以下命令可以看出链接效果。

```
[root@localhost etc]# ls -l rc1.d
lrwxrwxrwx. 1 root root 10 6 月    29 17:24 rc1.d -> rc.d/rc1.d
```

5.2.2 使用 cd 命令改变工作目录路径

使用 cd 命令可以更改用户的工作目录路径，工作目录路径可以使用绝对路径或相对路径。cd 命令可以结合各种符号达到相应的效果，如下所述。

- cd ~：进入用户主目录。
- cd -：返回进入此目录之前所在的目录。
- cd ..：返回上一级目录（若当前目录为/，则执行完后还在/目录中）。
- cd ../..：返回上两级目录。

例如，将当前目录切换到/etc 目录下（此处使用了绝对路径的方式进行切换），命令如下：

```
[root@localhost etc]# cd /etc
[root@localhost etc]# pwd
/etc
```

将当前目录先切换到/home 目录下，然后将当前目录切换回/etc 目录中，命令如下：

```
[root@localhost etc]# cd /home
[root@localhost home]# pwd
/home
[root@localhost home]# cd -
/etc
```

将当前目录切换到/home/ftp 目录下，再切换到子目录/home/ftp/wl17011 中，命令如下：

```
[root@localhost etc]# cd /home/ftp
[root@localhost ftp]# pwd
/home/ftp
[root@localhost ftp]# cd wl17011
[root@localhost wl17011]# pwd
/home/ftp/wl17011
```

将当前目录切换到根目录/中，命令如下：

```
[root@localhost home]#pwd
/home/ftp/wl17011
[root@localhost wl17011]# cd ../../..
[root@localhost /]# pwd
/
```

将当前目录切换到 root 用户的主目录/root 中，命令如下：

```
[root@localhost /]# cd ~
[root@localhost ~]# pwd
/root
```

5.2.3 使用 ls 命令列出目录和文件信息

ls 命令用于查看目录中的文件和子目录，前面已经使用过，其选项非常多，其中最为常用的选项如下所述。

- -a：列出指定目录下的所有文件和子目录（包括以“.”开头的隐含文件）。
- -b：如果文件或目录名中有不可显示的字符时，则显示该字符的八进制值。
- -c：以文件状态信息的最后一次更新时间进行排序。
- -d：如果是目录，则显示目录的属性而不是目录下的内容。
- -l：使用长格式显示文件或目录的详细属性信息。
- -g：与“-l”选项类似，但不显示文件或目录的所有者信息。
- -G：与“-l”选项类似，但不显示文件或目录所有者的用户组信息。
- -n：与“-l”选项类似，但以 UID 和 GID 代替文件或目录所有者和用户组信息。
- -R：以递归方式显示目录下的各级子目录和文件。
- -t：以文件的最后修改时间进行排序。

其中，“-l”是 ls 命令最常用的选项，它会以长格式输出文件的详细属性信息，下面是该命令输出的一个示例：

```
[root@localhost ~]# ls -l
-rw-------. 1 root root 1130 4 月    12 2018 anaconda-ks.cfg
```

文件属性由 7 个部分组成，它们以空格分隔。

第 1 部分：由 11 个字符组成，第 1 个字符用于标识文件的类型，最后一个字符“.”表示使用 ACL 权限设置的情况。

第 2 部分：表示文件的链接数，上例中为 1。

第 3 部分：表示文件的所有者，上例中为 root。

第 4 部分：表示文件所属组，上例中为 root。

第 5 部分：表示文件的大小，上例中为 1130byte。

第 6 部分：表示文件最后的更新时间为 2018 年 4 月 12 日。

第 7 部分：表示文件名。

下面来看执行 ls 命令的另一个示例：

```
[root@localhost ~]# ls -a
.    anaconda-ks.cfg   .bash_logout    .bashrc   .local   .tcshrc
..  .bash_history      .bash_profile   .cshrc     .pki
[root@localhost ~]# ls -a -c
.bash_history   .local   ..                    .bash_profile   .cshrc    .bash_logout
.                     .pki    anaconda-ks.cfg   .bashrc            .tcshrc
```

可以看到，ls 命令加入参数“-a”可以列出家目录/root 下的所有文件，包括所有以“.”开头的隐藏文件，如果不加这个参数，则在家目录/root 下只能看到一个 anaconda-ks.cfg 文件，如果再加上参数“-c”，则可以对输出结果进行排序。

5.2.4 使用 touch 命令创建空文件

使用 touch 命令可以创建空文件，以及更改文件的时间。

使用 touch 命令建立 3 个空文件，即 file1、file2 和 file3，命令如下：

```
[root@localhost test]# touch file1
[root@localhost test]# touch file2 file3
[root@localhost test]# ls -l
总用量 0
-rw-r--r--. 1 root root 0 12 月    3 20:49 file1
-rw-r--r--. 1 root root 0 12 月    3 20:49 file2
-rw-r--r--. 1 root root 0 12 月    3 20:49 file3
```

使用 touch 命令加参数“-t”将 file1 文件的更改时间修改为 12 月 1 日 20 时 10 分，而其他两个文件 file2 和 file3 的更改时间不变，命令如下：

```
[root@localhost test]# touch -t 12012010 file1
[root@localhost test]# ls -l
总用量 0
-rw-r--r--. 1 root root 0 12 月    1 20:10 file1
```

```
-rw-r--r--. 1 root root 0 12 月    3 20:49 file2
-rw-r--r--. 1 root root 0 12 月    3 20:49 file3
```

5.2.5 使用 mkdir 命令创建目录

使用 mkdir 命令可以在 Linux 中创建目录，命令如下：

```
[root@localhost test1]# mkdir newdir1
[root@localhost test1]# mkdir -p newdir2/subdir3
[root@localhost test1]# tree
.
├── newdir1
└── newdir2
    └── subdir3
```

本示例在当前目录中使用 mkdir 命令创建了 3 个目录，分别为 newdir1、newdir2 和 newdir2/subdir3，加入参数“-p”可以一次性建立整个路径中的多个目录，使用 tree 命令可以查看当前目录的目录结构。

5.2.6 使用 rmdir 命令删除空目录

使用 rmdir 命令可以在 Linux 中删除空目录，命令如下：

```
[root@localhost test1]# rmdir newdir1
[root@localhost test1]# rmdir newdir2
rmdir: 删除 "newdir2" 失败: 目录非空
[root@localhost test1]# rmdir newdir2/subdir3
[root@localhost test1]# tree
.
└── newdir2
```

本示例使用 rmdir 命令成功删除了 newdir1 和 newdir2/subdir3 两个目录，但删除 newdir2 目录时失败了，这是因为在使用 rmdir 命令删除 newdir2 目录时，newdir2 目录并非空目录，它还包含子目录 newdir2/subdir3。

5.2.7 使用 cp 命令复制文件和目录

使用 cp 命令可以复制文件或目录到其他目录中，命令如下：

```
[root@localhost test1]# mkdir -p newdir1 newdir2/newdir3
[root@localhost test1]# touch newfile1
[root@localhost test1]# cp newfile1 newdir1
[root@localhost test1]# cp newfile1 newdir2/newdir3/newfile2
[root@localhost test1]# tree
.
```

```
├── newdir1
│   └── newfile1
├── newdir2
│   └── newdir3
│       └── newfile2
└── newfile1
```

本示例在当前目录中通过 mkdir 命令建立了 newdir1 和 newdir2/newdir3 这样的目录结构，并通过 touch 命令建立了一个空文件 newfile1，然后通过 cp 命令复制生成了两个新文件分别是 newdir1/newfile1（复制没有改名）和 newdir2/newdir3/newfile2（复制并改名）。

5.2.8 使用 mv 命令移动文件和目录

使用 mv 命令可以更改文件和目录的名称，以及移动文件和目录的路径，命令如下：

```
[root@localhost test1]# mv newfile1 newdir1
[root@localhost test1]# mv newdir2/newdir3/newfile2 newfile4
[root@localhost test1]# tree
.
├── newdir1
│   └── newfile1
├── newdir2
│   ├── newdir3
│   └── newfile3
└── newfile4
```

本示例在当前的目录环境中，通过 mv 命令将当前目录下的 newfile1 文件移动到 newdir1 子目录中；将 newdir2/newdir3 目录中的 newfile2 文件移动到当前目录中并将其改名为 newfile4。

5.2.9 使用 rm 命令删除文件和目录

使用 rmdir 命令可以删除空目录，如果要删除文件或非空目录，则可以使用 rm 命令，命令如下：

```
[root@localhost test1]# rmdir newdir2
rmdir: 删除 "newdir2" 失败: 目录非空
[root@localhost test1]# rm newdir2
rm: 无法删除"newdir2": 是一个目录
[root@localhost test1]# rm newdir2 -r
rm：是否进入目录"newdir2"? y
rm：是否删除目录 "newdir2/newdir3"？ y
rm：是否删除普通空文件 "newdir2/newfile3"？ y
rm：是否删除目录 "newdir2"？ y
```

```
[root@localhost test1]# tree
.
├── newdir1
│   └── newfile1
└── newfile4
```

本示例在当前的目录环境中，使用 rmdir 命令无法删除 newdir2 目录，因为 newdir2 目录中含有文件，不能直接删除；使用 rm 命令直接删除 newdir2 目录也出现错误信息，如果加上参数"-r"，则可以实现递归删除，先删除最里层的 newdir3 子目录和 newfile3 文件，再删除外层的 newdir2 目录。

5.2.10 使用 file 命令查询文件类型

使用 file 命令可以查询指定文件的文件类型，并确定某个文件是二进制文件还是 Shell 脚本文件，或者是其他的格式，命令如下：

```
[root@localhost test1]# file *
newdir1:   directory
newfile4: empty
[root@localhost test1]# file /root/*
/root/anaconda-ks.cfg: ASCII text
[root@localhost test1]# file /bin/zc*
/bin/zcat: POSIX shell script, ASCII text executable
/bin/zcmp: POSIX shell script, ASCII text executable
```

本示例在当前的目录环境中使用 file 命令，可以看到 newdir1 是一个目录；newfile4 是一个空文件；/root/anaconda-ks.cfg 为 ASCII text 文件；/bin/zcat 和/bin/zcmp 均为 ASCII text executable 文件。

5.3 链接文件

5.3.1 链接文件简介

链接是一种在共享文件和若干目录项之间建立联系的方法。Linux 包括硬链接和软链接。

1. 硬链接

硬链接是一个指针，指向文件的 inode，系统并不为它重新分配新的 inode，互为硬链接的文件共用相同的 inode。硬链接节省空间，是 Linux 整合文件系统的传统方式。硬链接文件有以下两个限制。

- 不允许给目录创建硬链接。
- 只有在同一文件系统中的文件之间才能创建硬链接。

在删除硬链接文件的源文件后，硬链接文件仍然存在，而且会保留原有的内容，系统会把它当作一个普通文件。无论修改源文件还是硬链接文件，与其链接的文件都会同时被修改。

2. 软链接

软链接也叫符号链接，软链接文件包含了另一个文件的路径名，可以链接不同的文件系统的文件或目录，这种形式与 Windows 的快捷方式相似。软链接文件甚至可以链接不存在的文件，这就是所谓的“断链”问题。

3. 硬链接和软链接的区别

在 Linux 中，硬链接和软链接有以下区别：

- 硬链接记录的是目标文件的 inode，软链接记录的是目标文件的路径。
- 软链接类似于快捷方式，硬链接则类似于备份。
- 软链接可以跨分区（文件系统）创建链接，而硬链接只能在本分区（文件系统）内创建链接。

5.3.2 硬链接的使用

（1）通过 echo 加“>”的命令格式建立 linka 文件，文件内容为 test，其中 linka 文件的 inode 号码为 19605，链接数为 1，命令如下：

```
[root@localhost link]# echo test>linka
[root@localhost link]# ls -l -i
19605 -rw-r--r--. 1 root root 5 12 月   3 23:30 linka
```

（2）使用 ln 命令为 linka 文件建立硬链接文件 linkb，使用 ls 命令可以看到两个文件的大小一样，inode 号码也一样，链接数都是 2，文件内容都一样，命令如下：

```
[root@localhost link]# ln linka linkb
[root@localhost link]# ls -l -i
19605 -rw-r--r--. 2 root root 5 12 月   3 23:30 linka
19605 -rw-r--r--. 2 root root 5 12 月   3 23:30 linkb
[root@localhost link]# cat linka
test
[root@localhost link]# cat linkb
test
```

（3）通过 echo 加“>>”的命令格式对 linka 文件进行内容的追加，会发现 linkb 文件的内容也同样进行了追加，命令如下：

```
[root@localhost link]# echo linux>>linka
[root@localhost link]# cat linka
test
linux
[root@localhost link]# cat linkb
```

```
test
linux
```

（4）使用 rm 命令将 linka 文件删除，linkb 文件依然存在，其属性和内容均没有发生变化，命令如下：

```
[root@localhost link]# rm -rf linka
[root@localhost link]# ls -l -i
19605 -rw-r--r--. 1 root root 11 12 月   3 23:31 linkb
[root@localhost link]# cat linkb
test
linux
```

5.3.3 软链接的使用

（1）使用 ln 命令为 linka 文件建立软链接文件 linkb，使用 ls 命令可以看到两个文件的 inode 号码不一样，链接数都是 1，文件内容都一样，命令如下：

```
[root@localhost link]# echo test>linka
[root@localhost link]# cat linka
test
[root@localhost link]# ln -s linka linkb
[root@localhost link]# ls -l -i
19605 -rw-r--r--. 1 root root 5 12 月   4 00:23 linka
19606 lrwxrwxrwx. 1 root root 5 12 月   4 00:24 linkb -> linka
[root@localhost link]# cat linkb
test
```

（2）通过 echo 加“>>”的命令格式对 linka 文件进行内容的追加，会发现 linkb 文件的内容也同样进行了追加，命令如下：

```
[root@localhost link]# echo linux>>linka
[root@localhost link]# cat linka
test
linux
[root@localhost link]# cat linkb
test
linux
```

（3）使用 rm 命令将 linka 文件删除，linkb 文件依然存在，但该文件没有内容，因为它所链接的源文件失效了，命令如下：

```
[root@localhost link]# rm -rf linka
[root@localhost link]# ls -l -i
19606 lrwxrwxrwx. 1 root root 5 12 月   4 00:24 linkb -> linka
[root@localhost link]# cat linkb
cat: linkb: 没有那个文件或目录
```

5.4 任务实战

5.4.1 任务描述

文件和目录管理是 Linux 系统管理中基础的岗位能力，本节针对这种岗位能力设计了如下的实践任务。

（1）在根目录下建立/task、/task/etc、/task/train/task1、/task/train/task2 等目录，并使用 tree 命令查看/task 目录的结构。

（2）复制/etc 目录下所有以字母“b”“c”“d”开头的文件到/task/etc 目录中（包括子目录），将当前目录切换到/task/etc 目录中，以相对路径的方式查看/task/etc 目录中的内容。

（3）将当前目录切换到/task/train/task1 目录中，在当前目录中建立空文件 file1.txt，以相对路径的方式将/task/etc/crontab 文件复制生成新文件/task/train/task1/file2.txt，并查看当前目录下的文件。

（4）以绝对路径的方式，使用 rm 命令删除/task/etc/目录中以“cron”开头的所有文件或子目录，使用 mv 命令移动/task/etc/目录中以“dr”开头的文件或子目录到/task/train/task2 目录中。

（5）使用 file 命令查看/task/etc 目录中以“dn”开头的文件的文件类型。

（6）将当前目录切换到/task/train/task1 目录中，使用相对路径的方式为 file1.txt 文件建立硬链接文件 file3.txt，为 file2.txt 文件建立软链接文件 file4.txt，链接文件均存放于/task/train/task2 目录中，使用 ll 命令查看两个目录中的文件列表（加上参数“-i”可查看 inode 号码）。

（7）使用 df 命令和 xfs_growfs 命令查看系统中第 1 个硬盘分区的 inode 总数、已经使用的数量和 inode 的大小。

5.4.2 任务实施

（1）任务 1：在根目录下建立/task、/task/etc、/task/train/task1、/task/train/task2 目录，并使用 tree 命令查看/task 目录的结构。

任务 1 实施命令如下：

```
[root@localhost ~]# mkdir   -p /task/etc   /task/train/task1 /task/train/task2
[root@localhost ~]# tree /task
/task
 ├── etc
 └── train
     ├── task1
     └── task2
4 directories, 0 files
```

（2）任务 2：复制/etc 目录下所有以字母“b”“c”“d”开头的文件到/task/etc 目录中

（包括子目录），将当前目录切换到/task/etc 目录中，以相对路径的方式查看/task/etc 目录中的内容。

任务 2 实施命令如下：

```
[root@localhost ~]# cp /etc/[b-d]* /task/etc –r
[root@localhost ~]# cd /task/etc
[root@localhost etc]# ls
bash_completion.d          chkconfig.d   cron.monthly   csh.login    dnsmasq.conf
bashrc                     cron.d        crontab        dbus-1       dnsmasq.d
binfmt.d                   cron.daily    cron.weekly    default      docker
centos-release             cron.deny     crypttab       depmod.d     dracut.conf
centos-release-upstream    cron.hourly   csh.cshrc      dhcp         dracut.conf.d
```

（3）任务 3：将当前目录切换到/task/train/task1 目录中，在当前目录中建立空文件 file1.txt，以相对路径的方式将/task/etc/crontab 文件复制生成新文件/task/train/task1/file2.txt，并查看当前目录下的文件。

任务 3 实施命令如下：

```
[root@localhost etc]# cd /task/train/task1
[root@localhost task1]# touch file1.txt
[root@localhost task1]# cp ../../etc/crontab file2.txt
[root@localhost task1]# ll
总用量 4
-rw-r--r--. 1 root root     0 12 月   4 01:40 file1.txt
-rw-r--r--. 1 root root 451 12 月   4 01:41 file2.txt
```

（4）任务 4：以绝对路径的方式，使用 rm 命令删除/task/etc/目录中以“cron”开头的所有文件或子目录，使用 mv 命令移动/task/etc/目录中以“dr”开头的文件或子目录到/task/train/task2 目录中。

任务 4 实施命令如下：

```
[root@localhost etc]# rm /task/etc/cron* -rf
[root@localhost train]# ls /task/etc
bash_completion.d   centos-release            crypttab    dbus-1     dhcp           docker
bashrc              centos-release-upstream   csh.cshrc   default    dnsmasq.conf   dracut.conf
binfmt.d            chkconfig.d               csh.login   depmod.d   dnsmasq.d      dracut.conf.d
[root@localhost train]# mv /task/etc/dr* /task/train/task2
[root@localhost train]# ll /task/train/task2
-rw-r--r--. 1 root root   0 12 月   4 01:59 dracut.conf
drwxr-xr-x. 2 root root 46 12 月   4 01:56 dracut.conf.d
```

（5）任务 5：使用 file 命令查看/task/etc 目录中以“dn”开头的文件的文件类型。

任务 5 实施命令如下：

```
[root@localhost etc]# file /task/etc/dn*
/task/etc/dnsmasq.conf: ASCII text
/task/etc/dnsmasq.d:      directory
```

（6）任务 6：将当前目录切换到/task/train/task1 目录中，使用相对路径的方式为 file1.txt 文件建立硬链接文件 file3.txt，为 file2.txt 文件建立软链接文件 file4.txt，链接文件均存放于/task/train/task2 目录中，使用 ll 命令查看两个目录中的文件列表（加上参数“-i”可查看 inode 号码）。

任务 6 实施命令如下：

```
[root@localhost task1]# cd /task/train/task1
[root@localhost task1]# pwd
/task/train/task1
[root@localhost task1]# ln file1.txt ../task2/file3.txt
[root@localhost task1]# ln -s file2.txt ../task2/file4.txt
[root@localhost task1]# ll -i
19620 -rw-r--r--. 2 root root    0 12 月   4 01:40 file1.txt
19621 -rw-r--r--. 1 root root 451 12 月   4 01:41 file2.txt
[root@localhost task1]# ll ../task2 -i
33758020 -rw-r--r--. 1 root root    0 12 月   4 01:59 dracut.conf
51411857 drwxr-xr-x. 2 root root 46 12 月   4 01:56 dracut.conf.d
19620 -rw-r--r--. 2 root root    0 12 月   4 01:40 file3.txt
17351389 lrwxrwxrwx. 1 root root    9 12 月   4 02:26 file4.txt -> file2.txt
```

（7）任务 7：使用 df 命令和 xfs_growfs 命令查看系统中第 1 个硬盘分区的 inode 总数、已经使用的数量和 inode 的大小。

任务 7 实施命令如下：

```
[root@localhost task1]# df /dev/sda1 -i
文件系统          inode  已用(I)  可用(I)  已用(I)%  挂载点
/dev/sda1         204800       338    204462           1% /boot
[root@localhost task1]# xfs_growfs /dev/sda1 |grep "isize"
meta-data=/dev/sda1                  isize=256       agcount=4, agsize=12800 blks
```

第 6 章　Linux 信息查看和处理

扫一扫，
获取微课

目前使用 Linux 图形界面进行操作已经相当方便，但是大部分操作还需要在传统的字符界面中进行，而在字符界面中进行信息查看和文本处理是非常重要的一件事，本章就介绍 Linux 信息查看和处理的相关操作。

6.1　文本内容显示

6.1.1　使用 cat 命令显示文本

使用 cat 命令可以显示文本文件的内容，也可以把几个文件的内容附加到另一个文件中，还可以直接利用标准输入的方式来输入某个文件的内容。

1. 查看某个文件内容

命令如下：

```
[root@localhost task1]# cat /etc/hostname
localhost.localdomain
```

2. 追加文件内容

命令如下：

```
[root@localhost task1]# cat file1.txt
this is a txt file!
linux is very good!
[root@localhost task1]# cat /etc/hostname >>file1.txt
[root@localhost task1]# cat file1.txt
this is a txt file!
linux is very good!
localhost.localdomain
```

本示例通过追加“>>”字符将/etc/hostname 文件中的内容追加到 file1.txt 文件的尾部。

3. 合并生成的新的文件

命令如下：

```
[root@localhost task1]# cat file2.txt
the second file
[root@localhost task1]# cat file3.txt
the third file
[root@localhost task1]# cat file2.txt file3.txt >file4.txt
[root@localhost task1]# cat file4.txt
the second file
the third file
```

本示例将 file2.txt 文件和 file3.txt 文件两个文件合并生成了一个新文件，即 file4.txt 文件。

4. 清除文件内容

命令如下：

```
[root@localhost task1]# cat file1.txt
this is a txt file!
linux is very good!
localhost.localdomain
[root@localhost task1]# cat /dev/null >file1.txt
[root@localhost task1]# cat file1.txt
[root@localhost task1]#
```

在本示例中，/dev/null（空设备）是一个特殊的设备文件，它丢弃一切写入其中的数据（但报告写入操作成功），本例将空设备的内容写入 file1.txt 文件，意味着清除 file1.txt 文件的内容。

5. 输入文件内容

命令如下：

```
[root@localhost task1]# cat <<abc >file5.txt
> the first line text!
> the second line text!
> thank you!
> abc
[root@localhost task1]# cat file5.txt
the first line text!
the second line text!
thank you!
```

上述示例使用“<<固定字符串……固定字符串”的格式来完成内容的输入，在此，“abc”为固定的字符串（固定字符串不能使用纯数字），只需要在结尾输入和开头一样的固定字符串就可以结束输入过程，而中间为输入的文本内容；再通过“>”将屏幕的输入结果存放到 file5.txt 文件中。

6.1.2 使用 head 命令显示文件内容

使用 head 命令可以显示指定文件的前若干行的文件内容，如果没有给定具体行数值，则默认值为 10 行，命令如下：

```
[root@localhost task1]# cat /etc/crontab -n
     1  SHELL=/bin/bash
     2  PATH=/sbin:/bin:/usr/sbin:/usr/bin
     3  MAILTO=root
     4
     5  # For details see man 4 crontabs
     6
     7  # Example of job definition:
     8  # .---------------- minute (0 - 59)
     9  # |  .------------- hour (0 - 23)
    10  # |  |  .---------- day of month (1 - 31)
    11  # |  |  |  .------- month (1 - 12) OR jan,feb,mar,apr ...
    12  # |  |  |  |  .---- day of week (0 - 6) (Sunday=0 or 7) OR sun,mon,tue,wed,thu,fri,sat
    13  # |  |  |  |  |
    14  # *  *  *  *  * user-name  command to be executed
    15
[root@localhost task1]# head -n 3 /etc/crontab
SHELL=/bin/bash
PATH=/sbin:/bin:/usr/sbin:/usr/bin
MAILTO=root
[root@localhost task1]# head -n -3 /etc/crontab
SHELL=/bin/bash
PATH=/sbin:/bin:/usr/sbin:/usr/bin
MAILTO=root
# For details see man 4 crontabs
# Example of job definition:
# .---------------- minute (0 - 59)
# |  .------------- hour (0 - 23)
# |  |  .---------- day of month (1 - 31)
# |  |  |  .------- month (1 - 12) OR jan,feb,mar,apr ...
# |  |  |  |  .---- day of week (0 - 6) (Sunday=0 or 7) OR sun,mon,tue,wed,thu,fri,sat
```

在本示例中，通过 cat（参数“-n”表示显示行号）命令可查看/etc/crontab 文件的内容有 15 行，如果使用 head 命令加上参数“-n 3”，则只显示前 3 行；如果不加参数，则默认显示前 10 行；如果将参数中的“3”改为“-3”，则显示除最后 3 行以外的其他行。

6.1.3 使用 tail 命令显示文件内容

使用 tail 命令可以显示指定文件的尾部若干行的文件内容，如果没有给定具体行数值，则默认值为 10 行，命令如下：

```
[root@localhost ~]# tail /etc/crontab

# Example of job definition:
# .---------------- minute (0 - 59)
# |  .------------- hour (0 - 23)
# |  |  .---------- day of month (1 - 31)
# |  |  |  .------- month (1 - 12) OR jan,feb,mar,apr ...
# |  |  |  |  .---- day of week (0 - 6) (Sunday=0 or 7) OR sun,mon,tue,wed,thu,fri,sat
# |  |  |  |  |
# *  *  *  *  * user-name  command to be executed

[root@localhost ~]# tail /etc/crontab -n 3
# |  |  |  |  |
# *  *  *  *  * user-name  command to be executed

[root@localhost ~]# tail /etc/crontab -c 30
name  command to be executed
```

通过本示例可知，在默认情况下，使用 tail 命令会显示文件尾部的最后 10 行，注意前后两行都是空行；如果使用 tail 命令加上参数“-n 3”，则会显示文件的最后 3 行，注意最后行是空行；如果使用 tail 命令加上参数“-c 30”，则会显示文件的最后 30 个字符（包含空格），注意最后一行是空行。

6.1.4 使用 more 命令显示文件内容

使用 more 命令可以分页显示文本文件的内容。类似于 cat 命令，但是 more 命令会以分页的方式显示文件内容，方便使用者逐页阅读，其基本的按键操作就是按空格键显示下一页内容，按 B 键显示上一页内容，命令如下：

```
[root@localhost ~]# more /etc/named.conf
// named.conf
// Provided by Red Hat bind package to configure the ISC BIND named(8) DNS
// server as a caching only nameserver (as a localhost DNS resolver only).
// See /usr/share/doc/bind*/sample/ for example named configuration files.
// See the BIND Administrator's Reference Manual (ARM) for details about the
// configuration located in /usr/share/doc/bind-{version}/Bv9ARM.html
options {
        listen-on port 53 { 127.0.0.1;any; };
        listen-on-v6 port 53 { ::1; };
        directory       "/var/named";
        dump-file       "/var/named/data/cache_dump.db";
        statistics-file "/var/named/data/named_stats.txt";
```

```
        memstatistics-file "/var/named/data/named_mem_stats.txt";
        allow-query     { localhost;any; };
        /*
         - If you are building an AUTHORITATIVE DNS server, do NOT enable recursion.
         - If you are building a RECURSIVE (caching) DNS server, you need to enable
           recursion.
         - If your recursive DNS server has a public IP address, you MUST enable access
           control to limit queries to your legitimate users. Failing to do so will
           cause your server to become part of large scale DNS amplification
           attacks. Implementing BCP38 within your network would greatly
           reduce such attack surface
        */
        recursion yes;
--More--(71%)
```

本示例使用 more 命令显示/etc/named.conf 文件的内容，已经显示了 71%的文件内容，还有 29%的文件内容需要向后翻页才可以看到，此时按空格键就可以向后翻页。

6.1.5 使用 less 命令显示文件内容

使用 less 命令可以回卷显示文本文件的内容，less 命令的作用与 more 命令类似，都可以用来浏览文本文件的内容，不同的是，less 命令允许使用者向回卷动，只需要使用方向键就可以来回卷动，命令如下：

```
[root@localhost ~]# less /etc/named.conf
//
// named.conf
//
// Provided by Red Hat bind package to configure the ISC BIND named(8) DNS
// server as a caching only nameserver (as a localhost DNS resolver only).
//
// See /usr/share/doc/bind*/sample/ for example named configuration files.
//
// See the BIND Administrator's Reference Manual (ARM) for details about the
// configuration located in /usr/share/doc/bind-{version}/Bv9ARM.html
options {
        listen-on port 53 { 127.0.0.1;any; };
        listen-on-v6 port 53 { ::1; };
        directory       "/var/named";
        dump-file       "/var/named/data/cache_dump.db";
        statistics-file "/var/named/data/named_stats.txt";
        memstatistics-file "/var/named/data/named_mem_stats.txt";
        allow-query     { localhost;any; };
        /*
         - If you are building an AUTHORITATIVE DNS server, do NOT enable recursion.
```

```
         - If you are building a RECURSIVE (caching) DNS server, you need to enable
           recursion.
         - If your recursive DNS server has a public IP address, you MUST enable access
           control to limit queries to your legitimate users. Failing to do so will
           cause your server to become part of large scale DNS amplification
           attacks. Implementing BCP38 within your network would greatly
           reduce such attack surface
        */
        recursion yes;
        dnssec-enable yes;
        dnssec-validation yes;
        /* Path to ISC DLV key */
        bindkeys-file "/etc/named.iscdlv.key";
        managed-keys-directory "/var/named/dynamic";

        pid-file "/run/named/named.pid";
        session-keyfile "/run/named/session.key";
};
logging {
/etc/named.conf
```

在使用方向键来回卷动显示文件内容时，最后一行的“/etc/named.conf”会变成“：”，可以使用 q 命令退出文件阅读。

6.1.6 使用 nl 命令显示文件内容

使用 nl 命令可以将输出的文件内容自动加上行号，其默认的结果与使用 cat-n 命令的结果不太一样，nl 命令可以对行号进行比较多的显示设计，包括位数与是否自动补齐 0 等，命令如下：

```
[root@localhost ~]# nl /etc/named.conf -b a -w 3 -n rz
001     //
002     // named.conf
003     //
004     // Provided by Red Hat bind package to configure the ISC BIND named(8) DNS
005     // server as a caching only nameserver (as a localhost DNS resolver only).
006     //
007     // See /usr/share/doc/bind*/sample/ for example named configuration files.
008     //
009     // See the BIND Administrator's Reference Manual (ARM) for details about the
010     // configuration located in /usr/share/doc/bind-{version}/Bv9ARM.html
011
012     options {
013             listen-on port 53 { 127.0.0.1;any; };
```

```
014                 listen-on-v6 port 53 { ::1; };
```

本示例使用 nl 命令按照预定的格式输出行号，其中，“-b a”表示按照样式 a（对所有行编号）显示；“-w 3”表示行号为 3 位数；“-n rz”表示按照格式 rz（右对齐，空格用 0 填充）显示。

6.1.7 使用 wc 命令统计文件内容

在 Linux 中，wc 命令的功能为统计指定文件中的字节数、字数、行数，并将统计结果显示出来，命令如下：

```
[root@localhost ~]# wc /etc/named.conf
59   211 1713 /etc/named.conf
[root@localhost ~]# wc /etc/named.conf -c
1713 /etc/named.conf
[root@localhost ~]# wc /etc/named.conf -l
59 /etc/named.conf
[root@localhost ~]# wc /etc/named.conf -w
211 /etc/named.conf
```

本示例使用 wc 命令统计/etc/named.conf 文件的内容，其中，“1713”表示字节数；“59”表示行数；“211”表示字数。此处，还可以通过管道的方式统计出/etc 目录中有 208 个文件，命令如下：

```
[root@localhost ~]# ls /etc |wc -l
208
```

6.2 输入/输出和应用

6.2.1 文件描述符

Linux 创建的每一个进程都要与文件描述符建立联系，其实文件描述符就是 Linux 系统内部使用的一个文件代号，文件描述符有 3 个，分别是 0、1 和 2。

- 0：标准的命令输入，文件描述的缩写为 stdin。
- 1：标准的命令输出，文件描述的缩写为 stdout。
- 2：标准的命令错误（信息），文件描述的缩写为 stderr。

所有处理文件内容的命令都是从标准输入中读取数据并将输出结果写到标准输出中。

示例一如下：

```
[root@localhost ~]# ls -l /dev/std*
lrwxrwxrwx. 1 root root 15 12 月   2 21:44 /dev/stderr -> /proc/self/fd/2
lrwxrwxrwx. 1 root root 15 12 月   2 21:44 /dev/stdin -> /proc/self/fd/0
lrwxrwxrwx. 1 root root 15 12 月   2 21:44 /dev/stdout -> /proc/self/fd/1
```

在本示例中，每行最后面的 fd 是文件描述符的缩写，子目录中有对应的文件描述符代号。

示例二如下：

```
[root@localhost task2]# echo 'test file descriptor' 1>testfd
[root@localhost task2]# cat testfd
test file descriptor
```

本示例将“echo 'test file descriptor'”的标准输出内容写入 testfd 文件，标准输出使用文件描述符 1 来引用。

示例三如下：

```
[root@localhost task2]# read testf 0<testfd
[root@localhost task2]# echo testf
Testf
```

本示例读取 testfd 文件中的内容，并以标准输入的方式写入 testf 文件，标准输入使用文件描述符 0 来引用。

示例四如下：

```
[root@localhost task2]# ls test
ls: 无法访问 test: 没有那个文件或目录
[root@localhost task2]# ls test 2>testfdr
[root@localhost task2]# cat testfdr
ls: 无法访问 test: 没有那个文件或目录
```

本示例将使用 ls test 命令得到的错误的输出结果输入 testfdr 文件，错误输出使用文件描述符 2 来引用。

6.2.2 find 命令的使用

使用 find 命令可以在系统中快速定位文件或目录，find 命令可以使用文件名、文件大小、文件属性、修改时间和文件类型等条件来搜寻。当 find 命令找到了那些与搜寻条件相匹配的文件时，系统就会把满足条件的每一个文件显示在终端屏幕上。

示例一如下：

```
[root@localhost ~]# pwd
/root
[root@localhost ~]# find .
.
./.bash_logout
./.bash_profile
./.bashrc
./.cshrc
./.tcshrc
./anaconda-ks.cfg
./.bash_history
./.pki
```

```
./.pki/nssdb
./.local
./.local/share
```

在本示例中，当前目录为/root，使用 find .命令可以查看当前目录下有哪些文件。

示例二如下：

```
[root@localhost etc]# pwd
/etc
[root@localhost etc]# find -name "*.txt" -o -name "*.bak"
./pki/nssdb/pkcs11.txt
./nsswitch.conf.bak
./vsftpd/vsftpd.conf.bak
```

在本示例中，当前目录为/etc，使用 find -name 命令可以查找指定名称的文件；通过参数“-o”可以指定多个“- name”的参数，表示两个条件为或的关系。

示例三如下：

```
[root@localhost etc]# find -type f -size +500k
./ssh/moduli
./udev/hwdb.bin
./services
./selinux/targeted/contexts/files/file_contexts.bin
./selinux/targeted/policy/policy.31
./selinux/targeted/active/policy.kern
./selinux/targeted/active/policy.linked
```

本示例在当前目录/etc 中，使用 find -type f 命令来查找普通文件，并且对查找到的普通文件的大小使用参数“-size +500K”（表示文件大于 500KB）进行了限制。

示例四如下：

```
[root@localhost etc]# find /home -name *.txt
/home/ftp/wl17011/a1.txt
/home/ftp/wl17011/aa.txt
/home/ftp/wl17011/test1.txt
/home/ftp/wl17012/a12.txt
[root@localhost etc]# find /home -name *.txt –delete
```

本示例通过参数“-delete”将查找到的内容删除，并在此将/home 目录下所有以“txt”结尾的文件全部删除。

示例五如下：

```
[root@localhost etc]# pwd
/etc
[root@localhost etc]# find -maxdepth 1 -name "[a-g]*.conf" -exec cat {} \;>/home/all.txt
[root@localhost etc]# ls /home
all.txt    ftp    link
```

本示例在当前目录/etc 中，通过参数“-maxdepth 1”只查找其中的一级子目录，同时查找通过参数“[a-g]*.conf”限定的以“a-g”范围内的字母开头且以“conf”结尾的文件，并将查找的文件通过参数“-exec cat {} \;>/home/all.txt”执行 cat 命令，将所有文件的内容显示出的结果重定向到/home/all.txt 文件中。

6.2.3 grep 命令的使用

在 Linux 中，grep 命令是一种强大的文本搜索工具，它能使用正则表达式搜索文本，并把匹配的行打印出来。

示例一如下：

```
[root@localhost etc]# grep -n "root" /etc/passwd
1:root:x:0:0:root:/root:/bin/bash
10:operator:x:11:0:operator:/root:/sbin/nologin
```

本示例在/etc/passwd 文本文件中查找 root 字符串，并将查找的结果显示出来，使用参数“-n”表示将查找到的文本在文件中的行号也显示出来。

示例二如下：

```
[root@localhost etc]# grep -l 'network' *.conf
dnsmasq.conf
named.conf
nsswitch.conf
```

本示例在当前目录中查找所有以“conf”结尾的且包含 network 字符串的文件，并将这些文件以列表的形式显示出来。

示例三如下：

```
[root@localhost etc]# ls |grep conf|grep sys
rsyslog.conf
sysconfig
sysctl.conf
```

本示例通过 ls 命令查找当前目录/etc 中的所有文件，并对查找到的文件通过 grep 命令进行过滤，显示文件名中既包括 conf 字符串又包括 sys 字符串的文件。

示例四如下：

```
[root@localhost ~]# grep -n -v "nologin" /etc/passwd
1:root:x:0:0:root:/root:/bin/bash
6:sync:x:5:0:sync:/sbin:/bin/sync
7:shutdown:x:6:0:shutdown:/sbin:/sbin/shutdown
8:halt:x:7:0:halt:/sbin:/sbin/halt
26:user1:x:1001:1001::/home/user1:/bin/bash
```

本示例通过参数“-v”输出/etc/passwd 文件内容中不包括 nologin 字符串的行，并输出该行的行号。

示例五如下：

```
[root@localhost dhcp]# cat /etc/services |grep -n -A3 -B3 rsmtp
```

```
4303-mynahautostart    2388/udp    # MYNAH AutoStart
4304-ovsessionmgr      2389/tcp    # OpenView Session Mgr
4305-ovsessionmgr      2389/udp    # OpenView Session Mgr
4306:rsmtp             2390/tcp    # RSMTP
4307:rsmtp             2390/udp    # RSMTP
4308-3com-net-mgmt     2391/tcp    # 3COM Net Management
4309-3com-net-mgmt     2391/udp    # 3COM Net Management
4310-tacticalauth      2392/tcp    # Tactical Auth
```

本示例使用 cat /etc/services 命令显示文件系统服务列表，使用 grep 命令对输出结果进行过滤，过滤文件中只包括 rsmtp 字符串的前 3 行和后 3 行的内容，并显示行号。

6.2.4　tr 命令的使用

tr 命令主要用于删除文件中的控制字符或进行字符转换，可以对来自标准输入的字符进行替换、压缩和删除等，将一组字符变成另一组字符，命令如下：

```
[root@localhost test]# cat file1
this is 123 LINUX 456 system!

now We Begin learn32 linux!
[root@localhost test]# tr 'A-Z' 'a-z' <file1
this is 123 linux 456 system!

now we begin learn32 linux!
[root@localhost test]# tr -d '0-9' <file1
this is    LINUX    system!

now We Begin learn linux!
[root@localhost test]# tr -s '\n' <file1
this is 123 LINUX 456 system!
now We Begin learn32 linux!
```

本示例使用 tr 命令进行变换，将文件中的大写字母全部转换成了小写字母，其中“A-Z”表示要查找的内容，“a-z”表示要被替换的内容；将其中的数字全部清除，其中参数“-d”表示删除后面指定的“0-9”范围内的数字内容；将文件中的空行全部删除，其中参数“-s”表示删除换行符“/n”。

如果要删除所有重复出现的字符，只保留第 1 个字符，如删除重复的字母 a、o 和空格，命令如下：

```
[root@localhost test]# echo "Hellooo          Javaaa"|tr -s "[ ao]"
Hello Java
```

如果要删除中间出现的所有空格，命令如下：

```
[root@localhost test]# echo "     Hello World    " | tr -d '[ \t]'
HelloWorld
```

如果要将字母的大小写进行相互转换，命令如下：

```
[root@localhost test]# echo "Hello World" | tr '[A-Za-z]' '[a-zA-Z]'
hELLO wORLD
```

6.2.5 cut 命令的使用

cut 命令用于文件内容查看、显示行中指定部分、删除文件中指定字段等。

示例一如下：

```
[root@localhost home]# cat cutsample.txt
01 jake 87 92
02 janson 83 89
03 alice 91 90
[root@localhost home]# cut -f2,3 -d " " cutsample.txt
jake 87
janson 83
alice 91
```

在本示例中，使用 cut 命令对 cutsample.txt 文件的内容进行了处理，并将处理结果显示出来，处理时使用的参数“-f2,3”表示显示第 2 个和第 3 个字符串，参数“-d " "”表示字符串以空格进行分隔。

示例二如下：

```
[root@localhost home]# cut -c1-2 cutsample.txt
01
02
03
[root@localhost home]# cut -c3- cutsample.txt
jake 87 92
janson 83 89
alice 91 90
```

在本示例中，使用 cut 命令加参数“-c”对文件内容中的字符进行了处理，其中“-c1-2”表示只显示第 1 个和第 2 个字符，“-c3-”表示显示从第 3 个字符开始到结尾的所有字符。

6.2.6 paste 命令的使用

paste 命令主要用来将多个文件的内容合并，在粘贴两个不同来源的数据时，首先需要将它们分类，并确保两个文件的行数相同。使用 paste 命令会按行将不同文件的行信息放在一行，在默认情况下，使用 paste 命令进行文件合并时，可以用空格或 Tab 键分隔新行中的不同文本，如果指定“-d”选项，则分隔方式为使用域分隔符，命令如下：

```
[root@localhost home]# cat pas1
first
second
```

```
thrid
fourth
[root@localhost home]# cat pas2
jake
tom
alice
janson
[root@localhost home]# paste pas1 pas2
first    jake
second   tom
thrid    alice
fourth   janson
[root@localhost home]# paste pas2 pas1
jake     first
tom      second
alice    thrid
janson   fourth
[root@localhost home]# paste -d: pas1 pas2
first:jake
second:tom
thrid:alice
fourth:janson
```

从本示例中可以看出，使用 paste 命令能合并多个文件的内容，文件的先后顺序与文本中的先后内容一致，默认以 Tab 键作为分隔符，如果要使用“:”等其他分隔符，则需要使用参数“-d”。

6.2.7 sort 命令的使用

sort 命令用于排序，它会将文件的每一行作为一个单位进行相互比较，比较原则是从首字符开始向后逐一按照 ASCII 码值进行比较，最后结果按照升序输出。

示例一如下：

```
[root@localhost home]# cat sorttest
com3 50 5000
com2 65 7200
com1 36 5000
com4 28 8500
```

在本示例中，可以看到 sorttest 文件中包含 4 行内容，每一列均用空格隔开，其中第 1 列表示公司名称，第 2 列表示公司员工数，第 3 列表示员工的平均工资。

示例二如下：

```
[root@localhost home]# sort -r sorttest -o sorttest1
[root@localhost home]# cat sorttest1
com4 28 8500
com3 50 5000
com2 65 7200
com1 36 5000
```

在本示例中，对 sorttest 文件的内容进行了排序，其中参数“-r”表示以降序的形式输出，默认以第 1 列（公司名称）进行比较，并将输出结果写入新文件 sorttest1。

示例三如下：

```
[root@localhost home]# sort -t ' ' -k 2 -k 3 sorttest
com4 28 8500
com1 36 5000
com3 50 5000
com2 65 7200
```

在本示例中，对 sorttest 文件的内容进行了排序，参数“-t' '”表示比较字符串以空格为分隔符，参数“-k 2 -k 3”表示先以第 2 列（公司员工数）的数据进行比较排序，如果第 2 列数据相同，再对第 3 列（员工的平均工资）的数据进行比较排序。

6.2.8 uniq 命令的使用

uniq 命令用于检查和删除文本文件中重复出现的行和列，命令如下：

```
[root@localhost home]# cat -n testuniq
     1  test 30
     2  test 30
     3  test 50
     4  hello 60
     5  hello 75
     6  hello 60
[root@localhost home]# uniq testuniq
test 30
test 50
hello 60
hello 75
hello 60
[root@localhost home]# uniq -c testuniq
      2 test 30
      1 test 50
      1 hello 60
      1 hello 75
      1 hello 60
```

在本示例中，只有连续两行或多行文本的内容一样才算重复的行，在 testuniq 文件中，第

1 行和第 2 行为重复的行，而第 4 行和第 6 行虽然内容相同，但它们不是重复的行。另外，参数“-c”可以用来统计该行重复的次数。

6.2.9 diff 命令的使用

diff 命令用来比较两个文本文件的差异，命令如下：

```
[root@localhost home]# cat testdiff1
a
a
b
b
c
c
[root@localhost home]# cat testdiff2
a
a
b
b
c
d
"testdiff2" 6L, 12C written
[root@localhost home]# diff -c testdiff2
*** testdiff1    2018-12-04 19:59:38.912579269 +080      #前两行显示两个文件的基本情况：文件名和时间信息
--- testdiff2    2018-12-04 19:59:55.255579620 +0800
***************    #此处输出了 15 个星号，将文件的基本情况与变动内容分隔开
*** 3,6 ****                                             #此处显示了 testdiff1 的文件内容
  b
  b
  c
! c                                                      #其中标有“!”的行为变动的行
--- 3,6 ----                                             #此处显示了 testdiff2 的文件内容
  b
  b
  c
! d                                                      #其中标有“!”的行为变动的行
```

6.2.10 sed 命令的使用

sed 是一种流编辑器，它是文本处理中非常重要的工具，能够完美地配合正则表达式使用，功能不同凡响。在进行文本处理时，首先把当前处理的行存储在临时缓冲区中，称为“模式空间”（oattern space），然后用 sed 命令处理缓冲区中的内容，在处理成功后，把缓冲区的

内容送往屏幕显示，接着处理下一行，这样不断重复，直到文件的末尾为止。文件内容不会发生改变，除非使用了写入命令，才会更新内容。

复制/etc/passwd 文件生成下面示例所用的新文件/home/testsed，命令如下：

```
[root@localhost home]# cp /etc/passwd /home/testsed
```

示例一如下：

```
[root@localhost home]# nl /home/testsed |sed '3,25d'
     1  root:x:0:0:root:/root:/bin/bash
     2  bin:x:1:1:bin:/bin:/sbin/nologin
    26  user1:x:1001:1001::/home/user1:/bin/bash
```

本示例使用 nl 命令计算文件的行号并显示文件内容，并使用 sed 命令对输出结果进行了编辑，其中参数“3,25d”表示删除第 3～25 行的内容，“d”表示删除。

示例二如下：

```
[root@localhost home]# nl /home/testsed |sed '4,$d'
     1  root:x:0:0:root:/root:/bin/bash
     2  bin:x:1:1:bin:/bin:/sbin/nologin
     3  daemon:x:2:2:daemon:/sbin:/sbin/nologin
```

此处的参数“4，$”表示第 4 行至最后一行。

示例三如下：

```
[root@localhost home]# nl /home/testsed |sed '4,$d'|sed '2i drink tea'
     1  root:x:0:0:root:/root:/bin/bash
drink tea
     2  bin:x:1:1:bin:/bin:/sbin/nologin
     3  daemon:x:2:2:daemon:/sbin:/sbin/nologin
```

此处的参数“2i”表示在第 2 行前增加内容，增加的内容为后面指定的“drink tea”。

示例四如下：

```
[root@localhost home]# nl /home/testsed |sed '6,$d'|sed '2,4c NO 2-4 number'
     1  root:x:0:0:root:/root:/bin/bash
NO 2-4 number
     5  lp:x:4:7:lp:/var/spool/lpd:/sbin/nologin
```

此处的参数“2,4c”表示对文件第 2～4 行的内容进行替代，替代的内容为后面指定的“NO 2-4 number”。

示例五如下：

```
[root@localhost ~]# nl /home/testsed|sed -e '3,$d' -e 's/bash/blueshell/'
     1  root:x:0:0:root:/root:/bin/blueshell
     2  bin:x:1:1:bin:/bin:/sbin/nologin
```

此处的参数“-e”表示多点编辑；“3,$d”表示删除第 3 行至最后一行的数据；“s/bash/blueshell/”表示将文中的“bash”替换成“blueshell”。

6.2.11 awk 命令的使用

awk 是一种处理文本文件的命令，也是一个强大的文本分析工具。

使用 cp、cat、sed 命令建立下面示例所用的素材文件 testawk，命令如下：

```
[root@localhost ~]# cp /etc/passwd /home/testawk
[root@localhost ~]# cat /home/testawk |sed '4,25d'>testawk
[root@localhost ~]# cat testawk
root:x:0:0:root:/root:/bin/bash
bin:x:1:1:bin:/bin:/sbin/nologin
daemon:x:2:2:daemon:/sbin:/sbin/nologin
user1:x:1001:1001::/home/user1:/bin/bash
```

示例一如下：

```
[root@localhost ~]# awk -F: '{print $1,$7}' testawk
root /bin/bash
bin /sbin/nologin
daemon /sbin/nologin
user1 /bin/bash
```

本示例使用 awk 命令对 testawk 文件内容进行处理，只输出文件的第 1 项和第 7 项，每一项的分隔符为冒号。

示例二如下：

```
[root@localhost ~]# awk -va=1 -vb=s -F: '{print $1,$(6+a),$1b}' testawk
root /bin/bash roots
bin /sbin/nologin bins
daemon /sbin/nologin daemons
user1 /bin/bash user1s
```

本示例使用了变量，其中变量“a”的值为 1，变量“b”的值为字符 s，共输出 3 列内容：第 1 列内容为“$1”，表示文件的第 1 项；第 2 列内容为“$(6+a)”，表示文件的第 7 项；第 3 列内容为“$1b”，表示文件的第 1 项且加上字符 s。

示例三如下：

```
[root@localhost ~]# awk -F: '$1=="bin"' testawk
bin:x:1:1:bin:/bin:/sbin/nologin
```

本示例过滤第 1 项的值等于 bin 字符串的行，只有一行。

示例四如下：

```
[root@localhost ~]# awk '/sbin/' testawk
bin:x:1:1:bin:/bin:/sbin/nologin
daemon:x:2:2:daemon:/sbin:/sbin/nologin
```

上述示例输出包括 sbin 字符串的行。

示例五如下：

```
[root@localhost ~]# awk 'length<35' /etc/passwd
```

```
root:x:0:0:root:/root:/bin/bash
bin:x:1:1:bin:/bin:/sbin/nologin
sync:x:5:0:sync:/sbin:/bin/sync
halt:x:7:0:halt:/sbin:/sbin/halt
```

上述示例输出长度小于 35 的行。

6.3 其他命令

6.3.1 使用 uname 命令查看系统信息

uname 命令用于显示系统信息，可显示电脑和操作系统的相关信息，命令如下：

```
[root@localhost ~]# uname -a
Linux localhost.localdomain 3.10.0-862.14.4.el7.x86_64 #1 SMP Wed Sep 26 15:12:11 UTC 2018 x86_64 x86_64 x86_64 GNU/Linux
[root@localhost ~]# uname -m
x86_64
[root@localhost ~]# uname -n
localhost.localdomain
[root@localhost ~]# uname -r
3.10.0-862.14.4.el7.x86_64
```

其中，参数“-a”表示显示全部信息；参数“-m”表示显示电脑类型；参数“-n”表示显示在网络上的主机名称；参数“-r”表示显示系统的发行版本号。

6.3.2 使用 hostname 命令显示或修改主机名称

hostname 命令用于显示或修改系统的主机名称，命令如下：

```
[root@localhost ~]# hostname
localhost.localdomain
[root@localhost ~]# hostname jake-centos7
[root@localhost ~]# hostname
jake-centos7
```

在本示例中，修改前的主机名称为 localhost.localdomain，修改后的主机名称为 jake-centos7。

6.3.3 使用 cal 命令显示日历

cal 命令用于显示日历，命令如下：

```
[root@localhost ~]# cal 9 2019
      九月 2019
日 一 二 三 四 五 六
 1  2  3  4  5  6  7
 8  9 10 11 12 13 14
15 16 17 18 19 20 21
22 23 24 25 26 27 28
29 30
```

本示例显示的是 2019 年 9 月的日历，如果不指定月份和年份，则显示当前月份的日历。

6.3.4 使用 date 命令显示或设置日期时间

date 命令用于显示或设置日期时间，命令如下：

```
[root@jake-centos7 ~]# date
2018 年 12 月 05 日 星期三 02:18:32 CST
[root@jake-centos7 ~]# date -s "20190101 02:03:04"
2019 年 01 月 01 日 星期二 02:03:04 CST
```

在本示例中，使用 date 命令显示当前日期为 2018 年 12 月 5 日，时间为 2 时 18 分 32 秒；使用 date 命令加参数“-s”修改当前日期和时间为 2019 年 1 月 1 日，2 时 3 分 4 秒。

6.3.5 使用 history 命令查看历史命令

history 命令用于查看历史命令，命令如下：

```
[root@jake-centos7 ~]# history -c
[root@jake-centos7 ~]# history
    7  history
[root@jake-centos7 ~]# ls ~
anaconda-ks.cfg  testawk
[root@jake-centos7 ~]# mkdir /home/testhistory
[root@jake-centos7 ~]# history
    7  history
    8  ls ~
    9  mkdir /home/testhistory
   10  history
```

在本示例中，使用 history 命令加参数“-c”清除了历史记录，之后分别使用了 ls、mkdir、history 等命令的历史记录均被显示出来。

6.4 任务实战

6.4.1 任务描述

（1）使用 echo 命令建立/home/taskinfo1 文件，文件内容如下所述。

red

green

blue

（2）使用 wc 命令统计/etc/sysctl.conf 文件中的字节数、字数、行数，并将统计结果输出到/home/taskinfo2 文件中。

（3）使用 head 命令查看/home/taskinfo5 文件前 3 行的内容，并将错误输出信息输入/home/taskinfo3 文件。

（4）使用 find 命令查找/etc 目录下的文件名以“a”开头、以“conf”结尾，并且大于 1KB 的文件，将查找结果存放到/home/taskinfo4 文件中。

（5）使用 cat 命令合并/home/taskinfo1、/home/taskinfo2、/home/taskinfo3 和/home/taskinfo4 这 4 个文件的内容，并将合并的内容输入新文件/home/taskinfo5。

（6）使用 tail 命令只输出/home/taskinfo5 文件的后 4 行，并将输出结果存放在/home/taskinfo6 文件中。

（7）使用 diff 命令比较/home/taskinfo4 文件和/hom/taskinfo6 文件之间的差异。

（8）使用 grep 命令输出/home/taskinfo5 文件中不包括 conf 字符串的行，并输出行号，将输出结果存放在/home/taskinfo7 文件中。

（9）使用 sed 命令删除/home/taskinfo5 文件中第 4～5 行的内容，并在第 4 行前增加内容“black”。

（10）使用 awk 命令对 taskinfo4 文件的内容进行格式化输出，并以路径符号“/”进行分项，输出第 2 项、第 3 项和第 4 项的内容。

6.4.2 任务实施

（1）任务 1：使用 echo 命令建立/home/taskinfo1 文件，文件内容如下所述。

red

green

blue

任务 1 实施命令如下：

```
[root@jake-centos7 ~]# echo red >/home/taskinfo1
[root@jake-centos7 ~]# echo green >>/home/taskinfo1
[root@jake-centos7 ~]# echo blue >>/home/taskinfo1
[root@jake-centos7 ~]# cat /home/taskinfo1
red
```

```
green
blue
```

本示例成功建立/home/taskinfo1 文件，文件内容包括 red、green、blue 这 3 个单词。

（2）任务 2：使用 wc 命令统计/etc/sysctl.conf 文件中的字节数、字数、行数，并将统计结果输出到/home/taskinfo2 文件中。

任务 2 实施命令如下：

```
[root@jake-centos7 ~]# wc /etc/sysctl.conf>/home/taskinfo2
[root@jake-centos7 ~]# cat /home/taskinfo2
  10   72 449 /etc/sysctl.conf
```

使用 cat 命令查看输出文件结果，可知 etc/sysctl.conf 文件有 10 行数据，总共包括 72 个字符，449byte。

（3）任务 3：使用 head 命令查看/home/taskinfo5 文件中前 3 行的内容，并将错误输出信息输入/home/taskinfo3 文件。

任务 3 实施命令如下：

```
[root@jake-centos7 ~]# head /home/taskinfo5 2>/home/taskinfo3
[root@jake-centos7 ~]# cat /home/taskinfo3
head: 无法打开"/home/taskinfo5" 读取数据: 没有那个文件或目录
```

在执行 head 命令时会输出错误信息，而代表错误信息的文件描述符为 2，/home/taskinfo3 文件的内容由文件描述符来指定。

（4）任务 4：使用 find 命令查找/etc 目录下的文件名以“a”开头、以“conf”结尾，并且大于 1KB 的文件，将查找结果存放到/home/taskinfo4 文件中。

任务 4 实施命令如下：

```
[root@jake-centos7 ~]# find /etc -name "a*.conf" -size +1k>/home/taskinfo4
[root@jake-centos7 ~]# cat /home/taskinfo4
/etc/security/access.conf
/etc/dbus-1/system.d/avahi-dbus.conf
/etc/avahi/avahi-daemon.conf
```

其中，参数“-name”表示以什么文件名命名，而参数“-size”用于限制查找的文件的大小，在此限制其为 1KB。

（5）任务 5：使用 cat 命令合并/home/taskinfo1、/home/taskinfo2、/home/taskinfo3 和/home/taskinfo4 这 4 个文件的内容，并将合并的内容输入新文件/home/taskinfo5。

任务 5 实施命令如下：

```
[root@jake-centos7 ~]# cat /home/taskinfo1 /home/taskinfo2 /home/taskinfo3 /home/taskinfo4 >/home/
taskinfo5
[root@jake-centos7 ~]# cat /home/taskinfo5
red
blue
green
  10   72 449 /etc/sysctl.conf
head: 无法打开"/home/taskinfo5" 读取数据: 没有那个文件或目录
```

```
/etc/security/access.conf
/etc/dbus-1/system.d/avahi-dbus.conf
/etc/avahi/avahi-daemon.conf
```

使用“>”重定向文件，将 4 个文件合并生成了新的文件。

（6）任务 6：使用 tail 命令只输出/home/taskinfo5 文件的后 4 行，并将输出结果存放在/home/taskinfo6 文件中。

任务 6 实施命令如下：

```
[root@jake-centos7 ~]# tail /home/taskinfo5 -n 4 >/home/taskinfo6
[root@jake-centos7 ~]# cat /home/taskinfo6
head：无法打开"/home/taskinfo5" 读取数据：没有那个文件或目录
/etc/security/access.conf
/etc/dbus-1/system.d/avahi-dbus.conf
/etc/avahi/avahi-daemon.conf
```

其中，参数“-n 4”表示最后 4 行。

（7）任务 7：使用 diff 命令比较/home/taskinfo4 文件和/home/taskinfo6 文件之间的差异。

任务 7 实施命令如下：

```
[root@jake-centos7 ~]# diff -c /home/taskinfo4 /home/taskinfo6
*** /home/taskinfo4        2019-01-01 15:56:07.705074586 +0800
--- /home/taskinfo6        2019-01-01 16:04:07.142084893 +0800
***************
*** 1,3 ****
--- 1,4 ----
+ head：无法打开"/home/taskinfo5" 读取数据：没有那个文件或目录
  /etc/security/access.conf
  /etc/dbus-1/system.d/avahi-dbus.conf
  /etc/avahi/avahi-daemon.conf
```

通过比较发现，/home/taskinfo6 文件比/home/taskinfo4 文件多了一行内容，即上面错误输出的那一行内容。

（8）任务 8：使用 grep 命令输出/home/taskinfo5 文件中不包括 conf 字符串的行，并输出行号，将输出结果存放在/home/taskinfo7 文件中。

任务 8 实施命令如下：

```
[root@jake-centos7 ~]# grep -n -v "conf" /home/taskinfo5 >/home/taskinfo7
[root@jake-centos7 ~]# cat /home/taskinfo7
1:red
2:blue
3:green
5:head：无法打开"/home/taskinfo5" 读取数据：没有那个文件或目录
```

其中，参数“-v”表示取反，不包括的意思，参数“-n”表示输出行号。

（9）任务 9：使用 sed 命令删除/home/taskinfo5 文件中第 4～5 行的内容，并在第 4 行前增加内容“black”。

任务 9 实施命令如下：

```
[root@jake-centos7 ~]# cat /home/taskinfo5|sed '4,5d'|sed '4i black'
red
blue
green
black
/etc/security/access.conf
/etc/dbus-1/system.d/avahi-dbus.conf
/etc/avahi/avahi-daemon.conf
```

其中，参数“d”表示删除，参数“i”表示插入。

（10）任务 10：使用 awk 命令对 taskinfo4 文件的内容进行格式化输出，并以路径符号“/”进行分项，输出第 2 项、第 3 项和第 4 项的内容。

任务 10 实施命令如下：

```
[root@jake-centos7 home]# awk -F/ '{print $2,$3,$4}' taskinfo4
etc security access.conf
etc dbus-1 system.d
etc avahi avahi-daemon.conf
```

其中，参数“-F /”表示用“/”来分隔原来的字符串，“$2”“$3”“$4”分别表示第 2 个、第 3 个和第 4 个字符串。

第 7 章　Linux 用户、用户组及权限管理

扫一扫，
获取微课

第 6 章介绍了如何查看和处理 Linux 的信息，然而在 Linux 中文件的重要程度有所不同，我们需要学会如何管理这些文件，以避免很多不必要的损失。本章主要介绍如何用 Linux 的用户、用户组等进行管理。

7.1　Linux 系统安全模型

7.1.1　用户账号

Linux 是一个多用户、多任务的分时操作系统，而用户（指操作系统的实际操作者）是在一个操作系统中具有一系列权限的集合体。在 Linux 中，每个用户都具有唯一标志 UID，所以对于 Linux 来说，文件和用户的关系就像一个函数，这种安全控制的方式简单、有效。

7.1.2　用户账号配置文件

用户账号的配置文件主要有两个，分别是 passwd 和 shadow，位于/etc 目录下。

1. /etc/passwd

passwd 是一个用来存储用户关键信息的文件，可以用 cat、tail 之类的命令来查看其内容。例如，我们使用 tail 命令来查看之前创建的 test2 用户，因为它是最新创建的，所以只需要查看最后一行即可，命令如下：

```
[root@localhost task1]# tail -1 /etc/passwd
test2:x:2222:2222::/home/test2:/bin/bash
```

还可以查看用户是否创建正确，输出内容用“:”分为 7 个部分，即“用户名:密码占位符:UID:GID:注释信息（没有实质作用，有些是空的）:用户主目录:用户的 Shell”。

2. /etc/shadow

shadow 是一个用来存储用户密码的文件，同样可以用 cat、head 之类的命令来查看其内容，命令如下：

```
[root@localhost task1]# head -1 /etc/shadow
root:$1$kHvzGOpZ$Oza3dxGZmDptiQmudAprz0:18022:0:99999:7:::
```

shadow 文件里面有 9 个字段，如下所述。

- 用户名。
- 加密后的密码。
- 密码最后修改时间（从 1970 年 1 月 1 日起计算的天数）。
- 不可修改密码的天数。
- 密码可以维系的天数（99999 通常无须更新密码）。
- 在密码必须修改前的 *N* 天，就开始提示用户需要修改密码。
- 密码过期的宽限时间。
- 账号失效时间。
- 保留字段。

7.1.3 用户组账号

用户组是具有相同特征的用户的集合体，在用户数量庞大的情况下，有利于一起管理，从而减少大量的工作。用户组和用户一样拥有自己的 ID，即 GID，熟练运用用户组可以提高工作效率。

7.1.4 用户组账号配置文件

用户组账号的配置文件主要有两个，分别是 group 和 gshadow，位于/etc 目录下。

1. /etc/group

group 是一个用来存储用户组关键信息的文件，类似于用户账号配置文件的 passwd。查看 group 文件内容的命令如下：

```
[root@localhost task1]$head – 4    /etc/group
root:x:0:
bin:x:1:
daemon:x:2:
sys:x:3:
```

group 文件的内容相对于 passwd 文件来说比较简单，分为 4 个部分：“组名:密码占位符:GID:组下 USERS”。

2. /etc/gshadow

类似于用户账号配置文件 shadow，gshadow 是一个用来存储用户组安全信息的文件。

7.2 用户和用户组的管理

7.2.1 用户的管理

1. 新建用户账号

useradd 是新建用户的命令，由 user（用户）和 add（增加）两个英文单词构成，使用方法是在命令后面加上要新建的用户名。例如，新建一个名称为 zhangsan 的用户，命令如下：

```
[root@localhost task1]# useradd  zhangsan
```

如果要对新加入的用户进行设置，则可以使用“-”来添加，常用的设置如下所述。

- -u：设置 user 的 UID。
- -g：设置用户所属组。
- -G：设置用户附加组（用户可以同时隶属于不同的组，和“-g”不同的是，“-G”可以为用户添加多个所属组）。
- -s：设置新用户的登录 shell。
- -d：设置新用户的主目录（如果没有这个目录，则可以在后面加入“-m”，系统会自动创建这个目录）。
- -p：设置新用户的密码。

详细信息可以用 useradd --help 命令查看。

例如，我们要新建一个名称为 test2 的用户，并且该用户的 UID 为 2222，命令如下：

```
[root@localhost task1]# useradd  -u 2222 test2
```

2. 修改用户属性

使用 usermod 命令可以修改用户属性，例如，将 test2 用户的 UID 改为 2333，命令如下：

```
root@localhost task1]# usermod  -u 2333 test2
```

也可以使用 passwd 命令修改密码，命令如下：

```
[root@localhost task1]# passwd test2
更改 test2 用户的密码
新的密码：123456
无效的密码：密码少于 8 个字符
#这里密码不符合安全性，虽然提示有错误，但依然可以继续
重新输入新的密码：123456
passwd：所有的身份验证令牌已经成功更新
```

3. 删除用户账号

使用 userdel 命令可以删除用户账号，例如，删除 zhangsan 这个用户，命令如下：

```
[root@localhost task1]# userdel  zhangsan
```

也可以连同用户目录一并删除，命令如下：

```
[root@localhost task1]# userdel   -f   zhangsan
```

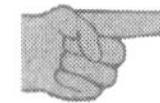

注意：

用户要退出系统后才能删除用户账号。

7.2.2 用户组的管理

1. 新建用户组账号

使用 groupadd 命令可以新建用户组，使用方法和 useradd 命令相似。例如，新建一个名称为 people 的用户组，命令如下：

```
[root@localhost task1]# groupadd   people
```

如果要对新加入的用户进行设置，则可以使用“-”来添加，常用的设置如下所述。

- -g：设置 group 的 GID。
- -n：允许创建有重复 GID 的用户组。
- -p：为新用户组使用此加密过的密码。

详细信息可以用 groupadd --help 命令查看。

例如，我们要新建一个名称为 group1 的用户组，而且该用户组的 GID 为 1111 且允许使用相同的 GID，命令如下：

```
[root@localhost task1]# groupadd   -g 1111 –o group1
```

2. 修改用户组属性

和修改用户属性一样，我们可以使用 groupmod 命令来修改用户组属性。

3. 删除用户组账号

使用 groupdel 命令可以删除用户组账号，例如，删除 group1 这个用户组，命令如下：

```
[root@localhost task1]# groupdel   group1
```

注意：

如果用户组下面有用户，则需要将用户删除后才能删除用户组账号。

7.2.3 账号信息显示

使用账号登录系统后，可以使用 id 命令查看账号信息，命令如下：

```
[root@localhost task1]$ id test2
uid=2333(test2) gid=2224(grouptest) 组=2224(grouptest) 环境=unconfined_u:unconfined_r:unconfined_t:s0-s0:c0.c102
```

也可以查看指定部分的信息，例如，查看 test2 用户的 UID，命令如下：

```
[root2@localhost task1]$ id –u test2
2333
```

7.3 文件权限的管理

7.3.1 文件和目录权限

可以使用之前学过的 ls -l 命令查看文件和目录的权限，可以简写成 ll，命令如下：

```
[root@localhost /]# ll /
total 32
lrwxrwxrwx.   1 root root    7 May  7  2014 bin -> usr/bin
dr-xr-xr-x.   4 root root 4096 Jul 11  2014 boot
drwxr-xr-x.  20 root root 3120 Jul 23 13:08 dev
drwxr-xr-x. 133 root root 8192 Jul 23 12:39 etc
drwxr-xr-x.   3 root root   20 Jul 23 12:26 home
…
```

第 1 个字段中的第 1 个字母表示文件类型，而后面的 9 个字母表示该文件或目录的权限位，以 3 个字母为一组分别表示文件所有者的权限、文件所属组的权限、其他用户的权限。

每一组由 r（读取）、w（写入）、x（执行）3 个字母组成，如果对应位置是“-”，则代表没有相应的权限。

本示例显示的 dev 目录的权限分配就是文件所有者有读取、写入、执行的所有权限、文件所属组的用户和其他用户都只有读取和执行的权限。

7.3.2 用户和用户组所有者

用户和用户组的所有者同样可以使用 ll 命令进行查看，第 3 个字段表示文件的用户所有者，第 4 个字段表示文件的用户组所有者。

使用 chown 命令可以设置文件和目录的所有者。

在有些情况下，需要我们修改文件所属的用户和用户组，我们可以使用 chown 命令来修改，命令格式为“--chown 用户名：用户组 文件”。

例如，我们在/root 目录下新建一个名称为 test1 的文件，然后将此文件的权限转移给 grouptest 用户组下的 test2 用户，命令如下：

```
[root@localhost task1]# touch test1
[root@localhost task1]# ll
总用量 0
-rw-r--r--. 1 root root 0 7 月  23 08:32 test1
[root@localhost task1]# chown test2:grouptest test1
[root@localhost task1]# ll
```

```
总用量 0
-rw-r--r--. 1 test2 grouptest 0 7 月  23 08:32 test1
```

7.3.3 文件和目录权限的控制

1. 使用 chmod 命令设置文件和目录的权限

使用 chmod 命令设置用户权限有两种方法，分别是使用字母和数字来表示。

使用字母的命令格式如下：

```
chmod [who] [+ | - | =] [mode]  文件名
```

其中，who 可以为 u（用户名）、g（用户组）、o（其他用户）、a（所有用户），而 mode 则为 r、w、z 这 3 种权限。

例如，为 test1 文件的所属用户增加对 test1 文件的执行权限，命令如下：

```
[root@localhost task1]# chmod u+x test1
[root@localhost task1]# ll
总用量 0
-rwxr--r--. 1 test2 grouptest 0 7 月  23 08:32 test1
```

将 test1 文件的所属用户组对 test1 文件的权限修改为读取和写入，命令如下：

```
[root@localhost task1]# chmod g=rw test1
[root@localhost task1]# ll
总用量 0
-rwxrw-r--. 1 test2 grouptest 0 7 月  23 08:32 test1
```

取消其他用户对 test1 文件的读取权限，命令如下：

```
[root@localhost task1]# chmod o-r test1
[root@localhost task1]# ll
总用量 0
-rwxrw----. 1 test2 grouptest 0 7 月  23 08:32 test1
```

使用数字的命令格式如下：

```
chmod  ugo  文件名
```

其中，ugo 分别表示用户名、用户组和其他用户所拥有的权限，每个部分都用一个数字代替：r=4、w=2、x=1。

如果需要 r、w 权限，则 ugo=4+2=6；如果需要 r、w、x 权限，则 ugo=4+2+1=7。

举个例子，如果要用户组的成员对 test1 文件可读、可写、不可执行（4+2+0=6），并且其他用户对该文件没有任何权限，命令如下：

```
[root@localhost task1]# chmod 660 test1
[root@localhost task1]# ll
总用量 0
-rw-rw----. 1 test2 grouptest 0 7 月  23 08:32 test1
```

除了上面所述的内容，使用 chmod 命令还能设置一些特殊权限，如下所述。

- u+s（Set uid）：设置文件在执行阶段具有文件所有者的权限，但不执行的时候没有。典型的示例为修改密码的命令文件/usr/bin/passwd 在执行的过程中获得权限，从而修改自己的密码（只对文件有效）。
- g+s（Set gid）：设置任何用户在此目录下创建的文件都具有和该目录所属的用户组相同的权限（此命令只对目录有效）。
- o+t（Sticky bit）：在设置这个权限后，其他用户只能增加而不能删除该文件或目录的内容，可以有效防止被人恶意删除。

这 3 个设置如果要使用数字来设置，则需要在原来的三位数前面添加一位。

u+s =4；g+s =2；o+t = 1。

具体计算方法和上面类似，例如，要在 test1 文件原先的基础上加入 u+s、o+t 且用数字表达，命令如下：

```
[root@localhost task1]# chmod 5660 test1
[root@localhost task1]# ll
总用量 0
-rwSrw---T.. 1 test2 grouptest 0 7 月   23 08:32 test1
```

2. 使用 getfacl 命令和 setfacl 命令设置文件和目录的权限

有时我们需要更加精准的权限设置，就可以使用 ACL 权限设置，它可以指定某一个用户对这个文件的权限，换句话说，使用 setfacl 命令可以更精确地控制权限的分配。

（1）查看是否使用 ACL 权限设置。

在使用 ls -l 命令的情况下，根据第 1 个字段结尾是否有“.”可以确认这个文件是否使用了 ACL 权限设置。

（2）查看文件的情况。

使用 getfacl 命令可以查看文件，例如，查看之前新建的 test1 文件，命令如下：

```
[root@localhost task1]# getfacl test1
# file: test1
# owner: test2
# group: grouptest
# flags: s-t
user::rw-
group::rw-
other::---
```

（3）使用 setfacl 命令对指定的用户设置权限，格式如下：

```
setfacl（要更改的文件类型）（用户还是用户组）:（名字）:（权限）（文件名）
```

例如，test1 文件对于张三来说只有读取权限，命令如下：

```
[root@localhost task1]# setfacl -m u:zhangsan:r-- test1
[root@localhost task1]# getfacl test1
# file: test1
# owner: test2
```

```
# group: grouptest
# flags: s-t
user::rw-
user:zhangsan:r--
group::rw-
mask::rw-
other::---
```

7.3.4 sudo 配置

sudo 命令用于用户之间的切换，在 sudo 配置文件允许的情况下，可以使用 sudo 命令无须密码暂时切换为超级用户或指定用户来执行命令。配置文件位于/etc/sudoers 目录中，在对 sudo 进行配置时，可以使用快速编辑命令 visudo（在这种情况下发生错误会有提示）。

在使用 visudo 命令后，可以看到如下配置文件：

```
## Sudoers allows particular users to run various commands as
## the root user, without needing the root password.
##
## Examples are provided at the bottom of the file for collections
## of related commands, which can then be delegated out to particular
## users or groups.
##
## This file must be edited with the 'visudo' command.
## Host Aliases
## Groups of machines. You may prefer to use hostnames (perhaps using
## wildcards for entire domains) or IP addresses instead.
# Host_Alias     FILESERVERS = fs1, fs2
# Host_Alias     MAILSERVERS = smtp, smtp2
## User Aliases
## These aren't often necessary, as you can use regular groups
## (ie, from files, LDAP, NIS, etc) in this file - just use %groupname
## rather than USERALIAS
# User_Alias ADMINS = jsmith, mikem
## Command Aliases
## These are groups of related commands...
```

相关的配置可以直接编辑添加。

例如，test2 用户可以调用 root 用户权限创建 test 目录，但是也只能创建 test 目录不能创建其他目录，命令如下：

```
test2 ALL=(ALL) NOPASSWD: /bin/mkdir test
```

如果第 1 个字符段要使用用户组，则需要在前面增加一个%。

7.4 任务实战

7.4.1 任务描述

（1）新建一个名称为 develop 的用户组，GID 为 9999。新建一个名称为 lihua 的用户，UID 为 1500，并将 develop 设置为其附加组；新建一个名称为 xiaoming 的用户，UID 为 2000，并将/usr/xiaoming 设置为主目录；新建一个名称为 wangwu 的用户，UID 为 2500，并将其 Shell 设置为不可登录（/sbin/nologin）。同时 3 个用户的密码均设置为 123456，并将新建的 3 个用户的密码信息保存到 exam1 文件中（需要自己建立）。

（2）新建一个名称为 exam2 的文件夹，并将 exam1 文件的所有者改为 xiaoming，exam2 文件夹的所属组改为 develop。

设置 exam1 文件的所属用户对 exam1 文件有全部的权限，其他人只有读取的权限。exam2 文件夹下所创建的文件的所属组自动被设置为 develop。

（3）设置 wangwu 对 exam1 文件没有任何权限，develop 用户组只有读取的权限，并查看 exam1 文件的所有权限。

（4）设置 lihua 可以调用 root 用户权限修改 exam1 文件的内容，并在 exam1 文件的最后一行增加文本 success。

（5）设置 develop 用户组可以调用 root 用户权限在根目录/下新建目录。

7.4.2 任务实施

（1）新建一个名称为 develop 的用户组，GID 为 9999，命令如下：

```
[root@localhost task1]# groupadd develop –g 9999
```

新建一个名称为 lihua 的用户，UID 为 1500，并将 develop 设置为其附加组，命令如下：

```
[root@localhost task1]# useradd lihua –u 1500 –G develop
```

新建一个名称为 xiaoming 的用户，UID 为 2000，并将/usr/xiaoming 设置为主目录，命令如下：

```
[root@localhost task1]# useradd xiaoming –u 2000 –d develop   -m
```

新建一个名称为 wangwu 的用户，UID 为 2500，并将其 Shell 设置为不可登录（/sbin/nologin），命令如下：

```
[root@localhost task1]# useradd wangwu –u 2500 –s /sbin/nologin
```

以上 3 个新建用户的密码均设置为 123456，命令如下：

```
[root@localhost task1]# echo 123456 | passwd –stdin lihua
[root@localhost task1]# echo 123456 | passwd –stdin xiaoming
[root@localhost task1]# echo 123456 | passwd –stdin wangwu
```

将新建的 3 个用户的密码信息保存到 exam1 文件中（需要自己建立），命令如下：

```
[root@localhost task1]# tail -3 /etc/passwd > exam1
```

（2）新建一个名称为 exam2 的文件夹，命令如下：

```
[root@localhost task1]# mkdir exam 2
```

将 exam1 文件的所有者改为 xiaoming，exam2 文件夹的所属组改为 develop，命令如下：

```
[root@localhost task1]# chown xiaoming: exam1
[root@localhost task1]# chown :develop exam2
```

设置 exam1 文件的所属用户对 exam1 文件有全部的权限，其他人只有读取的权限。exam2 文件夹下所创建的文件的所属组自动被设置为 develop。

- 使用字母来表达用户权限的命令如下：

```
[root@localhost task1]# chmod u=rwx exam2
[root@localhost task1]# chmod g=r exam2
[root@localhost task1]# chmod o=r exam2
[root@localhost task1]# chmod g+s exam2
```

- 使用数字来表达用户权限的命令如下：

```
[root@localhost task1]# chmod 2744 exam2
```

（3）设置 wangwu 对 exam1 文件没有任何权限，develop 用户组只有读取的权限，并查看 exam1 文件的所有权限，命令如下：

```
[root@localhost task1]# setfacl -m u:wangwu:--- exam1
[root@localhost task1]# setfacl –m g:develop:r—exam1
[root@localhost task1]# getfacl
#file: exam1
# owner: xiaoming
# group: xiaoming
user::rwx
user:wangwu:---
group::r--
group:develop:r--
mask::r--
other::r--
```

（4）设置 lihua 可以调用 root 用户权限修改 exam1 文件的内容，并在 exam1 文件的最后一行增加文本“success”，命令如下：

```
lihua       ALL=(root)     NOPASSWD: /bin/vim exam1
[root@localhost task1]# su lihua
[lihua@localhost task1]# echo success>>exam1
```

（5）设置 develop 用户组可以调用 root 用户权限在根目录/下新建目录，命令如下：

```
[root@localhost task1]#visudo
插入
%develop            ALL=(ALL)              NOPASSWD: /bin/mkdir
```

第 8 章　Linux 资源管理

Linux 的资源非常丰富，除文件、目录和用户外，还涉及磁盘分区、卷、进程等，这些资源的优化和管理也是非常重要的，本章就来介绍这些资源的管理。

8.1　磁盘分区

8.1.1　磁盘分区简介

1. 什么是分区

分区是将一个硬盘驱动器分成若干个逻辑驱动器，把硬盘连续的区块当作一个独立的磁盘使用。分区表是一个硬盘分区的索引，分区的信息都会写进分区表。

2. 为什么要有多个分区

防止数据丢失：如果系统只有一个分区，那么这个分区损坏，用户将会丢失所有的数据。

增加磁盘空间使用效率：可以用不同的区块大小来格式化分区，如果有很多 1KB 的文件，而硬盘分区区块大小为 4KB，那么每存储一个文件将会浪费 3KB 空间。这时我们需要根据这些文件大小的平均值进行区块大小的划分。

数据激增到极限不会引起系统挂起：将用户数据和系统数据分开，可以避免在用户数据填满整个硬盘时引起系统挂起。

8.1.2　使用 fdisk 命令建立分区

fdisk 命令的参数介绍如下所述。

- p：打印分区表。
- n：新建一个分区。
- d：删除一个分区。
- q：退出，不保存。
- w：把分区写进分区表，保存并退出。

命令如下：

```
[root@ master ~]# fdisk /dev/sdb
```

其执行结果如图 8.1 所示。

```
dmmidi          ppp         tty12    tty37  tty61  vcsa4
dri             ptmx        tty13    tty38  tty62  vcsa5
fb0             pts         tty14    tty39  tty63  vcsa6
fd              random      tty15    tty4   tty7   vfio
full            raw         tty16    tty40  tty8   vga_arbiter
fuse            rfkill      tty17    tty41  tty9   vhci
hidraw0         rtc         tty18    tty42  ttyS0  vhost-net
hpet            rtc0        tty19    tty43  ttyS1  vmci
hugepages       sda         tty2     tty44  ttyS2  vsock
hwrng           sda1        tty20    tty45  ttyS3  zero
[root@master dev]# fdisk /dev/sdb
欢迎使用 fdisk (util-linux 2.23.2)。

更改将停留在内存中，直到您决定将更改写入磁盘。
使用写入命令前请三思。

Device does not contain a recognized partition table
使用磁盘标识符 0x80b4093e 创建新的 DOS 磁盘标签。

命令(输入 m 获取帮助)：
```

图 8.1　使用 fdisk 命令对磁盘进行管理

在图 8.1 所示的“命令（输入 m 获取帮助）：”后面输入“p”，命令如下：

```
命令（输入 m 获取帮助）：p
```

其执行结果如图 8.2 所示。

```
欢迎使用 fdisk (util-linux 2.23.2)。

更改将停留在内存中，直到您决定将更改写入磁盘。
使用写入命令前请三思。

Device does not contain a recognized partition table
使用磁盘标识符 0x80b4093e 创建新的 DOS 磁盘标签。

命令(输入 m 获取帮助)：p

磁盘 /dev/sdb：42.9 GB, 42949672960 字节，83886080 个扇区
Units = 扇区 of 1 * 512 = 512 bytes
扇区大小(逻辑/物理)：512 字节 / 512 字节
I/O 大小(最小/最佳)：512 字节 / 512 字节
磁盘标签类型：dos
磁盘标识符：0x80b4093e

   设备 Boot      Start         End      Blocks   Id  System

命令(输入 m 获取帮助)：
```

图 8.2　使用 p 打印分区表

在图 8.2 中可以看到，这块硬盘尚未分区，我们可以新建一个分区，命令如下：

```
命令（输入 m 获取帮助）：n
```

其执行结果如图 8.3 所示。

```
Device does not contain a recognized partition table
使用磁盘标识符 0x80b4093e 创建新的 DOS 磁盘标签。

命令(输入 m 获取帮助): p

磁盘 /dev/sdb: 42.9 GB, 42949672960 字节，83886080 个扇区
Units = 扇区 of 1 * 512 = 512 bytes
扇区大小(逻辑/物理): 512 字节 / 512 字节
I/O 大小(最小/最佳): 512 字节 / 512 字节
磁盘标签类型: dos
磁盘标识符: 0x80b4093e

   设备 Boot      Start         End      Blocks   Id  System

命令(输入 m 获取帮助): n
Partition type:
   p   primary (0 primary, 0 extended, 4 free)
   e   extended
Select (default p):
```

图 8.3　使用 n 新建分区

在图 8.3 中可以看到，出现了两个菜单项，p 表示主分区，e 表示扩展分区，现在我们通过 p 命令新建一个主分区，命令如下：

```
Select（default p）：p
```

在输入“p”后，出现提示“分区号（1-4，默认 1）：”，需要选择主分区号，输入“1”表示新建的是第 1 个主分区，命令如下：

```
分区号（1-4，默认 1）：1
```

具体操作如图 8.4 所示。

```
使用磁盘标识符 0x80b4093e 创建新的 DOS 磁盘标签。

命令(输入 m 获取帮助): p

磁盘 /dev/sdb: 42.9 GB, 42949672960 字节，83886080 个扇区
Units = 扇区 of 1 * 512 = 512 bytes
扇区大小(逻辑/物理): 512 字节 / 512 字节
I/O 大小(最小/最佳): 512 字节 / 512 字节
磁盘标签类型: dos
磁盘标识符: 0x80b4093e

   设备 Boot      Start         End      Blocks   Id  System

命令(输入 m 获取帮助): n
Partition type:
   p   primary (0 primary, 0 extended, 4 free)
   e   extended
Select (default p): p
分区号 (1-4，默认 1):
起始 扇区 (2048-83886079，默认为 2048):
```

图 8.4　新建第 1 个主分区

直接按 Enter 键，表示选择默认选项 1，即建立第 1 个主分区，起始扇区为 2048。输入“+200M”，按 Enter 键，表示第 1 个主分区的容量为 200MB，设置第 1 个主分区的大小如图 8.5 所示。

```
扇区大小(逻辑/物理)：512 字节 / 512 字节
I/O 大小(最小/最佳)：512 字节 / 512 字节
磁盘标签类型：dos
磁盘标识符：0x80b4093e

   设备 Boot      Start         End      Blocks   Id  System

命令(输入 m 获取帮助)：n
Partition type:
   p   primary (0 primary, 0 extended, 4 free)
   e   extended
Select (default p): p
分区号 (1-4，默认 1)：
起始 扇区 (2048-83886079，默认为 2048)：
将使用默认值 2048
Last 扇区, +扇区 or +size{K,M,G} (2048-83886079，默认为 83886079)：+200M
分区 1 已设置为 Linux 类型，大小设为 200 MB

命令(输入 m 获取帮助)：
```

图 8.5　设置第 1 个主分区的大小

建议在完成后输入“p”查看新建的主分区，如图 8.6 所示。

```
分区号 (1-4，默认 1)：
起始 扇区 (2048-83886079，默认为 2048)：
将使用默认值 2048
Last 扇区, +扇区 or +size{K,M,G} (2048-83886079，默认为 83886079)：+200M
分区 1 已设置为 Linux 类型，大小设为 200 MiB

命令(输入 m 获取帮助)：p

磁盘 /dev/sdb：42.9 GB, 42949672960 字节，83886080 个扇区
Units = 扇区 of 1 * 512 = 512 bytes
扇区大小(逻辑/物理)：512 字节 / 512 字节
I/O 大小(最小/最佳)：512 字节 / 512 字节
磁盘标签类型：dos
磁盘标识符：0x80b4093e

   设备 Boot      Start         End      Blocks   Id  System
/dev/sdb1            2048      411647      204800   83  Linux

命令(输入 m 获取帮助)：
```

图 8.6　查看新建的主分区

8.1.3　使用 parted 命令建立分区

使用 parted 命令建立分区的命令格式如下：

```
#将分区设置成 GPT 格式
[root@master ~]# parted  /dev/sdc mklabel gpt
#创建一个 20GB 的分区
[root@master ~]# parted /dev/sdc mkpart primary 0 20000
#将剩余的空间全部创建成一个扩展分区
[root@master ~]# parted /dev/sdc mkpart extended 1 100%
```

使用 parted 命令建立分区如图 8.7 所示。

```
[root@master dev]# parted /dev/sdc mklabel gpt
信息: You may need to update /etc/fstab.

[root@master dev]# parted /dev/sdc mkpart primary 0 20000
警告: The resulting partition is not properly aligned for best performance.
忽略/Ignore/放弃/Cancel?
忽略/Ignore/放弃/Cancel?
忽略/Ignore/放弃/Cancel? Ignore
信息: You may need to update /etc/fstab.

[root@master dev]# parted /dev/sdc mkpart extended 1 100%
警告: You requested a partition from 1000kB to 21.5GB (sectors 1953..41943039)
The closest location we can manage is 20.0GB to 21.5GB (sectors
39062501..41943006).
Is this still acceptable to you?
是/Yes/否/No? Yes
警告: The resulting partition is not properly aligned for best performance.
忽略/Ignore/放弃/Cancel? Ignore
信息: You may need to update /etc/fstab.
```

图 8.7　使用 parted 命令建立分区

使用 parted 命令建立分区，命令如下：

```
[root@master ~]# parted /dev/sdc
GNU Parted 1.8.1 Using /dev/sdb Welcome to GNU Parted! Type 'help' to view a list of commands.
(parted) mklabel gpt                    #将 MBR 磁盘格式化为 GPT
(parted) print                          #打印当前分区
(parted) mkpart primary 0 4.5TB         #分出一个 4.5TB 的主分区
(parted) mkpart primary 4.5TB 12TB      #分出一个 7.5TB 的主分区
(parted) print                          #打印当前分区
(parted) quit                           #退出
```

8.2　文件系统管理

8.2.1　Linux 文件系统简介

在 Linux 中，普通文件和目录文件保存在被称为块物理设备的磁盘或磁带上。一个 Linux 系统支持若干物理盘，每个物理盘可定义一个或多个文件系统。每个文件系统由逻辑块的序列组成，逻辑盘空间一般划分为几个用途各不相同的部分，即引导块、超级块、inode 区和数据区等。

引导块，在文件系统的开头，通常为一个扇区，其中存放引导程序，用于读取数据并启动操作系统；超级块，用于记录文件系统的管理信息，特定的文件系统定义了特定的超级块；inode 区（索引节点），一个文件或目录占据一个索引节点，第 1 个索引节点是该文件系统的根节点，利用根节点，可以把一个文件系统挂在另一个文件系统的非叶节点上；数据区，用于存放文件数据或管理数据。

Linux 最早引入的文件系统类型是 MINIX。MINIX 文件系统由 MINIX 操作系统定义，有一定的局限性，如文件名最长为 14 个字符，文件最大为 64MB。第 1 个专门为 Linux 设计的文件系统是 EXT（Extended File System），但目前流行较广的是 EXT4。

第二代扩展文件系统是由 Rey Card 设计的，其目标是为 Linux 提供一个强大的可扩展文件系统。它同时也是 Linux 中设计最成功的文件系统。通过 VFS 的超级块（struct ext2_sb_info ext2_sb）可以访问 EXT2 的超级块，通过 VFS 的 inode（struct ext2_inode_info ext2_i）可以访问 EXT2 的 inode 区。

文件系统 EXT2 的源代码存储在/usr/src/linux/fs/ext2 目录下，它的数据结构在/usr/src/linux/include/linux/ext2_fs.h 文件，以及同一目录下的 ext2_fs_i.h 文件和 ext2_fs_sb.h 文件中定义。

8.2.2 文件系统的建立和挂载

创建文件系统的过程也叫格式化分区的过程，在 Linux 中使用 mkfsc（Make File system，创建文件系统）命令可以查看支持的文件系统，如图 8.8 所示。

```
用法:
 mkfs [选项] [-t <类型>] [文件系统选项] <设备> [<大小>]

选项:
 -t, --type=<类型>  文件系统类型；若不指定，将使用 ext2
     fs-options     实际文件系统构建程序的参数
     <设备>         要使用设备的路径
     <大小>         要使用设备上的块数
 -V, --verbose      解释正在进行的操作；
                      多次指定 -V 将导致空运行(dry-run)
 -V, --version      显示版本信息并退出
                      将 -V 作为 --version 选项时必须是惟一选项
 -h, --help         显示此帮助并退出

更多信息请参阅 mkfs(8)。
[root@master dev]# mkfs
mkfs        mkfs.cramfs  mkfs.ext3   mkfs.fat    mkfs.msdos  mkfs.xfs
mkfs.btrfs  mkfs.ext2    mkfs.ext4   mkfs.minix  mkfs.vfat
[root@master dev]# mkfs
就绪        ssh2: AES-256   24, 24   24行, 80列  VT100   数字
```

图 8.8 使用 mkfs 命令查看支持的文件系统

使用 mkfs 命令相关的子命令可以建立相应的文件系统，如图 8.9 所示。

```
<num> is xxx (bytes), xxxs (sectors), xxxb (fs blocks), xxxk (xxx KiB),
      xxxm (xxx MiB), xxxg (xxx GiB), xxxt (xxx TiB) or xxxp (xxx PiB).
<value> is xxx (512 byte blocks).
[root@master dev]# mkfs.xfs /dev/sda
sda   sda1   sda2
[root@master dev]# mkfs.xfs /dev/sd
sda   sda1   sda2   sdb   sdc   sdc1   sdc2
[root@master dev]# mkfs.xfs /dev/sdc1
meta-data=/dev/sdc1              isize=512    agcount=4, agsize=1220702 blks
         =                       sectsz=512   attr=2, projid32bit=1
         =                       crc=1        finobt=0, sparse=0
data     =                       bsize=4096   blocks=4882808, imaxpct=25
         =                       sunit=0      swidth=0 blks
naming   =version 2              bsize=4096   ascii-ci=0 ftype=1
log      =internal log           bsize=4096   blocks=2560, version=2
         =                       sectsz=512   sunit=0 blks, lazy-count=1
realtime =none                   extsz=4096   blocks=0, rtextents=0
[root@master dev]#
就绪        ssh2: AES-256   30, 20   30行, 80列  VT100   数字
```

图 8.9 使用 mkfs 命令相关的子命令建立文件系统

使用 mount 命令可以将已经建立文件系统的分区进行挂载，如图 8.10 所示，将分区/dev/sdc1 挂载到/root/test 目录下。

```
log      =internal log          bsize=4096   blocks=2560, version=2
         =                      sectsz=512   sunit=0 blks, lazy-count=1
realtime =none                  extsz=4096   blocks=0, rtextents=0
[root@master dev]# cd /
[root@master /]# cd ~
[root@master ~]# mkdir test
[root@master ~]# mount /dev/sdc1 test/
[root@master ~]# df
文件系统                 1K-块    已用     可用 已用% 挂载点
/dev/mapper/centos-root 17811456 1440964 16370492   9% /
devtmpfs                  485772       0   485772   0% /dev
tmpfs                     497948       0   497948   0% /dev/shm
tmpfs                     497948    7852   490096   2% /run
tmpfs                     497948       0   497948   0% /sys/fs/cgroup
/dev/sda1                1038336  138072   900264  14% /boot
tmpfs                      99592       0    99592   0% /run/user/0
/dev/sdc1               19520992   32992 19488000   1% /root/test
[root@master ~]#
就绪                    ssh2: AES-256   30, 18   30 行, 80 列  VT100      数字
```

图 8.10　将已经建立文件系统的分区进行挂载

可以实现开机自动挂载，具体执行如下命令。

1. 使用 blkid 命令查询磁盘分区

以分区/dev/sdc1 的 UUID（Universally Unique Identifier，通用唯一识别码）为例，命令如下：

```
[root@master ~]#  blkid /dev/sdc1
```

如图 8.11 所示，查询分区/dev/sdc1 的 UUID。

```
[root@master dev]# cd /
[root@master /]# cd ~
[root@master ~]# mkdir test
[root@master ~]# mount /dev/sdc1 test/
[root@master ~]# df
文件系统                 1K-块    已用     可用 已用% 挂载点
/dev/mapper/centos-root 17811456 1440964 16370492   9% /
devtmpfs                  485772       0   485772   0% /dev
tmpfs                     497948       0   497948   0% /dev/shm
tmpfs                     497948    7852   490096   2% /run
tmpfs                     497948       0   497948   0% /sys/fs/cgroup
/dev/sda1                1038336  138072   900264  14% /boot
tmpfs                      99592       0    99592   0% /run/user/0
/dev/sdc1               19520992   32992 19488000   1% /root/test
[root@master ~]# blkid /dev/sdc1
/dev/sdc1: UUID="8397d1b2-fc30-44c8-865e-0b64fe1dbcb4" TYPE="xfs" PARTLABEL="pr
mary" PARTUUID="69cc0998-310e-4955-abf8-b6242c508986"
[root@master ~]#
就绪                    ssh2: AES-256   30, 18   30 行, 80 列  VT100      数字
```

图 8.11　查询分区的 UUID

2. 使用 vim 命令编辑/etc/fstab 文件

在文件后面添加一排代码，格式如下：

```
UUID   挂载目录    使用的文件系统    default   0   0
```

对/etc/fstab 文件编辑并保存后，重启电脑就实现了分区自动挂载功能。

8.3 磁盘配额

8.3.1 磁盘配额简介

1. 什么是 quota

quota 可以从两方面指定磁盘的存储限制：使用者所能够支配的索引节点（inodes）数量；使用者可以取用的磁盘区块数量。

quota 背后的含意是强制使用者在大部分的时间中保持在其磁盘使用限制之下，取消他们在系统上无限制地使用磁盘空间的能力。

quota 是以每一位使用者，每一个文件系统为基础的。如果使用者可能在超过一个以上的文件系统上建立文件，就必须在每一个文件系统上分别设定 quota。

2. 建立 quota

检查当前内核是否支持 quota，当前内核配置文件在/boot 目录下，命令如下：

```
[root@master~]#grep  CONFIG_QUOTA  /boot/config-[version]CONFIG_QUOTA=yCONFIG_QUOTACTL=y
```

如果有上述输出，则表示当前内核已经支持 quota。如果当前内核不支持 quota，则需要重新编译内核并将 quota support 编译进核心：File systems--->QUOTA support。

8.3.2 使用 quota 命令进行磁盘配额

磁盘配额：限制磁盘资源的使用，磁盘配额是系统对用户所能使用的磁盘资源进行的控制（或者说限制）。在 Linux 中，磁盘配额可以对用户的空间使用情况、文件数量（实际上是 inode 的数量，文件数量是限制 inode 的结果）进行限制。如果超出此范围，则用户能向磁盘里写入数据。

限制原因：资源不是无限的。

限制目标：

- 限制普通用户。
- 限制用户组。

具体操作步骤如下所述。

1. 开启磁盘配额功能（开启某个分区）

```
[root@master~]mount -o defaults,usrquota /dev/sdb2 /d1
```

2. 把/dev/sdb2 挂载到空目录/d1，并开启磁盘配额（usrquota）

建立 quota 的配额数据库（EXT4 文件系统需要）。

选项如下所述。

- -c：必选项。
- -v：显示详细信息。

- -u：建立“用户”配额数据库。
- -g：建立“用户组”配额数据库。
- -a：检测所有磁盘（如果不加“-a”的话，则需要明确指定分区设备/dev/sdb1）。

如果之前已经有分区建立了配额数据库，现在我们想清空并重新建立，则需要加“-f”选项强制重新检测，命令如下：

```
[root@master~]quotacheck -cvuf    /dev/sdb1
```

在命令执行后，会在相应的分区挂载目录下，创建 aquota.user 数据库文件。

3. 数据库建立后，开启该分区的磁盘配额功能

```
[root@master~]quotaon    /dev/sdb1
```

4. 使用 edquota 命令（交互式）编辑用户配额

```
[root@master~]edquota   zhang3   ——给用户 zhang3 配置磁盘配额
```

5. 进入编辑页面，编辑相关配置

```
Disk quotas for user zhang3 (uid 1008):
Filesystem   blocks   soft    hard   inodes soft hard
/dev/sdb1    1028     0        0       12   15    20
```

解析如下所述。

- blocks：1028 为用户在该分区下已经使用的空间，单位为 KB。
- soft：磁盘空间的软限制，用户使用的空间达到该值时会报警。
- hard：磁盘空间的硬限制，用户能使用的最大空间。
- inodes：用户已经创建的文件数量。
- soft：用户创建的文件数量，在达到该值时会报警（一般不进行限制，或者限制值很大）。
- hard：用户最多能创建的文件数量。

非交互式命令如下：

```
edquota -u zhang3   1028     0        0       12   15    20   /dev/sdb1
```

本地磁盘用户配额报表，命令如下：

```
[root@master~] repquota    -auvs
```

8.4 逻辑卷管理

8.4.1 LVM 概念及相关术语

LVM（Logical Volume Manager，逻辑卷管理）是一种存储设备管理技术，可以使用户集中电源和部件的存储设备，以方便和灵活地管理抽象的物理布局。第二代 LVM2 可以用于将现有存储设备聚集成组，并根据需要从组合空间中分配逻辑单元。

LVM 的主要优点是提高了抽象性、灵活性和控制力。逻辑卷可以具有有意义的名称，例如 databases 或 root-backup。随着空间需求的改变，逻辑卷可以动态地调整大小，并在正在运行的系统上的物理设备之间迁移或轻松导出。 LVM 还提供了高级功能，如快照、条带化和镜像等功能。

1. LVM 架构和术语

在我们深入了解实际的 LVM 管理命令之前，了解 LVM 如何组织存储设备及其使用的术语非常重要。

2. LVM 存储管理结构

LVM 通过在物理存储设备上分层抽象来实现其功能。

1）物理卷（pv）

物理卷是常规的存储设备，可以分为若干个物理块。

2）卷组（vg）

LVM 结合物理卷称为卷组的存储池。卷组提取底层设备的特性，并作为具有物理卷的组合存储容量的统一逻辑设备。

3）逻辑卷（lv）

一个卷组可切片成任意数量的逻辑卷。逻辑卷在功能上等同于物理磁盘上的分区，但具有更大的灵活性。逻辑卷是用户和应用程序进行交互的主要组件。

总之，LVM 可用于将物理卷组合成卷组以统一系统上可用的存储空间。之后，管理员可以将卷组分为任意数量的逻辑卷，作为灵活分区。

3. 什么是范围

卷组内的每个卷被分割成固定大小的块，这些固定大小的块称为扩展。扩展区的大小由卷组决定（组内的所有卷都符合相同的扩展区大小）。

一个物理卷的盘区被称为物理盘区，而逻辑卷的盘区被称为逻辑盘区。逻辑卷只是 LVM 在逻辑和物理盘区之间维护的映射。由于这种关系，区段大小表示 LVM 可分配的最小空间量。

范围承担了 LVM 的大部分灵活性和强大功能。由 LVM 呈现为统一设备的逻辑盘区不必映射到连续的物理盘区中。LVM 可以复制和重新组织构成逻辑卷的物理盘区，而不会对用户造成任何中断。通过向逻辑卷中添加扩展数据块或从逻辑卷中删除扩展数据块，也可以轻松地扩展或缩小逻辑卷。

8.4.2 LVM 配置和使用

1. 安装

首先确定系统中是否安装了 LVM 工具，命令如下：

```
[root@wwwroot]#rpm –qa | grep lvm
lvm-1.0.3-4
```

如果输入命令后显示的结果类似于上例，则说明系统已经安装了 LVM 管理工具；如果输入命令后没有输出，则说明没有安装 LVM 管理工具，需要从网络上下载，并安装 LVM 的 RPM 软件包。

在安装 LVM 的 RPM 软件包后，若要使用 LVM，还需要配置内核以支持 LVM。RedHat 默认内核是支持 LVM 的，如果需要重新编译内核，则需要在配置内核时，进入 Multi-device Support(RAID and LVM)子菜单，选中两个选项，命令如下：

```
[*]Multipledevicesdriversupport(RAIDandLVM)
<*>Logicalvolumemanager(LVM)Support
```

然后重新编译内核，即可将对 LVM 的支持添加到新内核中。为了使用 LVM，要确保在系统启动时激活 LVM，幸运的是，在 RedHat 7.0 以后的版本中，系统启动脚本已经具有对激活 LVM 的支持，在/etc/rc.d/rc.sysinit 文件中有以下内容：

```
#LVMinitialization
if[-e/proc/lvm-a-x/sbin/vgchange-a-f/etc/lvmtab];then
action$"SettingupLogicalVolumeManagement:"/sbin/vgscan&&/sbin
/vgchange-ayfi
```

其中的关键是两个命令，vgscan 命令可以实现扫描所有磁盘得到卷组信息，并创建卷组数据文件/etc/lvmtab 和/etc/lvmtab.d/*；vgchange-ay 命令可以激活系统所有卷组。

2. 创建和管理

要创建一个 LVM 系统，一般需要经过以下步骤。

1）创建分区

使用分区工具（如 fdisk 等）创建 LVM 分区，方法和创建其他一般分区的方式是一样的，区别在于 LVM 的分区类型为 8e。

2）创建物理卷

创建物理卷的命令为 pvcreate，利用该命令可以将希望添加到卷组的所有分区或者磁盘创建为物理卷。将整个磁盘创建为物理卷的命令如下：

```
[root@wwwroot]#pvcreate /dev/hdb
```

将单个分区创建为物理卷的命令如下：

```
[root@wwwroot]#pvcreate /dev/hda5
```

3）创建卷组

创建卷组的命令为 vgcreate，将使用 pvcreate 命令建立的物理卷创建为一个完整的卷组的命令如下：

```
[root@wwwroot]#vgcreate web_document /dev/hda5 /dev/hdb
```

vgcreate 命令的第 1 个参数用来指定该卷组的逻辑名为 web_document。后面参数用来指定希望添加到该卷组的所有分区和磁盘。vgcreate 命令除创建卷组 web_document 以外，还可以设置使用大小为 4MB 的 PE（默认为 4MB），这表示卷组上创建的所有逻辑卷都以 4MB 为增量单位来进行扩充或缩减。由于内核原因，PE 的大小决定了逻辑卷的最大值，4MB 的 PE 决定了单个逻辑卷最大容量为 256GB，若希望使用大于 256GB 的逻辑卷，则应在创建卷组时指定更大的 PE。PE 的大小范围为 8KB～512MB，并且必须是 2 的倍数（使用“-s”指定）。

4）激活卷组

为了立即使用卷组而不重新启动系统，可以使用如下 vgchange 命令来激活卷组：

```
[root@wwwroot]#vgchange -ay web_document
```

5）添加新的物理卷到卷组中

当系统安装了新的磁盘并创建了新的物理卷，并且要将其添加到已有卷组时，就需要使用如下 vgextend 命令：

```
[root@wwwroot]#vgextend web_document /dev/hdc1
```

/dev/hdc1 是新的物理卷。

6）从卷组中删除一个物理卷

要从一个卷组中删除一个物理卷，必须先确认要删除的物理卷目前没有被任何逻辑卷使用，可以使用 pvdisplay 命令查看该物理卷信息：如果该物理卷正在被逻辑卷所使用，就需要将该物理卷的数据备份到其他地方，然后删除。删除物理卷使用的命令为 vgreduce，示例如下：

```
[root@wwwroot]#vgreduce web_document /dev/hda1
```

7）创建逻辑卷

创建逻辑卷使用的命令为 lvcreate，命令如下：

```
[root@wwwroot]#lvcreate -L1500 -n www1 web_document
```

该命令表示在卷组 web_document 上创建名称为 www1，大小为 1500MB 的逻辑卷，并且设备入口为/dev/web_document/www1（web_document 为卷组名，www1 为逻辑卷名）。

如果希望创建一个使用全部卷组的逻辑卷，则需要先查看该卷组的 PE 数，然后在创建逻辑卷时指定 PE 数，命令如下：

```
[root@wwwroot]#vgdisplay web_document | grep"TotalPE"
TotalPE45230
[root@wwwroot]#lvcreate -l45230 web_document -n www1
```

8）创建文件系统

在创建文件系统以后，就可以加载并使用它，命令如下：

```
[root@wwwroot]#mkdir/data/wwwroot
[root@wwwroot]#mount /dev/web_document/www1/data/wwwroot
#如果希望系统在启动时自动加载文件系统，则需要在 /etc/fstab 中添加内容
```

```
/dev/web_document/www1/data/wwwrootreiserfsdefaults12
#删除一个逻辑卷
#删除逻辑卷以前首先需要将其卸载，然后删除
[root@wwwroot]#umount /dev/web_document/www1
[root@wwwroot]#lvremove /dev/web_document/www1
lvremove--doyoureallywanttoremove"/dev/web_document/www1"?[y/n]:y
lvremove--doingautomaticbackupofvolumegroup"web_document"
lvremove--logicalvolume"/dev/web_document/www1"successfullyremoved
```

9）扩展逻辑卷大小

LVM 具有方便调整逻辑卷大小的能力，扩展逻辑卷大小使用的命令是 lvextend，命令如下：

```
[root@wwwroot]#lvextend -L12G /dev/web_document/www1
lvextend--extendinglogicalvolume"/dev/web_document/www1"to12GB
lvextend--doingautomaticbackupofvolumegroup"web_document"
lvextend--logicalvolume"/dev/web_document/www1"successfullyextended
#上面的命令实现了将逻辑卷 www1 的大小扩展为 12GB
[root@wwwroot]#lvextend -L +1G /dev/web_document/www1
lvextend--extendinglogicalvolume"/dev/web_document/www1"to13GB
lvextend--doingautomaticbackupofvolumegroup"web_document"
lvextend--logicalvolume"/dev/web_document/www1"successfullyextended
#上面的命令实现了将逻辑卷 www1 的大小增加 1GB
```

在增加了逻辑卷的容量以后，就需要修改文件系统的大小以实现扩展空间的利用。笔者推荐使用 ReiserFS 文件系统来替代 EXT2 或者 EXT3。因此这里仅讨论 ReiserFS 的情况。ReiserFS 文件系统提供了文件系统大小调整工具，即 resize_reiserfs。使用如下命令可以调整并加载文件系统：

```
[root@wwwroot]#resize_reiserfs -f /dev/web_document/www1
#一般建议将文件系统卸载，调整大小，然后加载
[root@wwwroot]#umount /dev/web_document/www1
[root@wwwroot]#resize_reiserfs /dev/web_document/www1
[root@wwwroot]#mount-treiserfs /dev/web_document/www1/data/wwwroot
#对于使用 EXT2 或 EXT3 文件系统的用户可以考虑使用工具 ext2resize
```

10）减少逻辑卷大小

使用 lvreduce 命令可以实现对逻辑卷的容量的调整，同样需要先将文件系统卸载，命令如下：

```
[root@wwwroot]#umount /data/wwwroot
[root@wwwroot]#resize_reiserfs -s -2G /dev/web_document/www1
[root@wwwroot]#lvreduce -L -2G /dev/web_document/www1
[root@wwwroot]#mount-treiserfs /dev/web_document/www1/data/wwwroot
```

8.5 进程管理

8.5.1 进程简介

1. 进程定义

进程是一个运行中的程序，即一个 process。

- task struct：内核存储进程信息的固定格式称为 task struct，task struct 记录了该进程内存跳转的下一跳位置等信息。
- task list：多个 task struct 组成的链表。

2. 进程的创建

内核创建的第 1 个进程为 init，用来管理用户控件的所有进程。所有用户空间都由 init 或其父进程创建。父进程所指向的内存，即其子进程所指向的进程。待“成熟”后，子进程会复制一份父进程的内存空间中的数据，并创建属于自己的内存空间。这种机制被称为 fork 或 clone。父进程创建子进程的目的是让子进程完成指定任务，并在完成后终止子进程。

3. 进程的优先级及其作用

进程的优先级如下所述。

- 0~99：实时优先级，越大优先级越高。
- 100~139：静态优先级，越小优先级越高。
- nice 值：-20～+19。

内核会通过优先级来判断先后运行的进程。相同优先级的进程会被分到同一队列中（最多 140 个队列），从而无论进程有多少，内核每次只要遍历进程队列的首部，就可以判定需要运行哪个队列中的进程。

每个优先级队列分为两层，分别是已运行过的进程和未运行过的进程。

4. 进程的内存

- page frame：内核将内存分为若干份，每份 4KB，即 page frame。

进程所占用的内存都是经过内核将若干连续或间断的 page frame 虚拟成的虚拟内存。

5. Linux 进程的分类

根据进程占用 CPU 高还是占用 IO 高可将 Linux 进程分为以下两种。

- CPU-Bound：CPU 密集型。
- IO-Bound：IO 密集型。

6. Linux 进程的类型

- 守护进程：与终端无关，在系统启动过程中启动的进程。
- 前台进程：与终端相关，通过终端启动。

前台进程可以送往后台，并以守护模式运行。

7. Linux 进程的状态

- R：running，运行状态。
- S：interruptable，可中断睡眠状态，大多数进程处于此状态。处于这个状态的进程因等待某事件的发生（比如等待 Socket 连接、等待信号量）而被挂起。
- D：uninterruptable，不可中断睡眠状态，不可中断指的并不是 CPU 不响应外部硬件的中断，而是指进程不响应异步信号。该状态存在的意义在于，内核的某些处理流程是不能被打断的。
- T：stopped，停止状态。
- Z：zombie，僵死状态，子进程终止后等待父进程进行处理，或者其父进程终止后，子进程成为“孤儿”进程。

8.5.2 进程的查看和搜索

ps 命令用于查看当前正在运行的进程。
grep 命令用于搜索进程。
例如：

```
[root@wwwroot]ps -ef | grep java
```

上述命令表示查看所有进程里 CMD 是 Java 的进程信息。

```
[root@wwwroot]ps -aux | grep java
```

上述参数“-aux”表示显示所有状态。

8.5.3 进程的管理

使用 pstree 命令可以以树状图的方式展现进程之间的派生关系，显示效果比较直观。选项如下所述。

- -a：显示每个程序的完整指令，包含路径、参数或常驻服务的标示。
- -c：不使用精简标示法。
- -G：使用 VT100 终端机的列绘图字符。
- -h：在列出树状图时，特别标明现在执行的程序。
- -H<程序识别码>：此参数的效果和指定“-h”参数类似，但特别标明指定的程序。
- -l：采用长列格式显示树状图。
- -n：用程序识别码排序。预设是以程序名称来排序的。
- -p：显示程序识别码。
- -u：显示用户名称。
- -U：使用 UTF-8 列绘图字符。
- -V：显示版本信息。

显示当前所有进程的进程号和进程 ID，命令如下：

```
[root@lvs data]# pstree -p
```

```
init(1)─┬─abrtd(1813)
        ├─acpid(1525)
        ├─atd(1855)
        ├─auditd(1412)───{auditd}(1413)
        ├─console-kit-dae(1891)─┬─{console-kit-da}(1892)
        │                       ├─{console-kit-da}(1893)
        │                       ├─{console-kit-da}(1894)
        │                       ├─{console-kit-da}(1895)
        │                       ├─{console-kit-da}(1896)
        │                       ├─{console-kit-da}(1897)
        │                       ├─{console-kit-da}(1898)
        │                       ├─{console-kit-da}(1899)
        │                       ├─{console-kit-da}(1900)
        │                       ├─{console-kit-da}(1901)
        │                       ├─{console-kit-da}(1902)
        │                       ├─{console-kit-da}(1903)
        │                       ├─{console-kit-da}(1904)
        │                       ├─{console-kit-da}(1905)
        │                       ├─{console-kit-da}(1906)
        │                       ├─{console-kit-da}(1907)
//显示所有进程的详细信息，遇到相同的进程名可以压缩显示
[root@lvs data]# pstree -a
init
  ├─abrtd
  ├─acpid
  ├─atd
  ├─auditd
  │   └─{auditd}
  ├─console-kit-dae --no-daemon
  │   ├─{console-kit-da}
  │   ├─{console-kit-da}
  │   ├─{console-kit-da}
  │   ├─{console-kit-da}
  │   ├─{console-kit-da}
  │   ├─{console-kit-da}
  │   ├─{console-kit-da}
  │   ├─{console-kit-da}
  │   ├─{console-kit-da}
  │   ├─{console-kit-da}
  │   ├─{console-kit-da}
```

```
|    ├─{console-kit-da}
```

Linux 各进程的相关信息均保存在/proc/PID 目录下的各文件中。

pstree 命令支持以下 3 种选项。

（1）UNIX。

UNIX 选项，可以分组，并且必须以“-”开头，如“-A”“-e”。

（2）BSD。

BSD 选项，可以分组，不能和“-”一起使用，如“a”。

（3）GNU。

GNU 长选项，前面有两个“--”，如“--help”。

选项包括下列几种。

- a：包括所有终端中的进程。
- x：包括不链接终端的进程。
- u：显示进程所有者的信息。
- f：显示进程树，相当于“--forest”。
- k|--sort 属性：对属性排序，属性前加“-”表示倒序。
- o 属性：显示定制的信息，如 PID、CMD、%CPU、%MEM。
- L：显示支持的属性列表。
- -C：cmdlist，指定命令，多个命令用“,”分隔。
- -L：显示线程。
- -e: 显示所有进程，相当于“-A”。
- -f: 显示完整格式程序信息。
- -F: 显示更完整格式的进程信息。
- -H: 以进程层级格式显示进程相关信息。
- -u：userlist，指定有效的用户 ID 或名称。
- -U：userlist，指定真正的用户 ID 或名称。
- -g：gid 或 groupname，指定有效的 GID 或组名称。
- -G：gid 或 groupname，指定真正的 GID 或组名称。
- -p：pid，显示 PID 的进程。
- --p：pid pid，显示属于 PID 的子进程。
- -M：显示 SELinux 信息，相当于 Z。

Linux 进程管理相关命令如下所述。

- VSZ：Virtual Memory Size，虚拟内存集，线性内存。
- RSS：Resident Set Size, 物理内存使用数。
- ni：nice 值。
- pri：priority，优先级。
- psr：processor，CPU 编号。
- rtprio：实时优先级。
- STAT：进程状态。
- +：前台进程。

- l：多线程进程。
- L：内存分页并带锁。
- N：低优先级进程。
- <：高优先级进程。
- s：session leader，会话（子进程）发起者。

8.5.4 守护进程

守护进程也称为精灵进程，是生存期较长的一种进程，常常在系统自举时启动，仅在系统关闭时终止。守护进程没有控制终端，仅在后台运行，Linux 中有很多守护进程执行日常事务活动，是不受终端控制的进程。这是因为守护进程可能是从终端启动的，并且在这之后这个终端可能要用来执行其他任务，如果在某终端上启动了一个守护进程后从终端注销，那么在其他用户从该终端登录时，任何守护进程的错误信息都不应在后面用户的终端会话过程中出现，同样由终端上的一些键产生的信号也不应对以前从该终端上启动的任何守护进程造成影响。

1. 守护进程编码规则

编写守护进程时应遵循一些基本规则，以防止产生并不需要的交互作用。

（1）使用 umask 命令将“文件模式创建屏蔽字”设置为 0，继承而来的“文件模式创建屏蔽字”可能会拒绝设置某些权限，而更高进程的“文件模式创建屏蔽字”并不影响父进程的屏蔽字。所有 Shell 都有内置 umask 命令，用户可以设置 umask 值以控制所创建文件的默认权限，该值以八进制数的形式来表示，每一个数字都代表要屏蔽的权限。在设置了相应位后，所对应的权限就会被拒绝。但是需要注意：对于文件来说，umask 值的每一个数字的最大值是 6，这是因为系统不允许用户在创建一个文本文件时就赋予其执行权限，必须在创建后使用 chmod 命令来增加这一权限；目录则允许设置执行权限，所以对于目录来说，umask 值中各个数字最大可以为 7。例如，umask 设置为 002，与普通权限（rwx）有关，其中，“002”的第 1 个 0 与用户（user）权限有关，表示从用户权限减 0，也就是权限不变，所以文件的创建者的权限是默认权限（rw），第 2 个 0 与组权限（group）有关，表示从用户组的权限减 0，所以用户组的权限也保持默认权限（rw），最后一位 2 则与系统中其他用户（others）的权限有关，由于 w=2，所以需要从其他用户默认权限（rw）减去 2，也就是去掉写（w）权限，则其他用户的权限为 rw-w=r，创建文件的最终默认权限为-rw-rw-r--。同理，目录的默认权限为 drwxrwxrwx，则 drwxrwxrwx-002=（drwxrwxrwx）-（--------w-）=drwxrwxr-x，所以用户创建目录的默认访问权限为 drwxrwxr-x。示例如下：

```
[root@master ~]# umask 0
[root@master ~]# touch mytest.txt
[root@master ~]# ll mytest.txt
-rw-rw-rw- 1 root root 0 Jul 22 13:59 mytest.txt
[root@master ~]# mkdir mytest.dir
[root@master ~]# ll
total 126404
```

```
drwxrwxrwx   2 root root          6 Jul 22 13:59 mytest.dir   <<---目录的权限为 777
-rw-rw-rw-   1 root root          0 Jul 22 13:59 mytest.txt    <<---文件的权限为 666
[root@master ~]#
```

（2）调用 fork()函数，然后使父进程退出，如果该守护进程是作为一条简单 Shell 命令启动的，那么父进程终止是因为 Shell 认为这条命令已经执行完成。子进程继承父进程的进程组 ID，但具有一个新的进程 ID，以保证子进程不是一个进程组的组长进程，这是调用 setsid()函数的前提条件。

（3）调用 setsid()函数以创建一个新的会话，使调用进程成为新会话的首进程，成为一个新进程组的组长进程，没有控制终端，具体见下文的分析。

有关会话的概念如下所述。

会话是一个或多个进程组的集合，这里涉及进程组等多个概念，进程组是一个或多个进程的集合，通常与同一作业相关联，可以接收来自同一终端的各种信号。每个信号组有一个唯一的进程组 ID，该 ID 也是一个正整数，可以存放在 pid_t 中。getpgrp()函数可以返回调用进程的进程组 ID。每个进程组都可以有一个组长进程，组长进程的标识是其进程组 ID 等于其进程 ID。组长进程可以创建一个进程组，创建该组中的进程，然后终止，只要在某个进程组中有一个进程存在，该进程组就存在，与组长进程是否终止无关，从进程组创建开始到其中最后一个进程结束为止的时间区间被称为进程组的生存期。进程组的最后一个进程可以终止或转移到另一个进程组。进程可以通过 setpgid()函数来加入一个现有的组或创建一个新的进程组，也可以通过 setsid()函数来创建一个新的进程组。setpgid()函数的语法格式为“setpgid(pid_t pid, pid_t pgid)”。

有关控制终端的概念如下所述。

① 一个会话可以有一个控制终端，通常是在其上登录的终端设备或伪终端设备。

② 建立与控制终端连接的会话首进程被称为控制进程。

③ 一个会话中的几个进程组可被分成一个前台进程组，或者一个或多个后台进程组。

④ 如果一个会话有一个控制终端，则它有一个前台进程组，会话中的其他进程组为后台进程组。

⑤ 无论何时键入终端的中断键、退出键，都会将终端信号、退出信号发送给前台进程组的所有进程，因此需要知道哪个进程组是前台进程组 ID，才能知道终端输入和终端产生的信号发送到何处，可以通过 tcgetpgrp()函数获取前台进程组，或者通过 tcsetpgrp()函数设置前台进程组。

⑥ 如果终端接口检测到连接已经断开，则将挂断信号发送给控制进程（会话首进程），因此终端接口需要知道会话首进程的 ID 才能知道发送的进程，可以通过 tcgetsid()函数获取。

通常从终端登录时会自动建立控制终端，无论标准输入、标准输出是否被重定向，程序都要与控制终端交互，保证程序能读写控制终端的方法是打开/dev/tty 文件，内核中的次文件是控制终端的同义词，若没有控制终端，则打开该设备将失败。

一个进程只能为它自己和子进程设置进程组 ID。在子进程调用 exec()函数之后，就不能改变该子进程的进程 ID 了。通常在 fork()函数之后调用此函数，使父进程设置子进程的进程组 ID，并使子进程设置其自己的进程组 ID。这两个操作是冗余的，但这样做可以保证父进程和子进程认为子进程已进入该进程组。由于父进程和子进程的运行次序的不确定，会造成一段时间内子进程的组成员身份不确定，产生竞争条件。

进程会调用setsid()函数建立一个新会话，如果调用该函数的进程不是一个进程组的组长，那么该函数在创建一个新会话时会发生如下的事情。

① 该进程变成新会话的首进程，会话首进程通常是创建该会话的进程，该进程是新会话中的唯一进程。

② 该进程成为一个新进程组的组长进程，新进程组ID就是调用进程的ID。

③ 该进程没有控制终端，如果在调用setsid()函数之前该进程有一个控制终端，那么这种联系将被中断。

如果调用setsid()函数的进程是一个进程组的组长，则该函数会返回出错。为了保证不发生这种错误，通常先调用fork()函数，然后使其父进程终止，而子进程继续，因为子进程继承了父进程的进程组ID，而其进程ID是新分配的，两个ID不同，从而保证了子进程不是进程组的组长。

通常将会话首进程的进程ID作为会话的ID，可以通过getsid()函数获取会话首进程的进程组ID。

通常在调用setsid()函数之后，会再次调用fork()函数。目的是确保守护进程即使打开一个终端设备，也不会自动获得终端，原因是没有控制终端的会话首进程在打开终端设备时，该终端会自动成为这个会话的控制终端，通过再次调用fork()函数可以确保这次生成的子进程不再是一个会话的首进程，因此它不会获得控制终端。而在调用 fork()函数之前通常应忽略信号，这是因为会话首进程在退出时会给该会话中的前台进程组（在打开控制终端后，就会有一个前台进程组）的所有进程发送信号，而信号的默认处理函数通常会终止进程，而这并不是希望的，因此需要对信号进行屏蔽处理。

① 将当前工作目录更改为根目录。

② 关闭不再需要的文件描述符，这使得守护进程不再持有从其父进程继承来的某些文件描述符，可以通过getrlimit()函数来判定最大文件描述符值，并关闭知道该值的所有描述符。

③ 某些守护进程在打开/dev/null 文件时，会使其具有文件描述符 0、1 和 2（fd0=open("/dev/null",O_RDWR);fd1=dup(0);fd2=dup(0);），因此任何一个试图读标准输入、写标准输出或标准错误的库都没有效果。因此守护进程并不与终端设备关联，并不能在终端设备上显示其输出，也无法从交互式用户接收输入。

守护进程没有控制终端，在发送问题时要使用一些其他方式来输出消息，这些消息既有一般的通告消息，也有需要管理员处理的紧急事件消息。syslog()函数是输出这些消息的标准方式，它将消息发往syslogd守护进程。

2. syslogd守护进程

UNIX 系统通常会从一个初始化脚本中启动名称为 syslogd 的守护进程，只要系统不停止，该服务就一直运行，并在启动时执行以下操作。

（1）读入配置文件，通常是/etc/syslog.conf文件。设定守护进程对每次接收到的各种等级消息如何处理，消息可能写入一个文件，或者发送给指定的用户，或者转发给另一台主机上的syslogd进程。

（2）创建UNIX域套接口，并给它绑定路径为/var/run/log。

（3）创建UDP套接字，并给它捆绑端口514（syslogd进程使用的端口号）。

（4）打开路径/dev/klog，内核中的所有出错信息可以作为这个设备的输入出现。

然后 syslogd 进程运行一个无限循环，循环中调用 select 并等待 3 个描述字（上面第 2 步、第 3 步和第 4 步生成的描述字）变为可读，读入登记信息，按照配置文件对消息进行处理。若接收到 SIGHUP 信号，则会重新读入配置文件。

3. syslog()函数

因为守护进程没有控制终端，不能 fprintf 到 stderr 上，守护进程为登记消息通常调用 syslog()函数。语法格式如下：

```
void syslog(int  priority, const char *message, ...);
```

其中，“priority”是级别和设施的组合；“message”与“printf”所用的格式化字符串类型相比，增加了%m，可以打印出当前 error 对应的出错消息。

设施和级别的目的是允许在/etc/syslog.conf 文件中进行配置，使相同设施的消息得到同样的处理，或使得相同级别的消息得到同样的处理。

当应用程序第一次调用 syslog()函数时，会创建一个 UNIX 域数据报套接口，然后调用 connect 连接 syslogd 守护进程建立的套接口/var/run/log。该套接口在进程终止前会一直打开。

根据以上规则编写 Daemond 过程，命令如下：

```
void daemonize(const char *cmd)
{
    int i, fd0, fd1, fd2;
pid_t pid;
struct rlimit r1;
struct sigaction sa;
umask(0);  //清理文件创建掩码
if (getrlimit(RLIMIT_NOFILE, &r1) < 0) {
printf("error.\n");
exit(1);
}

if ((pid = fork()) < 0)
printf("fork failed.\n");
exit(1);
else if (pid != 0) {  //让父进程退出
exit(0);
}
//子进程继续运行
setsid(); //构建新的会话进程，但该会话目前无控制终端，该进程成为会话首进程
//信号屏蔽函数是解决会话首进程退出后，前台进程组收到会话首进程的 SIGHUP 信号，若不屏蔽会
出现进程退出的问题
sa.sa_handler = SIG_IGN;
sigemptyset(&sa_sa_mask);
sa.sa_flags = 0;
if (sigaction(SIGHUP, &sa, NULL)) < 0) {
```

```
printf("sigaction error.\n");
exit(1);
}
/*该 fork()函数的作用是防止守护进程打开控制终端，使得会话首进程获得控制终端。
 子进程会在打开控制终端之后变为前台进程组的进程，并确保不是会话的会话首进程*/
if ((pid = fork() < 0) {
printf("fork failed.\n");
exit(1);
} else if (pid != 0) {
exit(0);
}
//子进程继续运行
if (chdir("/") < 0) {
printf("chdir error\n");
exit(1);
}
//关闭所有打开的文件描述符
if (r1.rlim_max == RLIM_INFINITY) {
r1.rlim_max = 1024;
}
for (i = 0; i < r1.rlim_max; i++) {
close(i);
}
//重定向 0, 1, 2 到/dev/null, fd 从最小的开始分配，因此是 0, 1, 2
fd0 = open("/dev/null", O_RDWR);
fd1 = dup(0);
fd2 = dup(0);
openlog(cmd, LOG_CONS, LOG_DAEMON);
if (fd0 !=0 || fd1 != 1 || fd2 != 2) {
syslog(LOG_ERR, "uexpected file descriptors %d %d %d", fd0, fd1, fd2);
exit(1);
}
}
```

8.5.5 Linux 定时任务 crontab 命令和 crond 服务

1. crontab 命令

Linux 是由 cron（crond）这个系统服务来控制的。在 Linux 中原本就有非常多的计划性工作，因此这个系统服务是默认启动的。另外，由于使用者自己也可以设置计划任务，所以，Linux 也提供了使用者控制计划任务的命令，即 crontab 命令。

定时任务配置命令如下：

```
[root@master ~]cat /etc/crontab   # 查看配置信息
```

如果该命令不生效，则可以使用 which 查看命令的执行路径。

系统调度的任务一般存放在/etc/crontab 文件中，该文件包含一些系统运行的调度程序，通过上述命令我们可以查看文件的内容。

/etc/crontab 文件内容如下：

```
cat /etc/crontab
SHELL=/bin/bash      # 第 1 行 SHELL 变量指定了系统要使用哪个 Shell，这里是 bash
PATH=/sbin:/bin:/usr/sbin:/usr/bin   # 第 2 行 PATH 变量指定了系统执行命令的路径
MAILTO=root          # 第 3 行 MAILTO 变量指定了 crond 的任务执行信息将通过电子邮件发送给 root 用户，如果 MAILTO 变量的值为空，则表示不发送任务执行信息给用户
MAILTO=HOME=/   # 第 4 行 HOME 变量指定了在执行命令或者脚本时使用的主目录
# run-parts          # 以下都是设定的自动执行任务的条件和执行哪项任务
51 * * * * root run-parts /etc/cron.hourly
24 7 * * * root run-parts /etc/cron.daily
22 4 * * 0 root run-parts /etc/cron.weekly
42 4 1 * * root run-parts /etc/cron.monthly
```

2. 使用者权限文件

（1）在/etc 目录下的两个文件如下：

```
cron.deny            # 该文件中所列用户不允许使用 crontab 命令
cron.allow           # 该文件中所列用户允许使用 crontab 命令
```

（2）crontab 文件的存放目录如下：

```
/var/spool/cron/       # 所有用户 crontab 文件存放的目录，以用户名命名
```

（3）crontab 文件的含义。

在用户所建立的 crontab 文件中，每一行都代表一项任务，每一行的每个字段代表一项设置，它的格式共分为 6 个字段，前 5 个字段是时间设定段，第 6 个字段是要执行的命令段，格式如下：

```
minute hour day month week command   # * * * * * date.py > a.txt，不同的参数对应相同位置的*，定时执行脚本放到文件内
```

其中，各参数意义如下所述。

- minute：表示分钟，可以是 0～59 的任何整数。
- hour：表示小时，可以是 0～23 的任何整数。
- day：表示日期，可以是 1～31 的任何整数。
- month：表示月份，可以是 1～12 的任何整数。
- week：表示星期几，可以是 0～7 的任何整数，这里的 0 或 7 代表星期日。
- command：要执行的命令，可以是系统命令，也可以是自己编写的脚本文件。

在以上各个字段中，还可以使用以下特殊字符。

- 星号（*）：代表所有可能的值，例如 month 字段如果是星号，则表示在满足其他字段的限制条件后每月都执行该命令操作。
- 逗号（,）：可以用逗号隔开的值指定一个列表范围，例如“1,2,5,7,8,9”。

- 中杠（-）：可以用整数之间的中杠表示一个整数范围，例如“2-6”表示“2,3,4,5,6”。
- 正斜线（/）：可以用正斜线指定时间的间隔频率，例如“0-23/2”表示每2小时执行一次。同时正斜线可以和星号一起使用，例如“*/10”，如果用在minute字段，表示每10分钟执行一次。

3. Crontab配置

服务操作说明如下：

```
/sbin/service crond start      //启动服务
/sbin/service crond stop       //关闭服务
/sbin/service crond restart    //重启服务
/sbin/service crond reload     //重新载入配置
/sbin/service crond status     //启动服务
```

查看crond服务是否已设置为开机启动，命令如下：

```
ntsysv # //此时进入一个交互界面
```

设置开机自动启动，命令如下：

```
[root@master ~]chkconfig –level 35 crond on
```

4. crontab命令的语法格式和参数说明

语法格式如下：

```
crontab [-e [UserName]|-l [UserName]|-r [UserName]|-v [UserName]|File ]
```

参数说明如下所述。

- -e：编辑某个用户的crontab文件内容。如果不指定用户，则表示编辑当前用户的crontab文件。
- -l：显示某个用户的crontab文件内容，如果不指定用户，则表示显示当前用户的crontab文件内容。
- -r：从/var/spool/cron目录中删除某个用户的crontab文件，如果不指定用户，则默认删除当前用户的crontab文件。
- -i：在删除用户的crontab文件时给予确认提示。
- -v [UserName]：列出用户crond作业的状态。
- file：file是命令文件的名字，表示将file作为crontab命令的任务列表文件并载入crontab文件。如果在命令行中没有指定这个文件，crontab命令将接受标准输入（键盘）上键入的命令，并将它们载入crontab文件。

注意：

crontab命令用于让使用者在固定时间或固定间隔执行程序，换句话说，也就是类似使用者的时程表。“-u user”表示设定指定user的时程表，前提是用户必须有权限(比如用户是root)才能够指定他人的时程表。如果不使用“-u user”，就表示设定自己的时程表。“-u user”用来设定某个用户的crond服务，例如，“-u ixdba”表示设定ixdba用户的crond服务，此参数一般由root用户来运行。

5．环境变量的设置

在考虑向 cron 进程提交一个 crontab 文件之前，首先要做的一件事情就是设置环境变量 EDITOR。cron 进程会根据它来确定使用哪个编辑器编辑 crontab 文件。99%的 UNIX 和 Linux 用户都使用 vi，可以编辑$HOME 目录下的.profile 文件，在其中加入“EDITOR=vi; export EDITOR”内容。

然后保存并退出，此时不妨创建一个名称为<user> cron 的文件，其中“<user>”是用户名，如 davecron。在该文件中加入如下的内容：

```
# (put your own initials here)echo the date to the console every
# 15minutes between 6pm and 6am
0,15,30,45 18-06 * * * /bin/echo ‘date’ > /dev/console
```

然后保存并退出，需要确保前面 5 个域用空格分隔。

在上面的示例中，系统将每隔 15 分钟向控制台输出一次当前时间。如果系统崩溃或挂起，则从最后所显示的时间就可以看出系统是什么时间停止工作的。在有些系统中，用 tty1 来表示控制台，可以根据实际情况对上面的示例进行相应的修改。为了提交我们刚刚创建的 crontab 文件，可以把这个新创建的文件作为 crontab 命令的参数：$ crontab davecron。

现在该文件已经提交给 cron 进程，它将每隔 15 分钟运行一次。

同时，新创建文件的一个副本已经被放在/var/spool/cron 目录中，文件名就是用户名（即 dave）。

常用命令如下：

```
// 创建自己的一个任务调度，此时会进入 vi 编辑界面，可以编写需要调度的任务
[root@master ~]crontab -e
[root@master ~]crontab -l                // 列出定时的任务
[root@master ~]crontab -r con_name       // 删除 crontab 文件
[root@master ~]which ifconfig            // 获取命令路径
```

8.5.6 管理服务

管理服务的相关指令和作用如表 8.1 所示。

表 8.1　管理服务的相关指令和作用

指　　令	作　　用
systemctl start 服务名	开启服务
systemctl stop 服务名	关闭服务
systemctl status 服务名	显示状态
systemctl restart 服务名	重启服务
systemctl enable 服务名	开机启动服务
systemctl disable 服务名	禁止开机启动
systemctl list-units	查看系统中所有正在运行的服务

续表

指　令	作　用
systemctl list-unit-files	查看系统中所有服务的开机启动状态
systemctl list-dependencies 服务名	查看系统中服务的依赖关系
systemctl mask 服务名	冻结服务
systemctl unmask 服务名	解冻服务
systemctl set-default multi-user.target	开机时不启动图形界面
systemctl set-default graphical.target	开机时启动图形界面

8.6 日志管理

日志：记录了用户绝大多数的操作记录，用于系统的审核，故障的排除。日志文件会永久存放在日志目录中，日志目录为/var/log。

rsyslog 按照日志类型分类，把所有日志记录到/var/log 目录下。

/var/log/messages 是许多进程日志文件的汇总，从该文件可以看出任何企图进行的入侵或成功的入侵。

/var/log/secure 是与安全相关的日志。

/var/log/cron 是与计划任务相关的日志。

/var/log/boot.log 是与系统启动的相关日志，只保留本次系统启动时产生的日志消息，上一次的会被本次的覆盖。

命令如下：

```
ll    /var/log    rsyslog      #列出所有的日志文件
#改进型的日志管理服务，在默认情况下不会永久存放日志，在重启后，以前的日志就不存在
systemd-journal
```

日志级别包括 debug、info、notice、warn/warning、err/error、crit、alert、emerg/panic（级别从低至高）等。

日志类型包括以下几种。

- auth：认证相关日志。
- authpriv：安全权限相关的日志。
- cron：系统定期执行计划任务时产生的日志。
- daemon：某些守护进程产生的日志。
- kern：内核相关日志。
- lpr：打印服务相关日志。
- mail：邮件日志。
- mark：产生时间戳。
- news：网络新闻协议产生的日志。
- rsyslog：记录 rsyslog 自己产生的日志。
- user：普通用户产生的日志。

- uucp：UUCP 子系统。
- local0 through local7：默认归类的日志。

8.6.1 日志文件的相关知识

（1）系统日志文件一般记录了时间、主机、服务、事件具体信息。

（2）系统日志文件主要解决以下 3 个问题。

- 系统方面的错误查看：如某个硬件或者某个系统未正常运行。
- 网络服务的问题记录：如邮件服务无法启动，可以查看/var/log/maillog 文件。
- 过往事件记录：如 Nginx 被访问信息，可以查看/var/log/nginx/access.log 文件。

（3）重要日志文件如下所述。

syslogd 服务管理相关文件如下所述。

- /var/log/cron：crontab 调度服务的日志。
- /var/log/dmesg：记录硬件启动的日志。
- /var/log/secure：涉及账号、密码输入的动作都会记录在此，如 su、sudo、ssh、telnet。
- /var/log/message：核心系统日志，涉及系统启动、运行时的信息记录，网络和 IO 错误等。

另外，日志服务还包括以下两项。

- klogd：主要登录内核产生的各项信息。
- logrotate：日志切换服务。

8.6.2 配置 Linux 日志

假设服务器端的 IP 地址是 192.168.0.210，主机名是 localhost.localdomain；客户端的 IP 地址是 192.168.0.211，主机名是 www1。现在需要把 192.168.0.211 主机的日志保存在 192.168.0.210 主机上。实验过程如下：

```
#服务器端设定（192.168.0.210）
[root@localhost ~]# vi /etc/rsyslog.conf
…省略部分输出…
# Provides TCP syslog reception
$ModLoad imtcp
$InputTCPServerRun 514
#取消这两句话的注释，允许服务器使用 TCP 514 端口接收日志
…省略部分输出…
#重启 rsyslog 日志服务
[root@localhost ~]# service rsyslog restart
#查看 514 端口已经打开
#客户端设置（192.168.0.211）
[root@localhost ~]# netstat -tlun | grep 514
tcp 0 0 0.0.0.0：514 0.0.0.0：* LISTEN
```

```
#修改日志服务配置文件
[root@www1 ~]# vi /etc/rsyslog.conf
#把所有日志采用 TCP 协议发送到 192.168.0.210 的 514 端口上
*.* @@192.168.0.210：514
#重启日志服务
[root@www1 ~]# service rsyslog restart
```

这样日志服务器端和客户端就搭建完成了，以后 192.168.0.211 这台客户机上所产生的所有日志都会记录到 192.168.0.210 服务器上。比如：

```
#在客户机上（192.168.0.211）
[root@wwwl ~]# useradd zhangsan
#设置 zhansan 用户主机名为 www1
#在服务器（192.168.0.210）上
[root@localhost ~]# vi /var/log/secure
#查看服务器的 secure 日志（注意：主机名是 localhost）
Aug 8 23:00:57 wwwl sshd[1408]: Server listening on 0.0.0.0 port 22.
Aug 8 23:00:57 wwwl sshd[1408]: Server listening on :: port 22.
Aug 8 23:01:58 wwwl sshd[1630]: Accepted password for root from 192.168.0.101 port 7036 ssh2
Aug 8 23:01:58 wwwl sshd[1630]: pam_unix(sshd:session): session opened for user root by (uid=0)
Aug 8 23:03:03 wwwl useradd[1654]: new group: name=zhangsan, GID-505
Aug 8 23:03:03 wwwl useradd[1654]: new user: name=zhangsan, UXD=505, GID=505,
home=/home/zhangsan, shell=/bin/bash
Aug 8 23:03:09 wwwl passwd: pam_unix(passwd:chauthtok): password changed for zhangsan
```

注意：

查看到的日志内容的主机名是 www1，说明我们虽然查看的是服务器的日志文件，但是在其中可以看到客户机的日志内容。

需要注意的是，日志服务是通过主机名来区别不同的服务器的。所以，如果我们配置了日志服务，则需要给所有的服务器分配不同的主机名。

8.6.3 Linux 日志分析

在 CentOS 中自带了一个日志分析工具，就是 logwatch。不过这个工具默认没有安装（因为我们选择的是 Basic Server），所以需要手动安装。安装命令如下：

```
[root@localhost Packages]# yum -y install logwatch
```

在安装完成之后，需要手动生成 logwatch 的配置文件，默认配置文件是/etc/logwatch/conf/logwatch.conf，不过这个配置文件是空的，需要把模板配置文件复制过来，命令如下：

```
#复制配置文件
[root@localhost~]#   cp   /usr/share/logwatch/default.conf/logwatch.conf
/etc/logwatch/conf/logwatch.conf
```

这个配置文件的内容中绝大多数是注释，我们把注释去掉，那么这个配置文件的内容如下：

```
[root@localhost ~]# vi /etc/logwatch/conf/logwatch.conf #查看配置文件
LogDir = /var/log                    #logwatch 会分析和统计/var/log/中的日志
TmpDir = /var/cache/logwatch         #指定 logwatch 的临时目录
MailTo = root                        #日志的分析结果，给 root 用户发送邮件
MailFrom = Logwatch                  #邮件的发送者是 Logwatch，在接收邮件时显示
Print =     #是否打印。如果选择"yes"，那么日志分析会被打印到标准输出，而且不会发送邮件。我们在这里不打印，而是给 root 用户发送邮件
Save = /tmp/logwatch  #如果开启这一项，日志分析就不会发送邮件，而是会保存在/tmp/logwatch 文件中
Range = Yesterday     #分析哪天的日志。可以识别"All""Today""Yesterday"，用来分析所有日志、今天的日志、昨天的日志
Detail = Low          #日志的详细程度。可以识别"Low""Med""High"。也可以用数字表示，范围为 0～10，"0"代表最不详细，"10"代表最详细
Service = All         #分析和监控所有日志
Service = "-zz-network"     #但是不监控"-zz-network"服务的日志。"-服务名"表示不分析和监控此服务的日志
Service = "-zz-sys"
Service = "-eximstats"
```

这个配置文件基本不需要修改（笔者在实验时把 Range 项改为了 All，否则在实验中可以分析的日志过少），它就会默认每天执行。它为什么会每天执行呢？一些读者可能已经想到了，一定是 crond 服务的作用。logwatch 一旦安装，就会在/etc/cron.daily/目录中建立 0logwatch 文件，用于每天定时执行 logwatch 命令，分析和监控相关日志。

如果想要让这个日志分析马上执行，则只需执行 logwatch 命令，命令如下：

```
[root@localhost ~]# logwatch      #马上执行 logwatch 日志分析工具
[root01ocalhost ~]# mail          #查看邮件
Heirloom Mail version 12.4 7/29/08. Type ? for help, "/var/spool/mail/root": 5 messages 1 new 2 unread
1 logwatch@localhost.1 Fri Jun 7 11:17 42/1482 "Logwatch for localhost.localdomain (Linux)"
U 2 logwatch@localhost.1 Fri Jun 7 11:19 42/1481 "Logwatch for localhost.localdomain (Linux)"
3 logwatch@localhost.1 Fri Jun 7 11:23 1234/70928 "Logwatch for localhost.localdomain (Linux)"
4 logwatch@localhost.1 Fri Jun 7 11:24 190/5070 "Logwatch for localhost.localdomain (Linux)"
5 logwatch@localhost.1 Fri Jun 7 11:55 41/1471 "Logwatch for localhost.localdomain (Linux)"
#第 6 封邮件就是刚刚生成的日志分析邮件，"N"代表没有查看
>N 6 logwatch@localhost.1 Fri Jun 7 11:57 189/5059 "Logwatch for localhost.localdomain (Linux)"
& 6
Message 6:
From root@localhost.localdomain Fri Jun 7 11:57:35 2013 Return-Path: <root@localhost.localdomain>
X-Original-To: root
Delivered-To: root@localhost.localdomain
To: root@localhost.localdomain
From: logwatch@localhost.localdomain
```

```
Subject: Logwatch for localhost.localdomain (Linux)
Content-Type: text/plain; charset="iso-8859-1"
Date: Fri, 7 Jun 2013 11:57:33 +0800 (CST)
Status: R
######## Logwatch 7.3.6 (05/19/07) ################
Processing Initiated: Fri Jun 7 11:57:33 2013
Date Range Processed: all
Detail Level of Output: 0
Type of Output: unformatted
Logfiles for Host: localhost.localdomain
########################################################
#上面是日志分析的时间和日期
...省略部分输出...
--------- Connections (secure-log) Begin-----------
#分析 secure.log 日志的内容。统计新建立了哪些用户和用户组，以及错误登录信息 New Users
    bb (501)
    def (503)
    hjk (504)
    zhangsan (505)
    dovecot (97)
    dovenull (498)
    aa (500)
New Groups:
    bb (501)
    def (503)
    hjk (504)
    zhangsan (505)
    dovecot (97)
    dovenull (498)
    aa (500)
Failed logins:
    User root:
    (null): 3 Time(s)
root logins on tty's: 7 Time(s).
**Unmatched Entries**
groupadd: group added to /etc/group: name=dovecot, GID=97: 1 Time(s)
groupadd: group added to /etc/group: name=dovenull, GID=498: 1 Time(s)
groupadd: group added to /etc/gshadow: name=dovecot: 1 Time(s)groupadd: group added to /etc/gshadow:
name=dovenull: 1 Time(s)
--------Connections (secure-log)End-------
-------------SSHD Begin-------------------
#分析 SSHD 的日志，可以知道哪些 IP 地址连接过服务器
SSHD Killed: 7 Time(s)
SSHD Started: 24 Time(s)
```

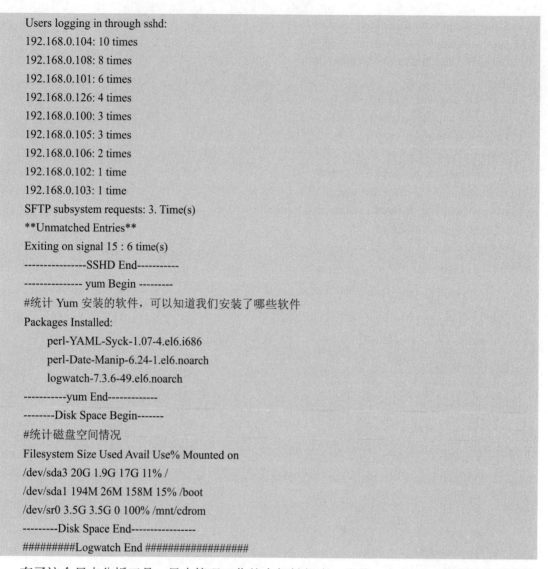

```
Users logging in through sshd:
192.168.0.104: 10 times
192.168.0.108: 8 times
192.168.0.101: 6 times
192.168.0.126: 4 times
192.168.0.100: 3 times
192.168.0.105: 3 times
192.168.0.106: 2 times
192.168.0.102: 1 time
192.168.0.103: 1 time
SFTP subsystem requests: 3. Time(s)
**Unmatched Entries**
Exiting on signal 15 : 6 time(s)
----------------SSHD End-----------
--------------- yum Begin ---------
#统计 Yum 安装的软件，可以知道我们安装了哪些软件
Packages Installed:
     perl-YAML-Syck-1.07-4.el6.i686
     perl-Date-Manip-6.24-1.el6.noarch
     logwatch-7.3.6-49.el6.noarch
-----------yum End-------------
--------Disk Space Begin-------
#统计磁盘空间情况
Filesystem Size Used Avail Use% Mounted on
/dev/sda3 20G 1.9G 17G 11% /
/dev/sda1 194M 26M 158M 15% /boot
/dev/sr0 3.5G 3.5G 0 100% /mnt/cdrom
---------Disk Space End-----------------
#########Logwatch End ##################
```

有了这个日志分析工具，日志管理工作就会轻松很多。当然，在 Linux 中可以支持很多日志分析工具，我们在这里只介绍了 CentOS 自带的 logwatch，大家可以根据自己的习惯选择相应的日志分析工具。

8.7 任务实战

8.7.1 任务描述

（1）新建一个名称为 exam 的卷组，并且卷组 PE 为 8MB。新建一个名称为 test1 的逻辑卷，包括 100 个 PE，使用的文件系统为 XFS，要求系统在启动时能够自动挂载到/exam/test1 目录下（需要自己新建）。

（2）调整 test1 的大小为 1500MB，并且不更改原有配置。

（3）查看 tomcat 进程，并结束整个进程。

（4）设置文件创建的权限为 0，并在/usr 目录下新建一个名称为 time 的文件。

（5）设置一个任务，任务内容为每两小时在/usr/time 文件内写入一个 1。

8.7.2 任务实施

（1）任务 1：新建一个名称为 exam 的卷组，并且卷组 PE 为 8MB。新建一个名称为 test1 的逻辑卷，包括 100 个 PE，使用的文件系统为 XFS，要求系统在启动时能够自动挂载到/exam/test1 目录下（需要自己新建）。

任务 1 实施命令如下：

```
[root@classroom Desktop]# fdisk /dev/sdb
Welcome to fdisk (util-linux 2.23.2).

Changes will remain in memory only, until you decide to write them.
Be careful before using the write command.

Device does not contain a recognized partition table
Building a new DOS disklabel with disk identifier 0x05612dba.

Command (m for help): n
Partition type:
   p   primary (0 primary, 0 extended, 4 free)
   e   extended
Select (default p): p
Partition number (1-4, default 1): 1
First sector (2048-41943039, default 2048):
Using default value 2048
Last sector, +sectors or +size{K,M,G} (2048-41943039, default 41943039): +1G
Partition 1 of type Linux and of size 1 GiB is set

Command (m for help): w
The partition table has been altered!

Calling ioctl() to re-read partition table.
Syncing disks.
[root@classroom Desktop]# partprobe
[root@classroom Desktop]# pvcreate /dev/sdb1
  Physical volume "/dev/sdb1" successfully created
[root@classroom Desktop]# vgcreate exam /dev/sdb1 -s 8M
  Volume group "exam" successfully created
[root@classroom Desktop]# lvcreate -n test1 exam -l 100
  Logical volume "test1" created
```

```
[root@classroom Desktop]# mkfs -t xfs    /dev/exam/test1
meta-data=/dev/exam/test1              isize=256      agcount=4, agsize=51200 blks
           =                           sectsz=512     attr=2, projid32bit=1
           =                           crc=0
data       =                           bsize=4096     blocks=204800, imaxpct=25
           =                           sunit=0        swidth=0 blks
naming     =version 2                  bsize=4096     ascii-ci=0 ftype=0
log        =internal log               bsize=4096     blocks=853, version=2
           =                           sectsz=512     sunit=0 blks, lazy-count=1
realtime =none                         extsz=4096     blocks=0, rtextents=0
[root@classroom Desktop]# blkid
/dev/sda1: UUID="9bf6b9f7-92ad-441b-848e-0257cbb883d1" TYPE="xfs"
/dev/sdb1: UUID="6n7eZW-tBRO-1jTg-sMnb-oNBL-0SiH-aUiSWd" TYPE="LVM2_member"
/dev/loop0:   UUID="2014-05-07-03-58-46-00"   LABEL="RHEL-7.0   Server.x86_64"   TYPE="iso9660"
PTTYPE="dos"
/dev/mapper/exam-test1: UUID="632b343f-9212-48a2-894f-37416b19d2d4" TYPE="xfs"
[root@classroom Desktop]# mkdir -p /exam/test1
[root@classroom Desktop]# vim /etc/fstab
```

配置内容如下：

```
#
# /etc/fstab
# Created by anaconda on Wed May   7 01:22:57 2014
#
# Accessible filesystems, by reference, are maintained under '/dev/disk'
# See man pages fstab(5), findfs(8), mount(8) and/or blkid(8) for more info
#
UUID=9bf6b9f7-92ad-441b-848e-0257cbb883d1 /                xfs      defaults        1 1
#172.25.254.250:/content    /content    nfs    ro    0 0
/content/rhel7.0/x86_64/isos/rhel-server-7.0-x86_64-dvd.iso /content/rhel7.0/x86_64/dvd iso9660 defaults,loop 0 0
#修改部分
UUID="632b343f-9212-48a2-894f-37416b19d2d4"    /exam/test1    xfs    defaults    0    0
```

保存并退出，命令如下：

```
[root@classroom Desktop]# mount –a
[root@classroom Desktop]# df -T
Filesystem              Type      1K-blocks  Used     Available  Use%   Mounted on
/dev/sda1               xfs       10473900   7225500  3248400    69%    /
devtmpfs                devtmpfs  486140     0        486140     0%     /dev
tmpfs                   tmpfs     501728     140      501588     1%     /dev/shm
tmpfs                   tmpfs     501728     13456    488272     3%     /run
tmpfs                   tmpfs     501728     0        501728     0%     /sys/fs/cgroup
/dev/loop0              iso9660   3654720    3654720  0          100%   /content/rhel7.0/x86_64/dvd
/dev/mapper/exam-test1 xfs        815788     32928    782860     5%     /exam/test1
```

（2）任务 2：调整 test1 的大小为 1500MB，并且不更改原有配置。

任务 2 实施命令如下：

```
[root@classroom Desktop]# fdisk /dev/sdb
Welcome to fdisk (util-linux 2.23.2).

Changes will remain in memory only, until you decide to write them.
Be careful before using the write command.


Command (m for help): n
Partition type:
   p    primary (1 primary, 0 extended, 3 free)
   e    extended
Select (default p): p
Partition number (2-4, default 2): 2
First sector (2099200-41943039, default 2099200):
Using default value 2099200
Last sector, +sectors or +size{K,M,G} (2099200-41943039, default 41943039): +1G
Partition 2 of type Linux and of size 1 GiB is set

Command (m for help): p

Disk /dev/sdb: 21.5 GB, 21474836480 bytes, 41943040 sectors
Units = sectors of 1 * 512 = 512 bytes
Sector size (logical/physical): 512 bytes / 512 bytes
I/O size (minimum/optimal): 512 bytes / 512 bytes
Disk label type: dos
Disk identifier: 0x05612dba

   Device Boot      Start         End      Blocks   Id  System
/dev/sdb1            2048     2099199     1048576   83  Linux
/dev/sdb2         2099200     4196351     1048576   83  Linux

Command (m for help): w
The partition table has been altered!

Calling ioctl() to re-read partition table.

WARNING: Re-reading the partition table failed with error 16: Device or resource busy.
The kernel still uses the old table. The new table will be used at
the next reboot or after you run partprobe(8) or kpartx(8)
Syncing disks.
[root@classroom Desktop]# partprobe
[root@classroom Desktop]# pvcreate /dev/sdb2
```

```
  Physical volume "/dev/sdb2" successfully created
[root@classroom Desktop]# vgextend exam /dev/sdb2
  Volume group "exam" successfully extended
[root@classroom Desktop]# lvextend -L 1.5G /dev/exam/test1
  Extending logical volume test1 to 1.50 GiB
  Logical volume test1 successfully resized
[root@classroom Desktop]# xfs_growfs /exam/test1/
meta-data=/dev/mapper/exam-test1 isize=256      agcount=4, agsize=51200 blks
         =                       sectsz=512     attr=2, projid32bit=1
         =                       crc=0
data     =                       bsize=4096     blocks=204800, imaxpct=25
         =                       sunit=0        swidth=0 blks
naming   =version 2              bsize=4096     ascii-ci=0 ftype=0
log      =internal               bsize=4096     blocks=853, version=2
         =                       sectsz=512     sunit=0 blks, lazy-count=1
realtime =none                   extsz=4096     blocks=0, rtextents=0
data blocks changed from 204800 to 393216
[root@classroom Desktop]# df -T
Filesystem             Type     1K-blocks Used    Available Use%  Mounted on
/dev/sda1              xfs      10473900  7225804 3248096   69%   /
devtmpfs               devtmpfs 486140    0       486140    0%    /dev
tmpfs                  tmpfs    501728    140     501588    1%    /dev/shm
tmpfs                  tmpfs    501728    13460   488268    3%    /run
tmpfs                  tmpfs    501728    0       501728    0%    /sys/fs/cgroup
/dev/loop0             iso9660  3654720   3654720 0         100%  /content/rhel7.0/x86_64/dvd
/dev/mapper/exam-test1 xfs      1569452   33056   1536396   3%    /exam/test1
```

（3）任务 3：查看 tomcat 进程，并结束整个进程。

任务 3 实施命令如下：

```
[root@classroom Desktop]# ps -ef | grep tomcat
root      3762   2950  0 23:18 pts/0    00:00:00 grep --color=auto tomcat
[root@classroom Desktop]# kill -9 2950
```

（4）任务 4：设置文件创建的权限为 0，并在/usr 目录下新建一个名称为 time 的文件。

任务 4 实施命令如下：

```
[root@classroom Desktop]# umask 0
[root@classroom Desktop]# touch /usr/time
[root@classroom Desktop]# ll /usr
total 236
dr-xr-xr-x.   2  root root 45056   Dec 30  2014  bin
drwxr-xr-x.   2  root root 6       Mar 13  2014  etc
drwxr-xr-x.   2  root root 6       Mar 13  2014  games
drwxr-xr-x.   4  root root 42      Jul 11  2014  include
dr-xr-xr-x.   42 root root 4096    Jul 11  2014  lib
```

```
dr-xr-xr-x.    136   root root  65536    Jul 11   2014    lib64
drwxr-xr-x.    35    root root  8192     Jul 11   2014    libexec
drwxr-xr-x.    12    root root  4096     May  7   2014 local
dr-xr-xr-x.    2     root root  20480    Jul 11   2014 sbin
drwxr-xr-x.    236   root root  8192     Jul 11   2014 share
drwxr-xr-x.    4     root root  32       May  7   2014 src
-rw-rw-rw-.    1     root root  0        Jul 28 23:20 time
```

（5）任务 5：设置一个任务，任务内容为每两小时在/usr/time 文件内写入一个 1。

任务 5 实施命令如下：

```
[root@classroom Desktop]# crontab –e
```

写入配置内容如下：

```
0 */2 * * *         /bin/echo 1 >> /usr/time
```

没有出现 bug 会提示：

```
crontab: installing new crontab
```

第 9 章　Linux 资源包管理

扫一扫，
获取微课

大多数 Linux 的操作系统都提供了一种中心化的机制，用来搜索和安装软件。软件通常都被存放在存储库中，并通过包的形式进行分发。处理包的工作被称为包管理。包提供了操作系统的基本组件，以及共享的库、应用程序、服务和文档。熟悉并熟练应用包管理可以提高工作效率。

9.1　RPM 软件包

9.1.1　RPM 简介

RPM 全称是 RedHat Package Manager（RedHat 包管理器）。RPM 本质上就是一个包，包含可以立即在特定机器体系结构上安装和运行的 Linux 软件。

大多数 Linux RPM 软件包的命名有一定的规律，它遵循“名称-版本-修正版-类型”的命名规则，如 MYsoftware-1.2 -1.i386.rpm。

9.1.2　RPM 的安装与卸载

1. 安装 RPM 软件包

```
[root@master ~]# rpm -ivh MYsoftware-1.2 -1.i386.rpm
```

2. 卸载软件

```
[root@master ~]# rpm -e  软件名
```

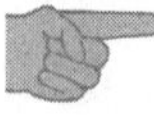

注意：

上面代码中使用的是软件名，而不是软件包名。例如，要卸载 software-1.2.-1.i386.rpm 这个包时，应执行如下命令：

```
[root@master ~]# rpm -e software
```

9.1.3 rpm 命令的主要参数

使用 RPM 软件包管理命令——rpm 命令，可以实现对 RPM 软件包的管理功能。rpm 命令的主要参数如下所述。

安装类（-i 安装 | -U 升级）如下所述。

- --test：安装测试，并不实际安装。
- --nodeps：忽略软件包的依赖关系，强行安装。
- --force：忽略软件包及文件的冲突。
- -v：提供更加详细的输出。
- -h：在安装包时打印散列标记（一般用于“-v”后面）。

查询类（-q）如下所述。

- -a, --all：查询所有的包。
- -p, --package：查询包的文件。
- -l, --list：查询包的列表。
- -d, --docfiles：查询文档文件。
- -f, --file：包含的文件。

9.2 Yum 软件包管理器

Yum 是 RedHat 软件包管理器，它能够查询有关可用软件包的信息，从存储库获取软件包，安装和卸载软件包，以及将整个系统更新到最新的可用版本。Yum 在更新、安装或删除软件包时会执行自动依赖性解析，因此能够自动确定、获取和安装所有可用的依赖软件包。

Yum 可以配置新的、额外的存储库或包源，还可以提供许多增强和扩展其功能的插件。Yum 可以在一台计算机或一组计算机上轻松、简单地进行包管理。

9.2.1 Yum 命令的用法

1. 显示仓库列表

```
[root@localhost ~]# yum repolist all             #显示所有的仓库列表
[root@localhost ~]# yum repolist enabled         #显示可用的仓库列表
[root@localhost ~]# yum repolist disabled        #显示不可用的仓库列表
```

2. 显示程序包

```
[root@localhost ~]# yum list [all | glob_exp1]   [...]          #显示安装包列表
```

3. 安装程序包

```
[root@localhost ~]# yum install package1 [package2] [...]
[root@localhost ~]# yum reinstall package1 [package2] [...]     #重新安装
```

4. 升级程序包

```
[root@localhost ~]# yumupdate [package1] [package2] [...]          #升级更新
[root@localhost ~]# yum downgrade package1 [package2] [...]        #降级
```

5. 检查可用升级

```
[root@localhost ~]# yum check-update
```

6. 卸载程序包

```
[root@localhost ~]# yum remove | erase package1 [package2] [...]
```

7. 查看程序包信息

```
[root@localhost ~]# yum info [...]
```

8. 查看指定的特性（可以是某文件）是由哪个程序包提供的

```
[root@localhost ~]# yum provides | whatprovides feature1 [feature2] [...]
```

9. 清理本地缓存

```
[root@localhost ~]# yum clean [ packages | metadata | expire-cache | rpmdb | plugins | all ]
```

- all：所有。
- packages：下载的 RPM 包。
- metadata：元数据。
- expire-cache：过期缓存。
- rpmdb：RPM 数据库。
- plugins：插件。

10. 搜索

```
[root@localhost ~]# yum search string1 [string2] [...]
```

以指定的关键字搜索程序包名及 summary 信息。

11. 查看指定包所依赖的功能

```
[root@localhost ~]# yum deplist packag_NAME
```

12. 查看 Yum 事务历史

```
[root@localhost ~]# yum history
```

13. Yum 包组的相关命令

```
[root@localhost ~]#groupinstall           #安装包组
[root@localhost ~]#yum groupupdate        #更新包组
[root@localhost ~]# yum grouplist         #显示包组
[root@localhost ~]#yum groupremove        #移除包组
```

```
[root@localhost ~]#yum groupinfo        #查看包组信息
#这些命令用法与上面类似，只不过这是针对包组的
```

9.2.2 如何使用光盘作为本地 Yum 源

1. 挂载光盘至某目录，如/media/cdrom

```
[root@localhost ~]# mkdir   -p   /media/cdrom
[root@localhost ~]# mount -t iso9660 -o loop /dev/ sr0   /media/ cdrom
```

2. 创建配置文件

```
[root@localhost /]# cd /etc/yum.repos.d/
[root@localhost yum.repos.d]# mkdir bak          #创建一个文件夹来存放多余的配置文件
[root@localhost yum.repos.d]# mv *.* bak/
[root@localhost yum.repos.d]# cd bak/
[root@localhost bak]# mv CentOS-Media.repo ../
[root@localhost bak]# cd ../
[root@localhost yum.repos.d]# vi CentOS-Media.repo

# CentOS-Media.repo
#
#   This repo can be used with mounted DVD media, verify the mount point for
#   CentOS-7.   You can use this repo and yum to install items directly off the
#   DVD ISO that we release.
#
# To use this repo, put in your DVD and use it with the other repos too:
#   yum --enablerepo=c7-media [command]
#
# or for ONLY the media repo, do this:
#
#   yum --disablerepo=\* --enablerepo=c7-media [command]

[yum]
name=yum   #名字
baseurl=   file:///media/cdrom/          #本地 Yum 源所在路径
gpgcheck=0                               #这里为 0，不进行检查
enabled=1                                #这里为 1，启动
gpgkey=file:///etc/pki/rpm-gpg/RPM-GPG-KEY-CentOS-7
```

3. 查看 Yum 源

```
[root@localhost ~]#yum repolist [all | enabled | disabled ]
#显示 { 所有 | 可用 | 不可用 } 的 Yum 源
```

```
[root@localhost ~]#yum list [all | available | updates | installed | recent ]
#显示 Yum { 所有 | 可安装 | 可更新 | 已安装 | 最近 }的程序包
```

9.3 归档和压缩

9.3.1 归档

将许多文件一起保存至一个单独的磁带或磁盘中，称为文件归档。我们可以从创建的归档文件中单独还原所需文件。归档不是压缩，所谓归档，就是将一些文件归到一起，并没有对其进行压缩的操作。

进行文件归档的 tar 命令的主要参数如下所述。

- -c：创建归档文件.tar。
- -f：指定文件名称。

例如，将/usr 归档为一个叫作 usr.tar 的文件，命令如下：

```
[root@localhost ~]tar -cf usr.tar /usr
```

- -t：显示归档文件中的内容。

例如，查看 usr.tar 文件，命令如下：

```
[root@localhost ~]tar -tf usr.tar
```

常用命令如下所述。

- -r：向归档文件中添加文件。
- --get：取出单个文件。
- --delete：删除单个文件。
- -x：取出归档文件中的所有内容。
- -C：指定解压缩目录。
- -z：gz 格式压缩。
- -j：bz2 格式压缩。
- -J：xz 格式压缩。

9.3.2 压缩

下面介绍几种在 Linux 中常见的压缩方式。

1. gzip

gzip 的压缩程度较小，速度较快，使用“gzip+文件名”的形式进行压缩。

常用命令如下所述。

- -#：1～9，指定压缩比，默认是 6。
- -d：解压缩。

- zcat + 压缩文件：在不解压缩时查看文件的内容。

在解压缩时，使用“gunzip+压缩文件”的形式。

2. bzip2

bzip2的压缩程度比gzip高，用时比较久，用“bzip2+文件名”的形式进行压缩，注意bzip2不能进行递归压缩。

常用命令如下所述。

- -d：解压缩。
- -#：1～9，默认是9。
- -k：压缩时保留原来的文件。
- bzcat+压缩文件；在不解压缩时查看文件的内容。

在解压缩时，使用“bunzip+压缩文件”的形式。

3. xz

xz的压缩程度很高，解压缩也很快，适合备份各种数据，使用“xz+文件名”的形式进行压缩。

常用命令如下所述。

- -d：解压缩。
- -#：1～9，默认是6。
- -k：压缩时保留原来的文件。
- xzcat+压缩文件；在不解压缩时查看文件的内容。

在解压缩时，使用“unxz+压缩文件”的形式。

9.4 备份与恢复

9.4.1 备份系统

我们应该如何备份系统呢？很简单，就像备份或压缩其他内容一样，使用tar命令即可。和Windows不同的是，Linux不会限制root用户访问任何内容，用户可以把分区上的所有内容都放到一个.tar文件里。

首先成为root用户，命令如下：

```
$ sudo su
```

然后进入文件系统的根目录（当然，如果用户不想备份整个文件系统，也可以进入用户想要备份的目录，包括远程目录或者移动硬盘上的目录），命令如下：

```
[root@localhost ~]# cd /
```

笔者用来备份系统的完整命令如下：

```
[root@localhost ~]# tar cvpzf backup.tgz –exclude=/proc –exclude=/lost+found –exclude=/backup.tgz –
```

```
exclude=/mnt –exclude=/sys /
```

下面我们来简单看一下这个命令。

“tar”是我们备份系统所使用的命令。

“cvpfz”是 tar 命令的选项，意思是“创建档案文件”“保持权限（保留所有内容原来的权限）”“使用 gzip 来减小文件尺寸”。

“backup.tgz”是我们将要得到的档案文件的文件名。

“/”是我们要备份的目录，在这里是整个文件系统。

在档案文件名“backup.tgz”和要备份的目录名“/”之间给出了备份时必须排除在外的目录。有些目录是无用的，例如/proc、/lost+ found、/sys。当然，backup.tgz 这个档案文件本身必须排除在外，否则我们可能会得到一些超出常理的结果。如果不把/mnt 目录排除在外，那么挂载在/mnt 目录上的其他分区也会被备份。另外需要确认一下/media 目录上没有挂载任何内容（例如光盘、移动硬盘），如果/media 目录上挂载了内容，则必须把/media 也排除在外。

在执行备份命令之前，我们需要再确认一下所键入的命令是不是我们想要的，因为执行备份命令可能需要一段不短的时间。

在备份完成后，文件系统的根目录中会生成一个名称为 backup.tgz 的文件，它可能会非常大。现在我们可以把它烧录到 DVD 上或者放到安全的地方去。

在备份命令结束时，我们可能会看到这样一个提示：“tar: Error exit delayed from previous errors.”在大多数情况下，我们可以忽略它。

我们还可以用 bzip2 来压缩文件，bzip2 比 gzip 的压缩程度高，但是速度较慢。如果压缩程度对我们很重要，那么我们应该使用 bzip2，用 j 代替命令中的 z，并且给档案文件一个正确的扩展名 bz2。完整的命令如下：

```
[root@localhost ~]# tar cvpjf backup.tar.bz2 –exclude=/proc –exclude=/lost+found –exclude=/backup.tar.bz2 –exclude=/mnt –exclude=/sys /
```

9.4.2 恢复系统

在进行恢复系统的操作时，一定要小心。如果我们不清楚自己在做什么，就可能把重要的数据弄丢。

接着前面的例子，切换到 root 用户，并把 backup.tgz 文件拷贝到分区的根目录下。

恢复系统，命令如下：

```
[root@localhost ~]# tar xvpfz backup.tgz -C /
```

如果档案文件是使用 bzip2 进行压缩的，则应该使用如下命令：

```
[root@localhost ~]# tar xvpfj backup.tar.bz2 -C /
```

注意：

上面的命令会用档案文件中的文件覆盖分区上的所有文件。

在执行恢复命令之前，需要再确认一下所键入的命令是不是我们想要的，因为执行恢复命令可能需要一段不短的时间。

在恢复命令结束时，我们的工作还没完成，需要重新创建那些在备份时被排除在外的目录，命令如下：

```
[root@localhost ~]# mkdir proc
[root@localhost ~]# mkdir lost+found
[root@localhost ~]# mkdir mnt
[root@localhost ~]# mkdir sys
```

9.5 任务实战

9.5.1 任务描述

（1）修改 Yum 源的配置，将 Yum 源修改为本地的 ISO 镜像（文件存储在/media/yum 目录中）。

（2）新建 a、b、c、d 四个目录，并将 a、b、c 归档为 abc.tar。

（3）将 d 加入归档文件，并压缩成 bz2 格式，保留原来的文件。

（4）备份 root 文档，然后修改 root 桌面内容，随后还原 root。

9.5.2 任务实施

（1）任务 1：修改 Yum 源的配置，将 Yum 源修改为本地的 ISO 镜像（文件存储在/media/yum 目录中）。

任务 1 实施命令如下：

```
[root@localhost ~]# mkdir   –p   /media/yum
[root@localhost ~]# mount -t iso9660 -o loop /dev/sr0   /media/yum
[root@localhost ~]# cd /etc/yum.repos.d/
[root@localhost ~]# vim Centos7.repo     #要是有其他配置文件注意移除
[yum]
name=yum
baseurl=   file:///media/yum/
gpgcheck=0
enabled=1
gpgkey=file:///etc/pki/rpm-gpg/RPM-GPG-KEY-CentOS-7
[root@localhost ~]#yum clean
[root@localhost ~]#yum list   #检查
```

（2）任务 2：新建 a、b、c、d 四个目录，并将 a、b、c 归档为 abc.tar。

任务 2 实施命令如下：

```
[root@localhost ~]#mkdir a
```

```
[root@localhost ~]#mkdir b
[root@localhost ~]#mkdir c
[root@localhost ~]#mkdir d
[root@localhost ~]#tar cf abc.tar a b c
[root@localhost ~]#tar tf abc.tar
a/
b/
c/
```

（3）任务 3：将 d 加入归档文件，并压缩成 bz2 格式，保留原来的文件。

任务 3 实施命令如下：

```
[root@localhost ~]# tar rf abc.tar d
[root@localhost ~]# tar tf abc.tar
a/
b/
c/
d/
[root@localhost ~]#bzip2 –k abc.tar
```

（4）任务 4：备份 root 文档，然后修改 root 桌面内容，随后还原 root。

任务 4 实施命令如下：

备份使用以下命令。

```
[root@localhost ~]# tar cvpjf    root.tar.bz2    /root
```

还原使用以下命令。

```
[root@localhost ~]# tar xvpfj    root.tar.bz2 -C    /
```

第10章　Apache服务器配置

扫一扫，
获取微课

对于网页（网站），想必大家一定不陌生，随着互联网的高速发展，我们已经离不开网络（自然要用到网页），例如，一些商家或机构会通过网站向用户展示信息。为什么要用网站来展示信息呢？原因也很简单，用户只需要一个浏览器就能够访问，在免去用户下载各种 App 的麻烦的同时还解决了跨平台问题。那么你知道网站是放在哪里的吗？为什么我们能够访问到呢？我们是如何访问到的呢？我们如何搭建自己的网站并向人们展示呢？上述问题都可以解决，不过本书并不会介绍网站开发（这也不是网络管理员的工作），本章将介绍如何把已经开发好的网站部署到 Web 服务器上并向人们展示。常用的 Web 服务器有很多，比如 Apache、Nginx、Tomcat、Lighttpd、Microsoft IIS 等，本章使用 Apache 作为 Web 服务器。

10.1　Apache 简介

Apache HTTP Server（简称 Apache）是 Apache 软件基金会的一个开放源代码的网页服务器软件，可以运行在绝大多数的 UNIX、Linux、Windows 平台上。由于 Apache 具有跨平台性、安全性和可移植性等特点，因此它被广泛使用，是非常流行的 Web 服务器软件之一。世界上很多著名的网站都是使用的 Apache。它快速、可靠，并且可以通过简单的 API 扩充，将 Perl / Python 等解释器编译到服务器中。

Apache HTTP Server 2.4 中的新特性如下所述。

- Run-time Loadable MPMs：现在可以在编译时将多个 MPM（多进程处理模块）构建为可加载模块；可以在运行时通过 LoadModule 指令配置所选的 MPM。
- Event MPM：Event MPM 工作模式现在已经完全支持。
- Asynchronous support：可以更好地支持异步读写。
- Per-module and per-directory LogLevel configuration：支持每一个模块及每一个目录分别使用不同的日志级别，并在调试日志级别上方添加了新级别，即 trace1～trace8。
- Per-request configuration sections：支持 per-request（即支持<If>、<ElseIf>和<Else>条件判断）。
- General-purpose expression parser：新的表达式解析器允许使用 SetEnvIfExpr、RewriteCond、Header 等指令中的通用语法指定复杂的条件。
- KeepAliveTimeout in milliseconds：支持毫秒级 KeepAliveTimeout。

- NameVirtualHost directive：基于 FQDN（域名）的虚拟主机配置不再需要 NameVirtualHost。
- Override Configuration：新的 AllowOverrideList 指令允许更细粒度地控制.htaccess 文件中允许的指令。
- Config file variables：现在可以在配置中定义变量，如果在配置中的许多地方使用相同的值，则可以更清晰地表示。
- Reduced memory usage：虽然有许多新功能，但是 2.4.x 往往比 2.2.x 占用更少的内存。

Apache 2.4 还修改了一些机制，比如不再支持使用 Order、Allow、Deny 实现基于 IP 地址的访问控制。

除此之外，Apache 2.4 还新增了许多新模块，更多信息请参考其官方网站。

10.2 Apache 的安装与运行

10.2.1 源码编译安装与运行

1. 安装依赖包

在开始编译安装之前，需要安装编译时所需要的依赖包，这样才能顺利编译安装，命令如下：

```
[root@kangvcar ~]# yum -y install gcc autoconf automake make zlib pcre pcre-devel openssl openssl-devel expat-devel
```

2. 下载最新源码包

在解决依赖环境后，就需要通过官方网站获取最新的源码包（2019 年年底时最新版本为 httpd-2.4.39），命令如下：

```
[root@kangvcar ~]# wget https://www-eu.apache.org/dist//httpd/httpd-2.4.39.tar.gz
[root@kangvcar ~]# wget http://mirrors.tuna.tsinghua.edu.cn/apache//apr/apr-1.7.0.tar.gz
[root@kangvcar ~]# wget http://mirrors.tuna.tsinghua.edu.cn/apache//apr/apr-util-1.6.1. tar.gz
```

3. 编译安装 apr 库

由于 Apache 的运行还依赖于 apr 库（Apache 可移植运行库，该库包含了一些通用的开发组件），因此在开始编译 Apache 前需要先编译安装 apr 库，命令如下：

```
[root@kangvcar ~]                # tar xf apr-1.7.0.tar.gz -C /usr/src/
[root@kangvcar ~]                # tar xf apr-util-1.6.1.tar.gz -C /usr/src/
[root@kangvcar ~]                # cd /usr/src/apr-1.7.0/
[root@kangvcar apr-1.7.0]        # ./configure
[root@kangvcar apr-1.7.0]        # make && make install
[root@kangvcar apr-1.7.0]        # cd /usr/src/apr-util-1.6.1/
[root@kangvcar apr-util-1.6.1]   # ./configure --with-apr=/usr/local/apr/
[root@kangvcar apr-util-1.6.1]   # make && make install
```

4. 编译安装 Apache

如果以上步骤都顺利完成，就可以真正地开始编译安装 Apache，命令如下：

```
[root@kangvcar ~]                    # tar xf httpd-2.4.39.tar.gz -C /usr/src/
[root@kangvcar apr-util-1.6.1]       # cd /usr/src/httpd-2.4.39/
[root@kangvcar httpd-2.4.39]         # ./configure --prefix=/usr/local/apache2 --enable-so --enable-ssl --enable-rewrite --enable-cgi --with-suexec-bin --with-apr=/usr/local/apr/ --enable-modules=most --enable-mods-shared=most --enable-mpms-shared=all
--with-mpm=worker --enable-deflate --enable-expires
[root@kangvcar httpd-2.4.39]         # make && make install
```

5. 编译安装 Apache 后的目录结构

至此，Apache 的编译安装已经完成，安装目录是/usr/local/apache2，在该目录下包含了很多文件和（子）目录，一些主要的目录说明如表 10.1 所示。

表 10.1 一些主要的目录说明

目 录 名	内 容
bin	Apache 执行文件的目录
cgi-bin	默认 CGI 文件
conf	配置文件
htdocs	编译安装时默认的 Web 文档根目录
icons	Apache 使用的一些小图标
logs	日志文件存放的位置，有两种日志，即访问日志和错误日志
manual	Apache 文档目录
modules	动态加载模块所在的位置

为了方便管理 Apache 程序，我们把/usr/local/apache2/bin 目录下的脚本文件链接到/usr/local/bin 目录下，以后就可以在终端中直接使用这些命令，命令如下：

```
[root@kangvcar httpd-2.4.39]# ln -s /usr/local/apache2/bin/* /usr/local/bin/
```

6. 配置 Apache 服务开机自启动

由于 Web 服务的可访问性、可用性很重要，因此需要把 Apache 服务配置成开机自启动。下面为 Apache 服务编写脚本，命令如下：

```
[root@kangvcar ~]# cp /usr/local/apache2/bin/apachectl /etc/init.d/httpd
[root@kangvcar ~]# sed -i '1a # chkconfig: 35 80 20' /etc/init.d/httpd
[root@kangvcar ~]# sed -i '2a # description: Apache 2.4' /etc/init.d/httpd
```

chkconfig: 35 80 20 的作用
35 是指脚本的运行级别，即在 3 和 5 的启动级别才运行此服务
80 是指服务的启动顺序，数字越大越迟启动
20 是指服务的停止顺序，数字越大越迟停止
在脚本完成后，还需要把 Apache 服务添加为系统服务并设置为自启动，命令如下：

```
[root@kangvcar ~]# chkconfig --add httpd
[root@kangvcar ~]# chkconfig httpd on
```

一切就绪后，就可以使用 systemctl 命令来管理 Apache 服务，命令如下：

```
[root@kangvcar ~]# systemctl start httpd
[root@kangvcar ~]# systemctl status httpd
```

7. 配置防火墙

在 Apache 服务启动后，为了能让用户访问服务器上的 Web 服务，还需要对防火墙添加一条规则来允许用户访问服务器的 80 端口，命令如下：

```
[root@kangvcar ~]# firewall-cmd --permanent --add-port=80/tcp
[root@kangvcar ~]# firewall-cmd --reload
```

现在用户就可以通过浏览器在地址栏中输入“http://localhost”或者“http://<服务器 IP>”进行访问了。

10.2.2 使用 Yum 安装与运行软件

使用 Yum 安装软件的好处就是，我们只需要知道软件名即可，Yum 会帮助我们解决安装过程的依赖包安装问题。

1. 配置国内 Yum 源加速下载

首先我们需要配置 Yum 源（可选），由于 CentOS 7 的默认 Yum 源地址在国内访问会比较慢，因此可以通过修改 Yum 源地址使之指向国内阿里云的 Yum 源来加快下载速度。首先备份一下原来的 Yum 源配置文件/etc/yum.repos.d/CentOS-Base.repo，以备不时之需，命令如下：

```
[root@kangvcar ~]# mv   /etc/yum.repos.d/CentOS-Base.repo   /etc/yum.repos.d /CentOS- Base. repo.backup
```

然后下载新的 CentOS-Base.repo 文件到/etc/yum.repos.d/中，命令如下：

```
[root@kangvcar ~]#  wget  -O  /etc/yum.repos.d/CentOS-Base.repo  http://mirrors.aliyun.com/repo/Centos-7.repo
[root@kangvcar ~]# yum clean all
[root@kangvcar ~]# yum makecache    //把 Yum 源缓存到本地
[root@kangvcar ~]# yum repolist     //检查 yum 源是否正常
```

2. 使用 Yum 安装 Apache

使用 Yum 安装 Apache，命令如下：

```
[root@kangvcar ~]# yum -y install httpd
```

从安装过程中可以看出，Yum 帮我们安装了所有需要的依赖包，不过还需要检查一下是否正确安装，命令如下：

```
[root@kangvcar ~]# rpm -qa | grep httpd
httpd-tools-2.4.6-88.el7.centos.x86_64
httpd-2.4.6-88.el7.centos.x86_64
```

在使用 Yum 安装 Apache 后，会生成很多相关文件及（子）目录，可以使用如下命令查看：

```
[root@kangvcar ~]# rpm -ql httpd
```

3. 使用 Yum 安装 Aapache 后的目录结构

使用 Yum 安装 Aapache 后的目录结构如表 10.2 所示。

表 10.2　使用 Yum 安装 Apache 后的目录结构

目　录　名	内　　容
/var/www	存放网站内容的目录
/etc/httpd/conf/httpd.conf	Apache 主配置文件
/var/www/html	默认主服务器文档的根目录
/var/www/cgi-bin	默认 CGI 文件
/var/log/httpd	日志文件存放的位置
/etc/httpd/modules	动态加载模块所在的位置
/usr/sbin/httpd	Apache 执行程序
/usr/share/doc/httpd-2.4.6	配置文件的模板

4. 配置 Apache 服务开机自启动

由于 Web 服务的可访问性、可用性很重要，所以需要把 Apache 服务配置成开机自启动，命令如下：

```
[root@kangvcar ~]# systemctl enable httpd
```

启动 Apache 服务，命令如下：

```
[root@kangvcar ~]# systemctl start httpd
```

5. 配置防火墙

在 Apache 服务启动后，为了能让用户访问服务器上的 Web 服务，还需要对防火墙添加一条规则来允许用户访问服务器的 80 端口，命令如下：

```
[root@kangvcar ~]# firewall-cmd --permanent --add-port=80/tcp
[root@kangvcar ~]# firewall-cmd --reload
```

现在用户就可以通过浏览器在地址栏中输入“http://localhost”或者“http://<服务器 IP>”进行访问了，如图 10.1 所示。

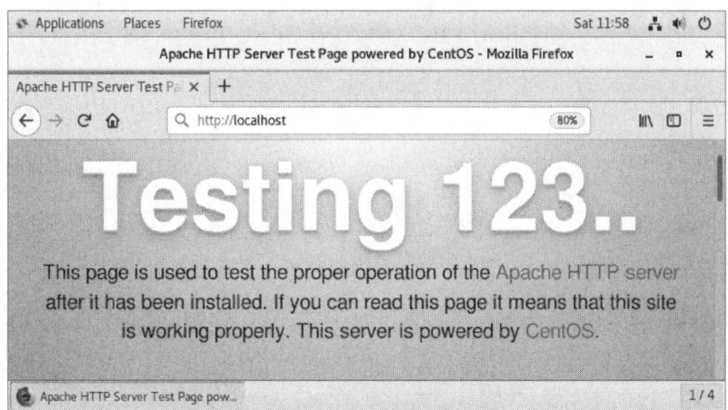

图 10.1　Apache 安装成功

10.3 Apache 的配置与管理

10.3.1 Apache 主配置文件

在使用 Yum 安装 Apache 服务后，在/etc/httpd/conf 目录下就包含了主配置文件 httpd.conf；在/etc/httpd/conf.d 目录下包含了一些独立出来的配置文件；在/usr/share/doc/httpd-2.4.6 目录下包含了一些常用配置的模板。下面将对 Apache 的主配置文件 httpd.conf 进行讲解。

1. 全局配置部分

```
// Apache 安装目录
ServerRoot "/etc/httpd"
//指定监听端口，如果没有指定 IP 地址，则监听服务器上的所有 IP 地址
#Listen 12.34.56.78:80
Listen 80
// 把 conf.modules.d 目录下以“.conf”结尾的配置文件合并到主配置文件
Include conf.modules.d/*.conf
// 指定运行 Apache 程序的用户
User apache
Group apache
```

2. 主服务器配置部分

```
# 'Main' server configuration
// 配置网站管理员邮箱
ServerAdmin root@localhost
// 配置主站点域名
#ServerName www.example.com:80
// 配置全局目录默认规则，拒绝所有访问
<Directory />
    AllowOverride none
    Require all denied
</Directory>
// 指定网站主目录存放的位置
DocumentRoot "/var/www/html"
// 配置/var/www 目录的权限
<Directory "/var/www">
    AllowOverride None
    Require all granted
</Directory>
// 配置/var/www/html 目录的权限
<Directory "/var/www/html">
```

```
        Options Indexes FollowSymLinks
        AllowOverride None
        Require all granted
</Directory>
// 配置主站点的错误日志文件
ErrorLog "logs/error_log"
// 配置日志级别
LogLevel warn
// <IfModule>块用于判断是否加载某模块，如果已加载则执行块内的配置，否则块内的配置不生效
<IfModule log_config_module>
        LogFormat "%h %l %u %t \"%r\" %>s %b \"%{Referer}i\" \"%{User-Agent}i\"" combined
        LogFormat "%h %l %u %t \"%r\" %>s %b" common
        <IfModule logio_module>
          LogFormat "%h %l %u %t \"%r\" %>s %b \"%{Referer}i\" \"%{User-Agent}i\" %I %O" combinedio
        </IfModule>
        CustomLog "logs/access_log" combined
</IfModule>
// 把 conf.d 目录下以".conf"结尾的配置文件合并到主配置文件
IncludeOptional conf.d/*.conf
```

3. 关于配置文件的一些重要指令讲解

1）Options 指令

该指令用于控制特定目录中可用的服务器功能，选项可以设置为 None，在这种情况下，没有启用任何额外功能，或者以下任意一项或多项。

- All：开启除 MultiViews 以外的所有选项。
- ExecCGI：允许执行 Options 指定目录下的所有 CGI 脚本。
- FollowSymLinks：允许 Options 指定目录下的文件链接到目录外的文件或目录。
- Indexes：当用户访问该目录时，如果用户找不到 DirectoryIndex 指定的主页文件（例如 index.html），则返回该目录下的文件列表给用户。

2）Require 指令

Apache 2.2 版本中由 mod_access_compat 提供的 Allow、Deny 和 Order 指令已被弃用，并且在以后的版本中已经消失，我们应该避免使用它们。Apache 2.4 版本中使用全新的 Require 指令为特定目录设置目录访问控制权限。这些指令的用法如下所述。

- 允许所有访问：Require all granted。
- 拒绝所有访问：Require all denied。
- 允许指定 IP 地址访问：Require ip 10.252.46.165。
- 允许指定主机名访问：Require host host.example.com。
- 拒绝指定 IP 地址访问：Require not ip 10.252.46.165。
- 拒绝指定主机名访问：Require not host host.example.com。
- 允许指定网段的主机访问：Require ip 10 172.20 192.168.2。
- 允许指定域的主机访问：Require host .net example.edu。

3）AllowOverride 指令

该指令用于指定.htaccess 文件中允许的指令类型。当服务器找到.htaccess 文件时，它需要知道该文件中声明的哪些指令可以覆盖先前的配置指令。该指令包含下列选项。

- AuthConfig：允许使用授权指令（AuthDBMGroupFile、AuthDBMUserFile、AuthGroupFile、AuthName、AuthType、AuthUserFile、Require 等）。
- FileInfo：允许使用控制文档类型的指令（ErrorDocument、ForceType、LanguagePriority、SetHandler、SetInputFilter、SetOutputFilter、mod_mime 中的 Add 和 Remove 指令），文档元数据（Header、RequestHeader、SetEnvIf、SetEnvIfNoCase、BrowserMatch、CookieExpires、CookieDomain、CookieStyle、CookieTracking、CookieName），mod_rewrite 指令（RewriteEngine、RewriteOptions、RewriteBase、RewriteCond、RewriteRule），mod_alias 指令（Redirect、RedirectTemp、RedirectPermanent、RedirectMatch）和 mod_actions 中的 Action。
- Indexes：允许使用控制目录索引的指令（AddDescription、AddIcon、AddIconByEncoding、AddIconByType、DefaultIcon、DirectoryIndex、FancyIndexing、HeaderName、IndexIgnore、IndexOptions、ReadmeName 等）。
- Limit：允许使用控制主机访问的指令（Allow、Deny 和 Order）。
- Nonfatal=[Override|Unknown|All]：允许使用 AllowOverride 选项将.htaccess 文件中的语法错误视为非致命错误，从而避免造成内部服务器错误。不允许或无法识别的指令将被忽略并记录或发出警告。
- Nonfatal=Override：将 AllowOverride 禁止的指令视为非致命指令。
- Nonfatal=Unknown：将未知指令视为非致命指令。这包括由不存在的模块实现的拼写错误和指令。
- Nonfatal=All：将上述两种视为非致命指令。
- Options[=Option,...]：允许使用控制特定目录功能的指令（Options 和 XBitHack），可以给出等号，后面是逗号分隔的列表，没有空格，并使用 Options 命令设置选项。

10.3.2 基本配置

1. 删除默认欢迎页配置

在 Apache 服务安装完成后，软件会带有默认的欢迎页，需要把这些默认的配置删除，再部署 Web 项目，命令如下：

```
[root@kangvcar ~]# rm -rf /etc/httpd/conf.d/welcome.conf
```

2. 新建主页文件

然后修改网站主页，因为默认主站点的主页文件在/var/www/html 目录下，所以需要在该目录下新建一个 index.html 文件，命令如下：

```
[root@kangvcar ~]# echo "My First Page" > /var/www/html/index.html
[root@kangvcar ~]# systemctl restart httpd
```

在浏览器地址栏中输入“http://localhost”或者“http://<服务器 IP>”即可看到网站主页，如图 10.2 所示。

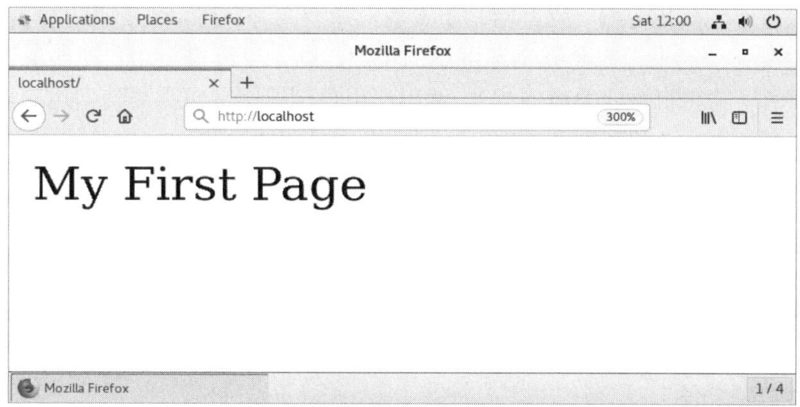

图 10.2　网站主页

3. 优化配置

通过修改配置文件可以优化 Apache 服务。在/usr/share/doc/httpd-2.4.6/目录中有模板文件httpd-default.conf，我们可以拷贝模板文件到/etc/httpd/conf.d/目录下，再对其进行修改，修改的内容如下：

```
[root@kangvcar ~]# cp /usr/share/doc/httpd-2.4.6/httpd-default.conf /etc/httpd/conf.d/
[root@kangvcar ~]# vim /etc/httpd/conf.d/httpd-default.conf
Timeout 300
// 不论接收或发送，当持续连接等待超过 300 秒时就会中断此次连接
KeepAlive On
// 是否持续连接（因为每次连接都得进行 3 次握手），设置为 On 表示一次连接允许多次数据传送
MaxKeepAliveRequests 500
// 这个数值可以决定该次连接能够传输的最大传输数量，0 代表不限制
KeepAliveTimeout 5
// 该次连接在最后一次传输后等待延迟的秒数，当超过该秒数时该连接中断
AccessFileName .htaccess
// 定义每个目录下的访问控制文件名，默认为.htaccess
ServerTokens OS
// 在出现错误页时是否显示服务器操作系统的名称，ServerTokens Prod 为不显示
ServerSignature Off
// 在页面产生错误时是否出现服务器版本信息
HostnameLookups Off
// 当打开此项功能时，在记录日志的同时记录主机名，这需要服务器来反向解析域名，会明显增加服务器的负载，通常不建议开启
//重新启动 Apache 服务以使得配置生效
[root@kangvcar ~]# systemctl restart httpd
```

10.3.3 身份认证

当网站设置了隐私内容时，或者网站不希望对所有人开放时，我们就可以使用 Apache 提供的基本身份验证功能来指定允许浏览网站的用户。这个过程需要用户在服务器上先创建用户名和密码文件（此用户并非系统用户），然后在用户浏览网站时需要使用用户名和密码信息进行认证，以便达到保护隐私的效果。

1. 创建需要保护的站点

例如，需要保护的目录为/var/www/html/secret，通过如下命令创建目录和主页文件：

```
[root@kangvcar ~]# mkdir /var/www/html/secret
[root@kangvcar ~]# echo "This is a secret page." > /var/www/html/secret/index.html
```

2. 创建密码文件

首先，需要在服务器上创建一个密码文件，此文件应放置在无法通过 Web 访问的位置，以避免密码泄露。在此例中我们把密码文件存放在/etc/httpd/passwd 目录下，创建密码文件的命令如下：

```
[root@kangvcar ~]# mkdir -p /etc/httpd/passwd
// 创建存放密码的目录
[root@kangvcar ~]# htpasswd -c /etc/httpd/passwd/passwords user1
// 创建密码文件并创建 user1 用户（此用户并非系统用户）
New password:
Re-type new password:
Adding password for user user1
[root@kangvcar ~]# htpasswd /etc/httpd/passwd/passwords user2
// 再创建一个 user2 用户
New password:
Re-type new password:
Adding password for user user2
```

3. 修改 Apache 配置文件以支持基本身份认证

在密码文件创建成功后，还需要修改 Apache 的配置文件，在主服务器配置文件/etc/httpd/conf/httpd.conf 末尾添加如下命令：

```
<Directory "/var/www/html/secret">
    AuthType Basic
    AuthName "Restricted Files"
    AuthBasicProvider file
    AuthUserFile "/etc/httpd/passwd/passwords"
    Require valid-user
</Directory>
```

4. 验证配置

重新启动 Apache 服务以使得配置生效，命令如下：

```
[root@kangvcar ~]# systemctl restart httpd
```

现在用户就可以通过浏览器在地址栏中输入“http://localhost/secret”或者“http://<服务器IP>/secret”进行访问了，浏览器会提示用户需要输入用户名和密码才能浏览，如图 10.3 所示。

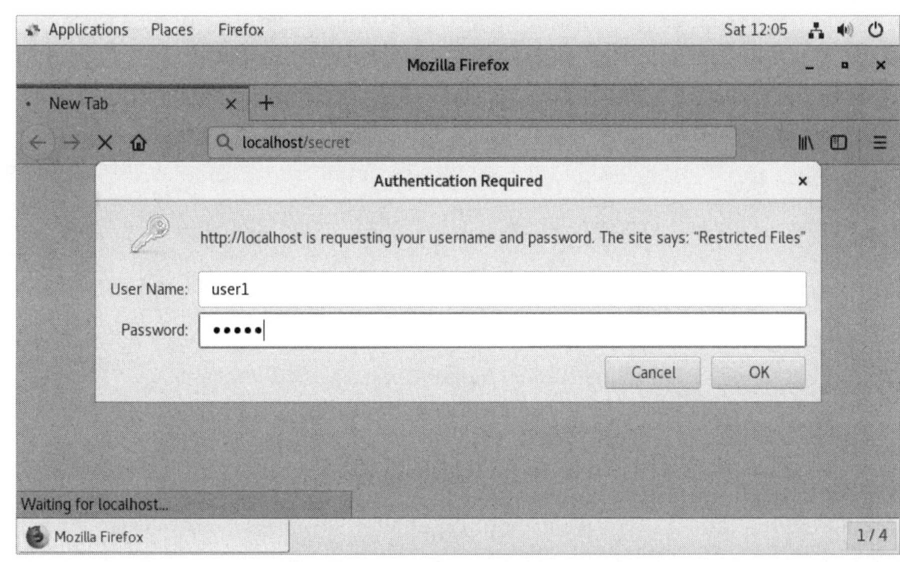

图 10.3　在浏览器输入用户名和密码

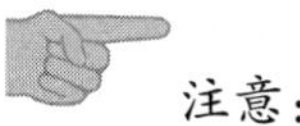

注意：

虽然这种方法能实现只有通过认证的用户才能浏览网页，但是认证的过程和网页的内容都是在网络上明文传输的，容易导致信息泄露。我们可以使用 SSL 加密连接来解决此问题。

10.3.4　虚拟主机配置

通常为了节省资源，我们会在一台主机上部署多个站点，但又希望各个站点相互独立、互不影响，并且对用户透明，这时在 Apache 服务器上配置“虚拟主机”能很好地解决我们的问题。虚拟主机可以实现在一台服务器上同时运行多个站点（例如 company1.example.com 和 company2.example.com），并且这些站点运行在同一物理服务器上的事实不会透露给最终用户。

虚拟主机的实现方式有以下 3 种：

- 基于 IP 地址的虚拟主机，即需要为每个站点指定一个不同的 IP 地址。
- 基于域名的虚拟主机，即每个域名对应一个站点（IP 地址相同，端口相同）。
- 基于端口的虚拟主机，即每个端口对应一个站点（IP 地址或域名相同）。

由上面的 3 种实现方式可以看出，基于 IP 地址的虚拟主机需要用户记住站点的 IP 地址才能访问，基于端口的虚拟主机需要用户记住站点的端口才能访问，所以我们更常用的方案是基于域名的虚拟主机，基于域名的虚拟主机还可以减少对稀缺 IP 地址的需求。因此，除非用户有明确要求（需要部署基于 IP 地址的虚拟主机或基于端口的虚拟主机），否则用户应该使用基于域名的虚拟主机。使用基于域名的虚拟主机的原理是客户端将指定域名作为 HTTP 请求头中 host 属性的值，然后将域名解析到对应的 IP 地址，Apache 服务器会识别不同的主机名并返回对应的 VirtualHost 指令对应的站点。因此用户只需要配置 DNS 服务器以将每个域名映射到正确的 IP 地址。基于此，本节只讲解基于域名的虚拟主机的配置。

1. 修改 hosts 文件进行域名解析

为了方便演示，我们使用的两个域名分别是 company1.example.com 和 company2.example.com，并通过 hosts 文件来进行域名解析（如果有合法域名，则需要通过域名提供商添加解析条目）。首先，获取服务器 IP 地址，并在 hosts 文件中添加两条记录，命令如下：

```
// 获取服务器 IP 地址
[root@kangvcar ~]# ip addr | grep 'state UP' -A2 | tail -n1 | awk '{print $2}' | cut -f1   -d'/'
192.168.100.100
// 在 hosts 文件中添加两条记录
[root@kangvcar ~]# sed -i '$a 192.168.100.100 company1.example.com' /etc/hosts
[root@kangvcar ~]# sed -i '$a 192.168.100.100 company2.example.com' /etc/hosts
```

2. 创建两个域名对应的 Web 站点

```
[root@kangvcar ~]# mkdir -p /var/www/html/company{1,2}
[root@kangvcar ~]# echo "<h1>This is company1 Page</h1>" > /var/www/html/company1 /index.html
[root@kangvcar ~]# echo "<h1>This is company2 Page</h1>" > /var/www/html/company2 /index.html
```

3. 配置基于域名的虚拟主机

在 Web 页面创建完成后，需要配置虚拟主机，使得两个域名映射到不同的目录中，在/usr/share/doc/httpd-2.4.6/目录下有虚拟主机的配置模板文件 httpd-vhosts.conf，将模板文件拷贝到/etc/httpd/conf.d/目录下，再对其进行修改，修改的部分如下：

```
[root@kangvcar ~]# cp /usr/share/doc/httpd-2.4.6/httpd-vhosts.conf /etc/httpd/conf.d/
[root@kangvcar ~]# vim /etc/httpd/conf.d/httpd-vhosts.conf
<VirtualHost *:80>
    ServerAdmin admin@example.com
    DocumentRoot "/var/www/html/company1"
    ServerName company1.example.com
    ErrorLog "/var/log/httpd/company1.example.com-error_log"
    CustomLog "/var/log/httpd/company1.example.com-access_log" common
</VirtualHost>
<VirtualHost *:80>
    ServerAdmin admin@example.com
    DocumentRoot "/var/www/html/company2"
    ServerName company2.example.com
    ErrorLog "/var/log/httpd/company2.example.com-error_log"
```

```
    CustomLog "/var/log/httpd/company2.example.com-access_log" common
</VirtualHost>
```

4. 验证配置

重新启动 Apache 服务以使得配置生效，命令如下：

```
[root@kangvcar ~]# systemctl restart httpd
```

然后使用 curl 命令访问不同的域名，会返回不同的站点，命令如下：

```
[root@kangvcar ~]# curl http://company1.example.com
<h1>This is company1 Page</h1>
[root@kangvcar ~]# curl http://company2.example.com
<h1>This is company2 Page</h1>
```

需要注意的是，我们必须配置防火墙开放 TCP 协议的 80 端口。

5. 虚拟主机的更多配置

以上过程简单地实现了基于域名的虚拟主机配置，在此基础上还可以增加目录属性和权限控制等，命令如下：

```
// company1.example.com 站点实现了基本认证访问
<VirtualHost *:80>
    ServerAdmin admin@example.com
    DocumentRoot "/var/www/html/company1"
    ServerName company1.example.com
    ErrorLog "/var/log/httpd/company1.example.com-error_log"
    CustomLog "/var/log/httpd/company1.example.com-access_log" common
    <Directory "/var/www/html/company1">
        AuthType Basic
        AuthName "Restricted Files"
        AuthBasicProvider file
        AuthUserFile "/etc/httpd/passwd/passwords"
        Require valid-user
    </Directory>
</VirtualHost>
// company2.example.com 站点实现了目录权限控制
<VirtualHost *:80>
    ServerAdmin admin@example.com
    DocumentRoot "/var/www/html/company2"
    ServerName company2.example.com
    ErrorLog "/var/log/httpd/company2.example.com-error_log"
    CustomLog "/var/log/httpd/company2.example.com-access_log" common
    <Directory "/var/www/html/company2">
        AllowOverride None
        Options None
```

```
        Require all denied
    </Directory>
```

10.3.5 配置支持 PHP

静态网站能展示的内容有限，且每个页面均需建立页面文件，修改更新难度高，已经无法满足我们的需求。现代的网站基本上都是动态的，而目前非常流行和成熟的编程语言就是 PHP，比如我们经常使用的 WordPress 就是使用 PHP 编写的。所以本节就来配置 Apache 服务器以支持 PHP。

1. 安装额外 Yum 源

由于 CentOS 7 默认的 Yum 源提供的 PHP 版本比较老（PHP 5.4），为了安装较新的 PHP 版本（PHP 7.2），需要安装额外的 Yum 源，命令如下：

```
[root@kangvcar ~]# rpm -Uvh https://dl.fedoraproject.org/pub/epel/epel-release-latest- 7.noarch.rpm
[root@kangvcar ~]# rpm -Uvh https://mirror.webtatic.com/yum/el7/webtatic-release.rpm
```

2. 安装 PHP 7.2 和相关组件

安装 PHP 7.2 和一些组件（以下参数非必需，可根据需要安装），命令如下：

```
[root@kangvcar ~]# yum list php72*    // 列出可用组件
[root@kangvcar ~]# yum -y install mod_php72w php72w-bcmath php72w-cli  php72w-common php72w-dba php72w-devel php72w-embedded php72w-fpm php72w-gd php72w-ldap php72w-mbstring  php72w-mysql php72w-opcache php72w-pear php72w-process php72w-snmp php72w-xml php72w-xmlrpc net-snmp net-snmp-devel net-snmp-utils rrdtool
```

3. 验证安装

在 PHP 安装完成后，可以对其进行验证，命令如下：

```
[root@kangvcar ~]# systemctl restart httpd
[root@kangvcar ~]# rm -rf /var/www/html/index.html                    // 删除默认的 index.html 文件
[root@kangvcar ~]# echo '<?php phpinfo(); ?>' > /var/www/html/index.php // 创建新的 PHP 文件
```

需要注意的是，应确保防火墙已经开放 TCP 协议的 80 端口，命令如下：

```
[root@kangvcar ~]# firewall-cmd --permanent --add-port=80/tcp
[root@kangvcar ~]# firewall-cmd --reload
```

现在用户就可以通过浏览器在地址栏中输入“http://localhost”或者“http://<服务器 IP>”进行访问了，如果页面显示了 PHP 相关信息就说明安装成功，如图 10.4 所示。

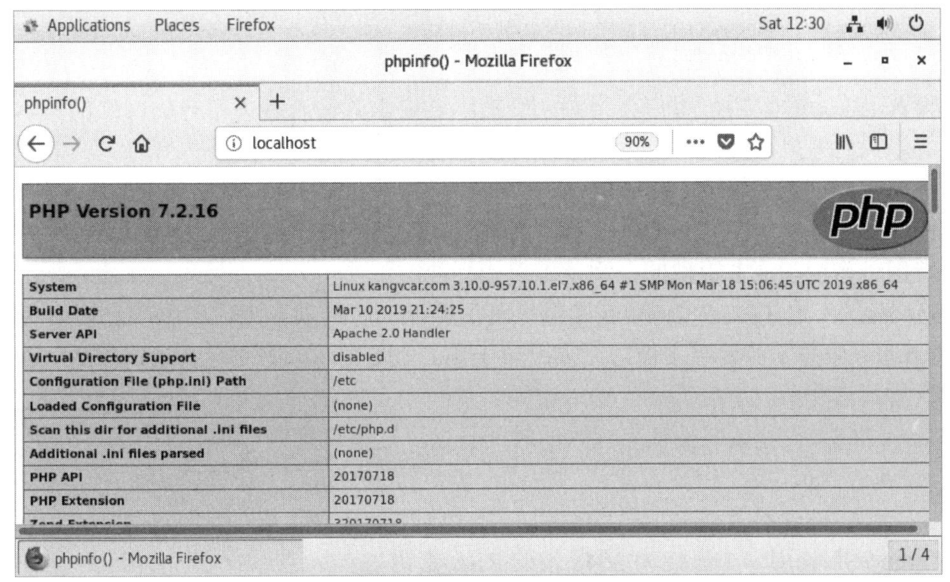

图 10.4　测试 PHP 安装成功

10.3.6　配置 SSL 加密传输

SSL（Secure Socket Layer，安全套接字层）及其后续版本 TLS（Transport Layer Security，传输层安全协议）都是将正常数据封装在受保护的加密包中的 Web 协议。利用这样的技术，服务器端与客户端之间可以发送加密的数据，而不用担心消息被外部拦截和读取。证书系统还可以协助用户验证他们正在连接的站点的身份。

在本节中，读者将了解到如何在 CentOS 7 中配置 Apache Web 服务器的 SSL 自签名证书。利用自签名证书将可以实现服务器与任何客户端之间的加密通信。但是，由于它在 Web 浏览器中并没有被任何受信任的证书颁发机构签名，因此用户无法使用证书自动验证服务器的身份。如果用户没有与其服务器相关联的域名，并且加密的 Web 站点也不是面向用户的，则在这种情况下可能会比较适合使用自签名证书。如果用户拥有独立的域名并有较多需加密访问的数据，则在多数情况下最好使用证书颁发机构签名的证书，如 Let's Encrypt。

1. 安装 mod_ssl 模块

为了设置自签名证书，需要先确认服务器上已经安装了 mod_ssl 模块（一个提供 SSL 加密支持的 Apache 模块），可以使用如下命令安装 mod_ssl 模块：

```
[root@kangvcar ~]# yum -y install mod_ssl
```

该模块会在安装过程中自动启用，并在/etc/httpd/conf.d/目录下生成 ssl.conf 配置文件，在重新启动后，Apache 即可正常使用 mod_ssl 模块提供的功能。同时为 Apache 配置加密功能，需要生成一个 SSL 证书。该证书会存储有关用户站点的一些信息，并附有一个密钥文件，允许服务器安全地处理加密的数据。

2. 创建密钥和自签名证书

首先，使用 openssl 命令来创建 SSL 加密私钥和签名证书文件，命令如下：

```
[root@kangvcar ~]# openssl req -x509 -nodes -days 365 -newkey rsa:2048 -keyout /etc/pki/tls/private/server.key -out /etc/pki/tls/certs/server.crt
```

在输入上面命令以后，用户会得到一个提示，要求其输入有关用户的网站的基本信息。在此之前，我们先来了解一下上述命令的内容。

- openssl：创建和管理 OpenSSL 证书、密钥和其他文件的基本命令行工具。
- req -x509：指定使用 X.509 证书签名请求（CSR）进行管理。X.509 是 SSL 和 TLS 坚持用于密钥和证书管理的公钥基础架构标准。
- -nodes：指定 OpenSSL 跳过使用密码保护证书的选项。当服务器启动时，需要使用 Apache 服务才能读取文件，无须用户干预。但是密码会阻止这种情况发生，因为在每次重新启动后，用户都必须输入密码。
- -days 365：设置证书被认为有效的时间长度。这里设置为一年。
- -newkey rsa:2048：指定需要同时生成一个新的证书和一个新的密钥。由于我们没有在上一步中创建签署证书所需的密钥，因此此时需要与证书一起创建。“rsa:2048”指定 Open SSL 使用一个长度为 2048 位的 RSA 密钥。
- -keyout：指定 OpenSSL 放置正在创建的私钥文件的位置。
- -out：指定 OpenSSL 放置正在创建的证书的位置。

根据实际情况填写提示列表，其中最重要的一行是 Common Name，用户需要在此输入与服务器关联的域名。如果用户没有域名，则可以输入公网 IP 地址。

完整的提示列表如下：

```
Country Name (2 letter code) [XX]:CN
State or Province Name (full name) []:Guangdong
Locality Name (eg, city) [Default City]:Guangzhou
Organization Name (eg, company) [Default Company Ltd]:jidian
Organizational Unit Name (eg, section) []:Linux Dept
Common Name (eg, your name or your server's hostname) []:example.com
Email Address []:admin@example.com
```

3. 修改 Apache 文件以支持 SSL

创建的密钥和证书文件会被分别放置在/etc/pki/tls/private/和/etc/pki/tls/certs/目录下。现在我们拥有了 SSL 需要的密钥和证书，接下来就需要编辑 Apache 的 SSL 配置文件/etc/httpd/conf.d/ssl.conf，指定密钥和证书文件的位置，修改的内容如下：

```
[root@kangvcar ~]# vim /etc/httpd/conf.d/ssl.conf
<VirtualHost _default_:443>
...
SSLCertificateFile /etc/pki/tls/certs/server.crt
...
SSLCertificateKeyFile /etc/pki/tls/private/server.key
...
</VirtualHost>
```

在完成这些更改后，可以保存并关闭文件。至此，主站点的 SSL 配置已经完成，重新启动 Apache 服务以使得配置生效，命令如下：

```
[root@kangvcar ~]# systemctl restart httpd
```

4. 配置防火墙

需要注意的是，应确保防火墙已经开放 TCP 协议的 80 端口和 443 端口，命令如下：

```
[root@kangvcar ~]# firewall-cmd --permanent --add-port=80/tcp
[root@kangvcar ~]# firewall-cmd --permanent --add-port=443/tcp
[root@kangvcar ~]# firewall-cmd --reload
```

现在用户在浏览器地址栏里输入“https://localhost”或者“https://<服务器 IP>”，即可使用 HTTPS 加密传输协议访问网站，如图 10.5 所示。

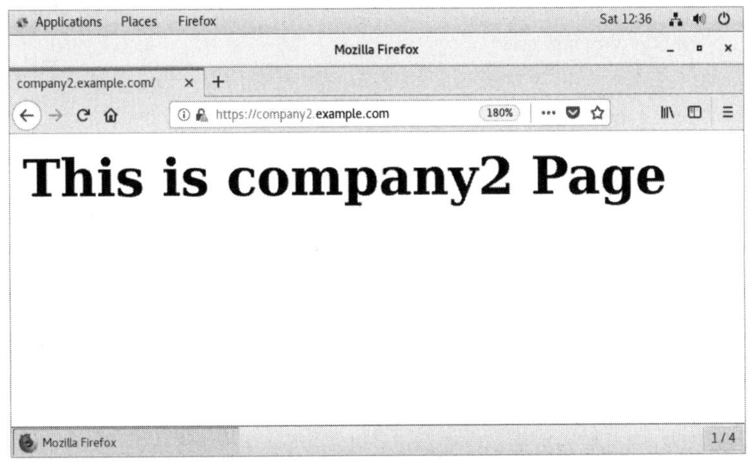

图 10.5 使用 HTTPS 加密传输协议访问网站

5. 配置虚拟主机以支持 SSL

如果需要虚拟主机也使用 SSL 加密，则只需要在虚拟主机指令块中添加 SSL 配置，命令如下：

```
[root@kangvcar ~]# vim /etc/httpd/conf.d/httpd-vhosts.conf
// 把 80 端口修改为 443 端口
<VirtualHost *:443>
    SSLEngine on
    SSLCertificateFile /etc/pki/tls/certs/server.crt            // 指定证书位置
    SSLCertificateKeyFile /etc/pki/tls/private/server.key       // 指定密钥位置
    ServerAdmin admin@example.com
    DocumentRoot "/var/www/html/company2"
    ServerName company2.example.com
    ErrorLog "/var/log/httpd/company2.example.com-error_log"
    CustomLog "/var/log/httpd/company2.example.com-access_log" common
    <Directory "/var/www/html/company2">
        AllowOverride None
        Options None
        Require all granted
```

```
    </Directory>
</VirtualHost>
```

6. 配置 HTTPS 重定向

现在，我们的站点不再提供 HTTP 协议访问支持，所以当用户在浏览器地址栏里输入“http://localhost”或者“http://<服务器 IP>”时已经无法访问，为了保证更好的安全性，建议在大多数情况下自动将 HTTP 重定向到加密的 HTTPS。本例将 http://company2.example.com 重定向到 https://company2.example.com，并在/etc/httpd/conf.d 目录下新建一个配置文件 non-ssl.conf，编写一个块以匹配 80 端口上的请求，然后使用 ServerName 指令再次匹配域名或 IP 地址，使用 Redirect 指令来匹配任何请求并将其发送到 SSL VirtualHost，命令如下：

```
[root@kangvcar conf.d]# vim non-ssl.conf
<VirtualHost *:80>
        ServerName company2.example.com
        Redirect "/" "https://company2.example.com/"
</VirtualHost>
```

至此，SSL 配置已完成，重新启动 Apache 服务以使得配置生效，命令如下：

```
[root@kangvcar ~]# systemctl restart httpd
```

现在用户在浏览器地址栏里输入“http://company2.example.com”，会自动跳转到“https://company2.example.com”。

7. 注意事项

浏览器可能会警告用户该网站的安全证书不受信任。这是因为该网站的证书未由浏览器信任的证书颁发机构签名，浏览器无法验证用户尝试连接到的服务器的身份。因为我们创建的是一个自签名证书，而不是一个受信任的证书颁发机构签署的证书，所以出现这种情况这是完全正常的。如果用户计划在公共网站上使用 SSL，则用户应该从受信任的证书颁发机构购买 SSL 证书。

10.3.7 日志文件详解

日志本身是没有价值的，只有对日志进行分析并加以利用时才会有价值，日志中包含非常多的有用的信息，不仅涉及运维层面，还涉及业务层面、安全层面等。很多时候运维需要的是一个统一的告警平台，但绝大多数告警的依据是对日志等进行自动化分析所得出的结论，所以日志是很重要的，本节将介绍 Apache 相关的日志文件。

当我们使用 Yum 安装并启动 Apache 后，Apache 会自动生成两个日志文件，即位于/var/log/httpd/目录下的 access_log 文件和 error_log 文件；如果使用源码编译安装 Apache，则日志文件位于安装目录下的 logs 子目录/usr/local/apache2/logs 中。

1. 关于日志的指令

- LogFormat 指令：定义格式并为格式指定一个名字，用于给 CustomLog 指令和 ErrorLog 指令直接引用格式的名字。

- CustomLog 指令：设置访问日志文件的存放位置，并指明日志文件所用的格式。
- ErrorLog 指令：设置错误日志文件的存放位置，并指明日志文件所用的格式。
- LogLevel 指令：设置日志文件记录信息的级别，可以选择 debug、info、notice、warn、error、crit、alert、emerg，默认为 warn。

2. Apache 访问日志格式

服务器访问日志记录服务器处理的所有请求。访问日志的位置和内容由 CustomLog 指令控制。典型的访问日志消息如下：

```
192.168.100.1 - - [26/Apr/2019:18:52:29 +0800] "GET / HTTP/1.1" 200 14 "-" "Mozilla/5.0 (Windows NT 10.0; Win64; x64) AppleWebKit/537.36 (KHTML, like Gecko) Chrome/74.0.3729.108 Safari/537.36"
```

- 第 1 项是发出请求的客户端 IP 地址，此处的 IP 地址为 192.168.100.1。
- 第 2 项是访问用户的 E-mail 地址，此处没有提供，第 2 项就用“-”代替。
- 第 3 项是浏览者进行身份验证时提供的用户名，此处没有提供，第 3 项就用“-”代替。
- 第 4 项是[请求时间]，用方括号包围，表示请求的时间，+0800 表示时区。
- 第 5 项是“方法/资源/协议”，方法通常有 GET/POST/HEAD/PUT/DELETE；资源表示所请求的服务器资源地址；协议表示使用的 HTTP 协议版本。
- 第 6 项是请求的状态，通常有 200/304/404，这里是 200。
- 第 7 项是表示本次请求发送的字节数，这里的字节数是 14。
- 第 8 项是表示本次请求的来源，即从哪里跳转到该页面，此处没有提供，第 8 项就用“-”代替。
- 第 9 项是标识客户端使用的浏览器。

3. Apache 错误日志格式

错误日志的格式由 ErrorLogFormat 指令定义，用户可以使用该指令自定义记录的值，格式参照下文“Apache 日志格式的定制”。如果未指定默认格式，则采用配置文件中的默认格式。典型的错误日志消息如下：

```
[Sat Apr 27 10:48:14.969523 2019] [authz_core:error] [pid 13138] [client 192.168.100.100: 50096] AH01630: client denied by server configuration: /var/www/html/company2/
```

- 第 1 项是错误发生的日期和时间。
- 第 2 项是生成消息的模块（在本例中为 authz_core），以及该消息的严重性级别。
- 第 3 项是发生错误的进程 ID 或线程 ID。
- 第 4 项是发出请求的客户端 IP 地址。
- 第 5 项是详细的错误消息。

4. Apache 日志格式的定制

参考/etc/httpd/conf/httpd.conf 默认配置文件中的默认日志格式来定制新的日志格式，默认日志格式如下：

```
LogFormat "%h %l %u %t \"%r\" %>s %b \"%{Referer}i\" \"%{User-Agent}i\"" combined
LogFormat "%h %l %u %t \"%r\" %>s %b" common
LogFormat "%h %l %u %t \"%r\" %>s %b \"%{Referer}i\" \"%{User-Agent}i\" %I %O" combinedio
```

Apache 官方文档已经给出了所有可用于格式串的变量及其含义，具体如下所述。

- %a：请求的客户端 IP 地址。
- %A：本地 IP 地址。
- %B：已发送的字节数，不包含 HTTP 标头。
- %b：响应大小（以字节为单位），不包含 HTTP 标头。在 CLF 格式中，即在没有发送字节时为“-”而不是 0。
- %{VARNAME}e：环境变量 VARNAME 的内容。
- %f：文件名。
- %h：远程主机名。
- %H：请求协议。
- %{VARNAME}i：VARNAME 的内容，发送给服务器的请求的 HTTP 标头。
- %k：此连接上处理的 keepalive 请求数。
- %l：远程登录名（来自 identd，如果提供的话）。
- %m：请求方法。
- %{VARNAME}n：来自另外一个模块的注解 VARNAME 的内容。
- %{VARNAME}o：应答的 HTTP 标头中 VARNAME 的内容。
- %p：服务器响应请求时使用的端口。
- %P：响应请求的子进程 ID。
- %q：查询字符串（如果查询字符串存在，则前缀为“?”，否则为空字符串）。
- %r：请求的第 1 行。
- %s：状态。对于已内部重定向的请求，这是原始请求的状态。通常使用“%>s”作为最终状态。
- %t：收到请求的时间，格式为[18/Sep/2011:19:18:28 -0400]。最后一个数字表示 GMT（格林尼治时间）。
- %{format}t：以指定格式 format 表示的时间。
- %T：以秒为单位响应请求所需的时间。
- %u：如果请求已通过身份验证，则为远程用户。如果返回状态“%s”为 401（未经授权），则可能是伪造的。
- %U：请求的 URL 路径，不包括任何查询字符串。
- %v：响应请求的服务器的 ServerName。
- %V：依照 UseCanonicalName 设置得到的服务器名称。
- %I：收到的字节数，包括请求和标头，不能为零。用户需要启用 mod_logio 才能使用它。
- %O：已发送的字节数，包括标头。在极少数情况下可能为零，例如在发送响应之前请求被中止。用户需要启用 mod_logio 才能使用它。
- %S：传输的字节数（已接收和已发送），包括请求和标头，不能为零。这是“%I”和“%O”的组合。用户需要启用 mod_logio 才能使用它。

5. 分析 Web 日志脚本

查看 Apache 进程，命令如下：

```
ps aux | grep httpd | grep -v grep | wc -l
```

查看 80 端口的 TCP 连接，命令如下：

```
netstat -tan | grep "ESTABLISHED" | grep ":80" | wc -l
```

查看日志中访问次数最多的前 10 个 IP 地址，命令如下：

```
awk '{print $1}' access_log | sort | uniq -c | sort -nr | head -n 10
```

查看最近访问量最高的文件，命令如下：

```
cat access_log | grep '2019' | awk '{print $7}'| sort | uniq -c | sort -nr | head -200
```

列出传输时间超过 30 秒的文件，命令如下：

```
cat access_log | awk '($NF> 30){print $7}' | sort -n | uniq -c | sort -nr |head -20
```

统计网站流量（单位为 GB），命令如下：

```
cat access_log | awk '{sum+=$10} END {print sum/1024/1024/1024}'
```

统计 404 的连接，命令如下：

```
awk '($9 ~/404/)' access_log | awk '{print $9,$7}' | sort
```

查看 Apache 的并发请求数及其 TCP 连接状态，命令如下：

```
netstat -n | awk '/^tcp/ {++S[$NF]} END {for(a in S) print a, S[a]}'
```

查看当天有多少个 IP 地址访问，命令如下：

```
cat access_log | awk '{print $1}' |sort|uniq|wc -l
```

将每个 IP 地址访问的页面数进行从大到小的排序并显示前 10 名，命令如下：

```
cat access_log| awk '{++S[$1]} END {for (a in S) print S[a],a}'   | sort -rn | head -10
```

查看某一个 IP 地址访问了哪些页面，命令如下：

```
cat access_log | grep ^192.168.100.1 | awk '{print $1,$7}'
```

10.4 任务实战

10.4.1 任务描述

本任务将在 CentOS 7 上使用 Yum 安装 Apache 2.4.6 服务，并配置 3 个基于域名的虚拟主机（域名分别为 company1.example.com、company2.example.com 和 company3.example.com），然后分别实现如下功能：

- 配置 company1.example.com 站点以使用基本身份认证。

- 配置 company2.example.com 站点以支持 PHP。
- 配置 company3.example.com 站点以使用 SSL 安全传输，并配置 HTTPS 重定向。

10.4.2 任务实施

1. 使用 Yum 安装 Apache 并配置防火墙

```
// 备份原来的 Yum 源配置文件
[root@kangvcar ~]# mv /etc/yum.repos.d/CentOS-Base.repo /etc/yum.repos.d/CentOS- Base. repo.backup
// 下载国内阿里云的 Yum 源
[root@kangvcar ~]# wget -O /etc/yum.repos.d/CentOS-Base.repo http://mirrors.aliyun.com/ repo/Centos-7.repo
// 清除缓存
[root@kangvcar ~]# yum clean all
// 安装 Apache
[root@kangvcar ~]# yum -y install httpd
// 设置为开机自启动
[root@kangvcar ~]# systemctl enable httpd
// 启动 Apache 服务
[root@kangvcar ~]# systemctl start httpd
// 修改 SELinux 策略
[root@kangvcar ~]# setenforce  0
// 配置防火墙以允许访问 TCP 协议的 80 端口和 443 端口
[root@kangvcar ~]# firewall-cmd --permanent --add-port=80/tcp
[root@kangvcar ~]# firewall-cmd --permanent --add-port=443/tcp
[root@kangvcar ~]# firewall-cmd --reload
```

2. 配置 hosts 文件以进行域名解析

```
// 获取服务器 IP 地址
[root@kangvcar ~]# ip addr | grep 'state UP' -A2 | tail -n1 | awk '{print $2}' | cut -f1  -d'/'
192.168.100.100
// 在"/etc/hosts"文件中添加 3 条记录
[root@kangvcar ~]# sed -i '$a 192.168.100.100 company1.example.com' /etc/hosts
[root@kangvcar ~]# sed -i '$a 192.168.100.100 company2.example.com' /etc/hosts
[root@kangvcar ~]# sed -i '$a 192.168.100.100 company3.example.com' /etc/hosts
```

3. 分别创建 3 个站点目录

```
[root@kangvcar ~]# mkdir -p /var/www/html/company{1,2,3}
[root@kangvcar ~]# echo "<h1>This is company1 Page</h1>" > /var/www/html/company1/ index.html
[root@kangvcar ~]# echo "<h1>This is company2 Page</h1><?php phpinfo(); ?>" > /var/www/html/company2/index.php
[root@kangvcar ~]# echo "<h1>This is company3 Page and use SSL</h1>" > /var/www/html/company3/index.html
```

4. 配置 company1 站点以使用基本身份认证

```
// 创建存放密码的目录
[root@kangvcar ~]# mkdir -p /etc/httpd/passwd
// 创建密码文件并创建 user1 用户（此用户并非系统用户）
[root@kangvcar ~]# htpasswd -c /etc/httpd/passwd/passwords user1
// 再创建一个 user2 用户
[root@kangvcar ~]# htpasswd /etc/httpd/passwd/passwords user2
// 在配置文件中添加虚拟主机配置
[root@kangvcar ~]# vim /etc/httpd/conf.d/httpd-vhosts.conf
<VirtualHost *:80>
    ServerAdmin admin@example.com
    DocumentRoot "/var/www/html/company1"
    ServerName company1.example.com
    ErrorLog "/var/log/httpd/company1.example.com-error_log"
    CustomLog "/var/log/httpd/company1.example.com-access_log" common
    <Directory "/var/www/html/company1">
        AuthType Basic
        AuthName "Restricted Files"
        AuthBasicProvider file
        AuthUserFile "/etc/httpd/passwd/passwords"
        Require valid-user
    </Directory>
</VirtualHost>
```

重新启动 Apache 服务以使得配置生效，命令如下：

```
[root@kangvcar ~]# systemctl restart httpd
```

在浏览器中验证配置，如图 10.6 所示。

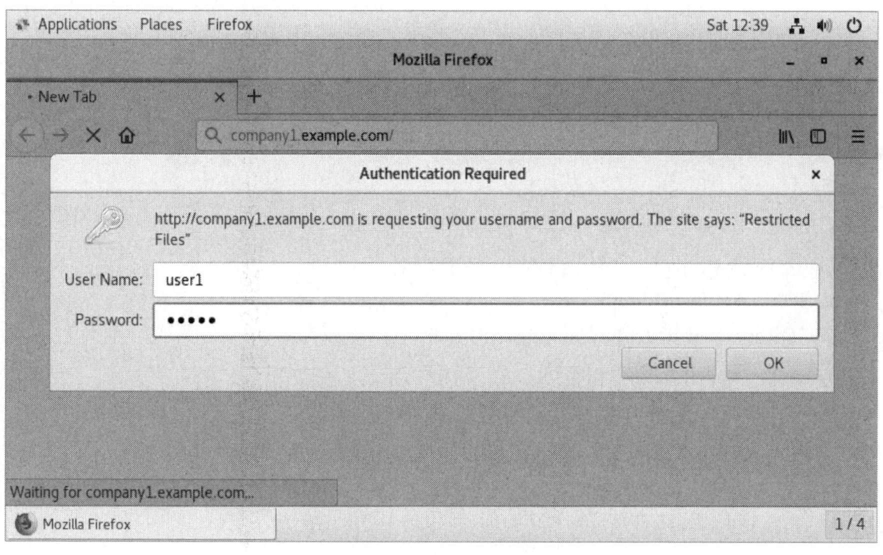

图 10.6 基本身份认证

5. 配置 company2 站点以支持 PHP

```
// 添加 Yum 源
[root@kangvcar ~]# rpm -Uvh https://dl.fedoraproject.org/pub/epel/epel-release-latest- 7.noarch.rpm
[root@kangvcar ~]# rpm -Uvh https://mirror.webtatic.com/yum/el7/webtatic-release.rpm
// 列出 PHP 7.2 版本相关的模块 RPM 包，并根据需要选择安装
[root@kangvcar ~]# yum list php72*
// 安装 PHP 7.2 及相关模块
[root@kangvcar ~]# yum -y install mod_php72w php72w-bcmath php72w-cli php72w-common php72w-dba php72w-devel php72w-embedded php72w-fpm php72w-gd php72w-ldap php72w-mbstring php72w-mysql php72w-opcache php72w-pear php72w-process php72w-snmp php72w-xml php72w-xmlrpc net-snmp net-snmp-devel net-snmp-utils rrdtool
// 在配置文件中添加虚拟主机配置
[root@kangvcar ~]# vim /etc/httpd/conf.d/httpd-vhosts.conf
<VirtualHost *:80>
    ServerAdmin admin@example.com
    DocumentRoot "/var/www/html/company2"
    ServerName company2.example.com
    ErrorLog "/var/log/httpd/company2.example.com-error_log"
    CustomLog "/var/log/httpd/company2.example.com-access_log" common
</VirtualHost>
```

重新启动 Apache 服务以使得配置生效，并在浏览器中验证配置，命令如下：

```
[root@kangvcar ~]# systemctl restart httpd
```

6. 配置 company3 站点以使用 SSL

```
// 安装提供 SSL 加密支持的 Apache 模块 mod_ssl
[root@kangvcar ~]# yum -y install mod_ssl
// 生成私钥和自签名证书
[root@kangvcar ~]# openssl req -x509 -nodes -days 365 -newkey rsa:2048 -keyout /etc/pki/tls/private/server.key -out /etc/pki/tls/certs/server.crt
// 在配置文件中添加虚拟主机配置
[root@kangvcar ~]# vim /etc/httpd/conf.d/httpd-vhosts.conf
<VirtualHost *:443>
    SSLEngine on
    SSLCertificateFile /etc/pki/tls/certs/server.crt
    SSLCertificateKeyFile /etc/pki/tls/private/server.key
    ServerAdmin admin@example.com
    DocumentRoot "/var/www/html/company3"
    ServerName company3.example.com
    ErrorLog "/var/log/httpd/company3.example.com-error_log"
    CustomLog "/var/log/httpd/company3.example.com-access_log" common
</VirtualHost>
// 配置 HTTP 重定向到 HTTPS
<VirtualHost *:80>
```

```
        ServerName company3.example.com
        Redirect "/" "https://company3.example.com/"
</VirtualHost>
```

重新启动 Apache 服务以使得配置生效，命令如下：

```
[root@kangvcar ~]# systemctl restart httpd
```

在浏览器中验证配置，如图 10.7 所示。

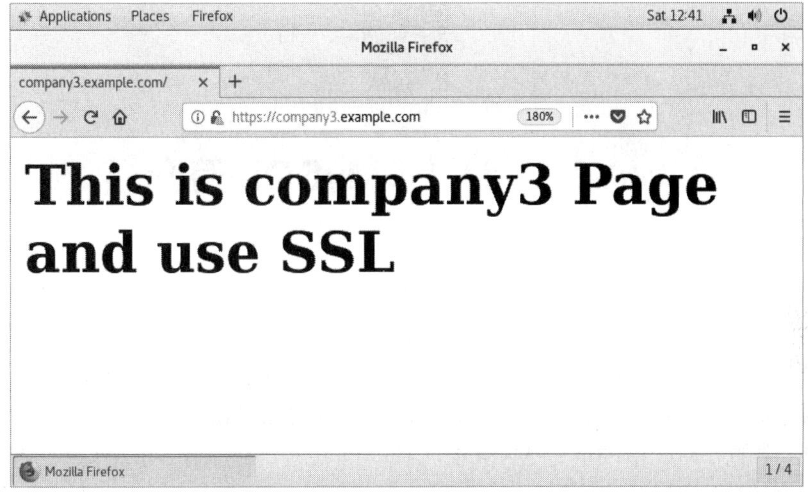

图 10.7　成功访问 SSL 认证站点

第 11 章　MySQL 服务器配置

扫一扫，
获取微课

11.1　MySQL 简介

MySQL 是一个关系型数据库管理系统，由瑞典 MySQL AB 公司开发，目前属于 Oracle 公司旗下的产品。由于 MySQL 性能高、成本低、可靠性好，已经成为目前非常流行的开源数据库，因此 MySQL 被广泛地应用在中小型网站中。随着 MySQL 的不断发展，它逐渐被用于更多大型集群网站和应用中，比如维基百科、Google 和 Facebook 等网站。非常流行的开源软件组合 LAMP 中的“M”指的就是 MySQL。

MySQL 的特性如下：

- 使用 C 语言和 C++语言编写，并使用了多种编译器进行测试，保证源代码的可移植性。
- 支持 AIX、BSDi、FreeBSD、HP-UX、Linux、mac OS、Novell NetWare、NetBSD、OpenBSD、OS/2 Wrap、Solaris、Windows 等多种操作系统。
- 为多种编程语言提供了 API。这些编程语言包括 C、C++、C#、VB.NET、Delphi、Eiffel、Java、Perl、PHP、Python、Ruby 和 Tcl 等。
- 支持多线程，充分利用 CPU 资源，支持多用户。
- 优化的 SQL 查询算法，可以有效地提高查询速度。
- 既能够作为一个单独的应用程序在客户端/服务器网络环境中运行，也能够作为一个程序库而嵌入其他软件中。
- 提供多语言支持，常见的编码如中文的 GB2312、BIG5，日文的 Shift_JIS 等，都可以用作数据表名和数据列名。
- 提供 TCP/IP、ODBC 和 JDBC 等多种数据库连接途径。
- 提供用于管理、检查、优化数据库操作的管理工具。
- 可以处理拥有上千万条记录的大型数据库。

11.2 MySQL 的安装与运行

1. 添加 MySQL 5.7 Yum 源

CentOS 7 默认配置下不再提供 MySQL 软件包，取而代之的是 MySQL 的分支——MariaDB。所以为了安装 MySQL，需要添加一个 Yum 源，MySQL 官方提供了一个 RPM 软件包来创建 Yum 源，可以执行如下命令进行安装：

```
[root@kangvcar ~]# rpm -ivh https://dev.mysql.com/get/mysql57-community-release-el7-11.noarch.rpm
```

2. 启用仓库

在 MySQL 5.7 Yum 源安装完成后，会在/etc/yum.repos.d/目录下生成两个文件，即 mysql-community.repo 文件和 mysql-community-source.repo 文件，我们主要查看 mysql-community.repo 文件中的配置，在该文件中默认包含几个版本（如 mysql55-community、mysql56-community、mysql57-community、mysql80-community）以方便我们使用指定版本的 MySQL。

此处选择安装 MySQL 5.7，我们需要检查 mysql-community.repo 文件以确保 mysql57-community 条目下的 enabled 值设置为 1，命令如下：

```
[root@kangvcar ~]# grep -A5 'mysql57' /etc/yum.repos.d/mysql-community.repo
[mysql57-community]
name=MySQL 5.7 Community Server
baseurl=http://repo.mysql.com/yum/mysql57-community/el/7/$basearch/
enabled=1 ### 将参数的值设置为 1，并将其他版本条目下的 enabled 值设置为 0
gpgcheck=1
gpgkey=file:///etc/pki/rpm-gpg/RPM-GPG-KEY-mysql
```

在 Yum 源配置完成后，可以使用如下命令进行验证：

```
[root@kangvcar ~]# yum clean all          ### 清除 Yum 缓存
[root@kangvcar ~]# yum repolist           ### 检查 Yum 源是否正常
```

3. 安装 mysql-server

```
[root@kangvcar ~]# yum -y install mysql-server
```

在执行该命令后，会安装 mysql-server（服务器端软件）和 mysql-client（客户端软件）。

4. 启动 MySQL 服务

```
[root@kangvcar ~]# systemctl start mysqld   ### 启动 MySQL 服务器
[root@kangvcar ~]# systemctl enable mysqld ### 设置 MySQL 服务开机自启动
[root@kangvcar ~]# systemctl status mysqld ### 查看 MySQL 服务的状态
● mysqld.service - MySQL Server
   Loaded: loaded (/usr/lib/systemd/system/mysqld.service; enabled; vendor preset: disabled)
   Active: active (running) since Sat 2019-05-18 12:01:37 CST; 23s ago
     Docs: man:mysqld(8)
```

```
            http://dev.mysql.com/doc/refman/en/using-systemd.html
  Main PID: 60293 (mysqld)
    CGroup: /system.slice/mysqld.service
            └─60293 /usr/sbin/mysqld --daemonize --pid-file=/var/run/mysqld/mysqld.pid

May 18 12:01:32 kangvcar.com systemd[1]: Starting MySQL Server...
May 18 12:01:37 kangvcar.com systemd[1]: Started MySQL Server.
```

5. 登录 MySQL

由于 MySQL 5.7 默认安装了密码安全检查插件 validate_password，默认密码检查策略要求密码必须包含大写字母、小写字母、数字和特殊符号，并且长度不能少于 8 位。在安装完成并启动 MySQL 服务后，会生成一个临时密码（用于登录），登录后要求必须重设密码。

临时密码需要在 MySQL 日志文件中查找，命令如下：

```
[root@kangvcar ~]# grep 'temporary password' /var/log/mysqld.log
2019-05-18T04:01:34.409575Z 1 [Note] A temporary password is generated for root@localhost: blek&ue:t7aO
```

可以看到临时密码为“blek&ue:t7aO”，然后使用该密码登录 MySQL 并修改密码，命令如下：

```
[root@kangvcar ~]# mysql -uroot -p
Enter password:        ### 输入临时密码 blek&ue:t7aO，然后按 Enter 键
Welcome to the MySQL monitor.  Commands end with ; or \g.
Your MySQL connection id is 4
Server version: 5.7.26

Copyright (c) 2000, 2019, Oracle and/or its affiliates. All rights reserved.

Oracle is a registered trademark of Oracle Corporation and/or its
affiliates. Other names may be trademarks of their respective
owners.

Type 'help;' or '\h' for help. Type '\c' to clear the current input statement.
### 指定进行任何操作时都会提示先修改密码
mysql> show databases;
ERROR 1820 (HY000): You must reset your password using ALTER USER statement before executing this statement.
### 修改密码
mysql> ALTER USER 'root'@'localhost' IDENTIFIED BY 'Redhat@@22';
Query OK, 0 rows affected (0.00 sec)
### 更新权限表
mysql> flush privileges;
Query OK, 0 rows affected (0.00 sec)
```

至此，MySQL 已经安装完成并启动。

11.3 MySQL 的配置与优化

11.3.1 MySQL 安装后的初始化配置

在 MySQL 安装完成后，就可以在 MySQL 软件包提供的交互式脚本文件 mysql_secure_installation 中进行初始化配置并加固服务器，在命令行直接键入“mysql_secure_installation”，即可执行脚本文件，命令如下：

```
[root@kangvcar ~]# mysql_secure_installation

Securing the MySQL server deployment.

Enter password for user root:        ### 键入 root 密码（如未设置 root 密码则键入临时密码）
The 'validate_password' plugin is installed on the server.
The subsequent steps will run with the existing configuration
of the plugin.
Using existing password for root.

Estimated strength of the password: 100
Change the password for root ? ((Press y|Y for Yes, any other key for No) : y      ### 是否修改 root 密码

New password:                  ### 键入新密码

Re-enter new password:       ### 再次键入新密码

Estimated strength of the password: 100
Do you wish to continue with the password provided?(Press y|Y for Yes, any other key for No) : y
By default, a MySQL installation has an anonymous user,
allowing anyone to log into MySQL without having to have
a user account created for them. This is intended only for
testing, and to make the installation go a bit smoother.
You should remove them before moving into a production
environment.
### 是否移除匿名用户
Remove anonymous users? (Press y|Y for Yes, any other key for No) : y
Success.

Normally, root should only be allowed to connect from
'localhost'. This ensures that someone cannot guess at
the root password from the network.
### 是否禁止 root 用户远程登录
```

```
Disallow root login remotely? (Press y|Y for Yes, any other key for No) : y
Success.

By default, MySQL comes with a database named 'test' that
anyone can access. This is also intended only for testing,
and should be removed before moving into a production
environment.

### 是否删除测试数据库
Remove test database and access to it? (Press y|Y for Yes, any other key for No) : y
 - Dropping test database...
Success.

 - Removing privileges on test database...
Success.

Reloading the privilege tables will ensure that all changes
made so far will take effect immediately.
### 是否立即刷新权限表
Reload privilege tables now? (Press y|Y for Yes, any other key for No) : y
Success.

All done!
```

因为在 MySQL 安装完成后，默认只有一个 root 用户并且只允许本地主机登录数据库，但是管理人员不可能随时都在服务器旁边，所以需要添加一个可用于远程登录并进行数据库服务器管理的用户，命令如下：

```
[root@kangvcar ~]# mysql -uroot -pRedhat@@22
...
###创建用户并授予其所有表的所有权限
mysql> GRANT ALL PRIVILEGES ON *.* TO 'admin'@'%' IDENTIFIED BY 'Redhat@@11';
Query OK, 0 rows affected, 1 warning (0.00 sec)

###刷新数据库的权限表，使得上一步的授权操作生效
mysql> FLUSH PRIVILEGES;
Query OK, 0 rows affected (0.00 sec)
```

为了能让远程主机访问服务器上的 MySQL 数据库，还需要修改 MySQL 监听的 IP 地址，在配置文件中的[mysqld]块中添加“bind_address = 0.0.0.0”，“0.0.0.0”表示所有远程主机都能登录 MySQL 服务器（也可以使用指定远程主机的 IP 地址），命令如下：

```
[root@kangvcar ~]# vim /etc/my.cnf
...
[mysqld]
bind_address = 0.0.0.0
```

```
...
[root@kangvcar ~]# systemctl restart mysqld
```

配置防火墙开放 TCP 协议的 3306 端口，命令如下：

```
[root@kangvcar ~]# firewall-cmd --permanent --add-port=3306/tcp
success
[root@kangvcar ~]# firewall-cmd --reload
success
```

11.3.2 MySQL 配置调优

MySQL 配置调优非常复杂，对于不同的站点，其用户在线量、访问量、并发请求量、网络拥塞情况，以及机器的硬件配置都各不相同，需求也就不同，所以配置调优是一个循序渐进的过程，需要不断地调试，才有可能得到最佳效果。下面给出 MySQL 配置文件 my.cnf 的示例说明，我们可以根据需要进行配置调优，命令如下：

```
[client]
## 设置客户端字符集
default-character-set = utf8

[mysql]
## 开启按 Tab 键自动补全功能
auto-rehash
default-character-set = utf8

[mysqld]
## 指定监听端口
port = 3306
## 指定安装目录
basedir = /etc/
## 指定数据库文件目录
datadir = /var/lib/mysql
## 为 MySQL 客户程序与服务器之间的本地通信指定一个套接字文件
socket = /var/lib/mysql/mysql.sock
## 是否支持符号链接，即数据库或表可以存储在 my.cnf 文件中指定 datadir 之外的分区或目录中，为 0
时表示不开启
symbolic-links = 0
## 指定错误日志文件
log-error = /var/log/mysqld.log
## 指定 PID 文件
pid-file = /var/run/mysqld/mysqld.pid
## 字符集配置
character-set-server = utf8
```

```
collation-server = utf8_unicode_ci
init_connect='SET NAMES utf8'

########Basic Settings########
## 为 MySQL 的服务器分配 ID，在启用主/从结构和集群的时候必须指定，每个节点必须不同
server-id = 10
## MySQL 监听的 IP 地址，如果是 127.0.0.1，则表示仅本机访问
bind_address = 0.0.0.0
## 数据修改是否自动提交，为 0 时不自动提交
autocommit = 1
## 禁用 DNS 主机名解析
skip_name_resolve = 1
## MySQL 最大连接数
max_connections = 800
## 如果某个主机的连接错误的次数等于该值，则该主机会被屏蔽，可有效防止 DoS 攻击
max_connect_errors = 1000
## 设置数据库事务隔离级别
transaction_isolation = READ-COMMITTED
## 设置临时表的最大值
tmp_table_size = 128M
## MySQL 最大能接受的数据包大小
max_allowed_packet = 16M
## 服务器关闭交互式连接前等待活动的秒数
interactive_timeout = 60
## 服务器关闭非交互连接之前等待活动的秒数
wait_timeout = 60
## 读入缓冲区的大小
read_buffer_size = 16M
## 随机读入缓冲区的大小
read_rnd_buffer_size = 32M

########Log Settings########
## 是否开启慢查询日志收集
slow_query_log = 1
## 慢查询日志位置
slow_query_log_file = /var/log/mysql-slow.log
## 是否记录未使用索引的语句
log_queries_not_using_indexes = 1
## 日志自动过期清理天数
expire_logs_days = 90
## 设置记录慢查询超时时间
long_query_time = 1
```

```
########Innodb Settings########
## 默认的数据库引擎
default-storage-engine = InnoDB
innodb-file-per-table =1
group_concat_max_len = 10240
expire_logs_days = 7

########mysqldump Settings########
[mysqldump]
## 开启快速导出
quick
default-character-set = utf8
max_allowed_packet = 256M
```

11.4 MySQL 客户端

11.4.1 图形界面客户端

如果用户需要在服务器上安装 MySQL 服务，那么用户应该如何管理远程数据库主机呢？有些读者可能会想起基于 Web 的数据库管理工具——phpMyAdmin，但是这些基于 Web 的管理工具需要一个正常运行的后端 Web 服务和 PHP 引擎。如果用户的 VPS 仅仅用来提供数据库服务，那么为偶尔进行的数据库管理提供一整套的 LAMP 后端服务是很浪费服务器资源的，并且 LAMP 所打开的 HTTP 端口可能会成为服务器的安全漏洞。鉴于此，用户可以通过在任意一台主机上运行 MySQL 客户端来对远程的 MySQL 服务器进行管理。

MySQL Workbench 是一个跨平台进行数据库设计、开发和管理的图形化工具。作为一个数据库管理员，用户可以使用 Workbench 去配置 MySQL 服务、管理 MySQL 用户、备份与还原数据库、监视数据库的健康状况，所有的操作都在友好的图形化环境下进行。使用如下命令安装 MySQL Workbench：

```
[root@kangvcar ~]# rpm -ivh https://dev.mysql.com/get/mysql57-community-release-el7-11.noarch.rpm
[root@kangvcar ~]# yum -y install epel-release
[root@kangvcar ~]# yum -y install mysql-workbench
```

在安装完成后，可以在命令行键入“mysql-workbench”以打开客户端，或者在桌面菜单栏中选择“Applications”→“Programming”→“MySQL Workbench”命令以打开客户端，如图 11.1 所示。

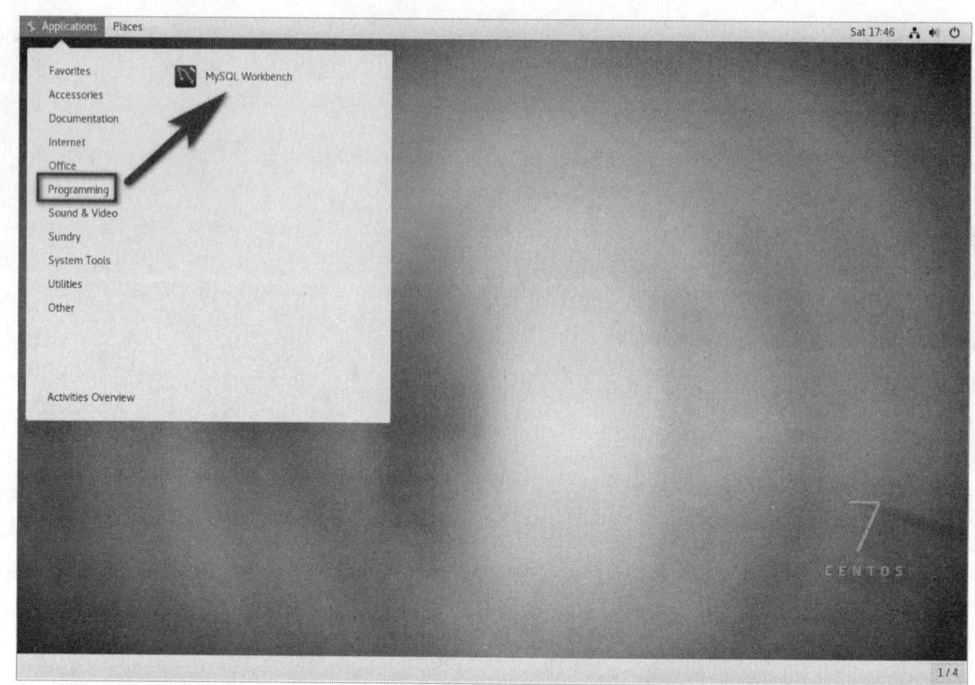

图 11.1　打开 MySQL Workbench

然后，在软件界面菜单栏中选择“Database”→“Connect to Database”命令，建立数据库连接，在“Connect to Database”对话框中填写“Hostname”“Port”“Username”等信息，并单击“OK”按钮，根据提示输入密码，如图 11.2 所示。

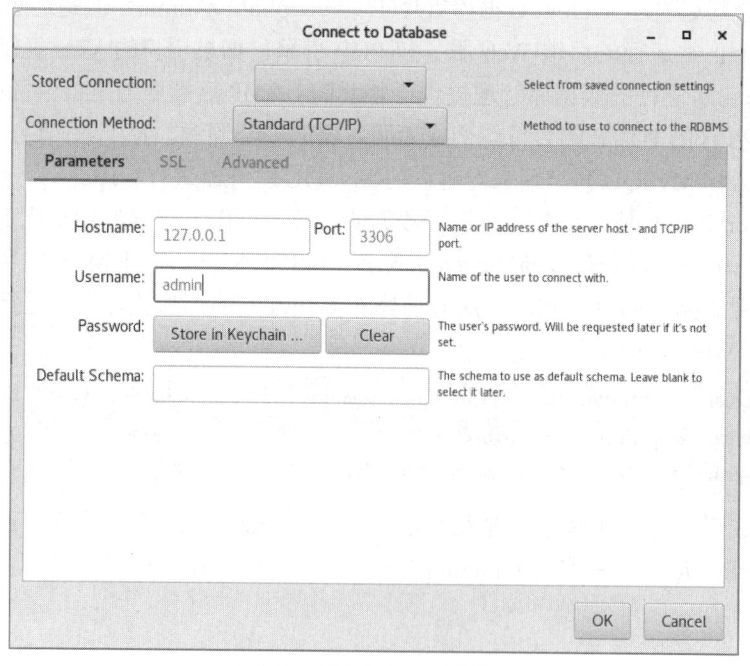

图 11.2　填写数据库连接信息

登录成功后可以看到功能丰富的界面，在这里可以完成大部分操作并直观地展示这些操作。

执行 SQL 语句并查看结果，如图 11.3 所示。

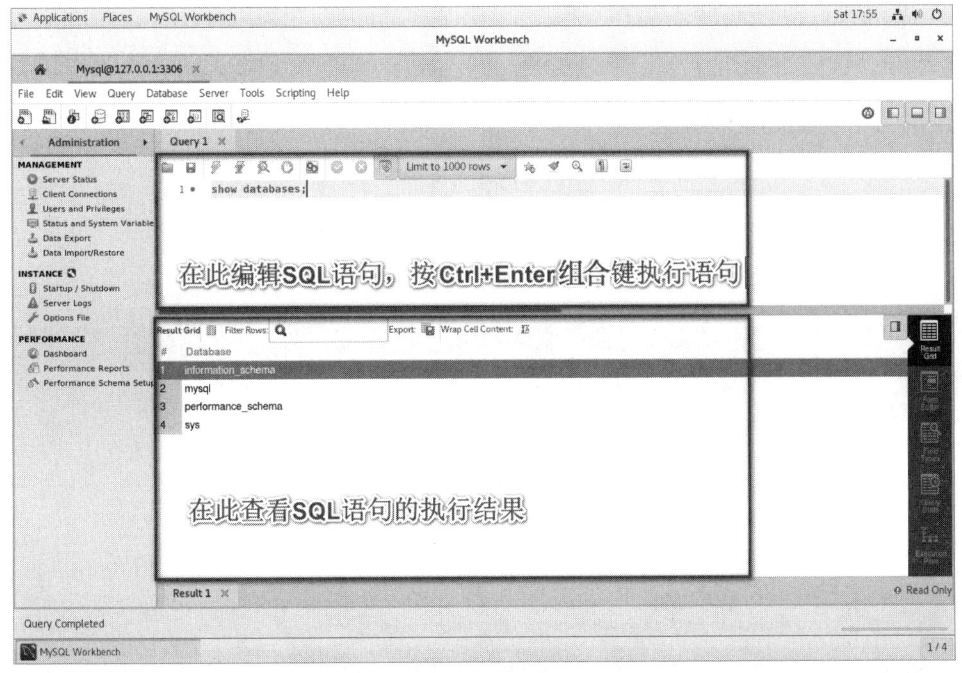

图 11.3　执行 SQL 语句并查看结果

查看数据库服务器的资源使用情况（如流量、连接、读写）的实时监控面板，如图 11.4 所示。

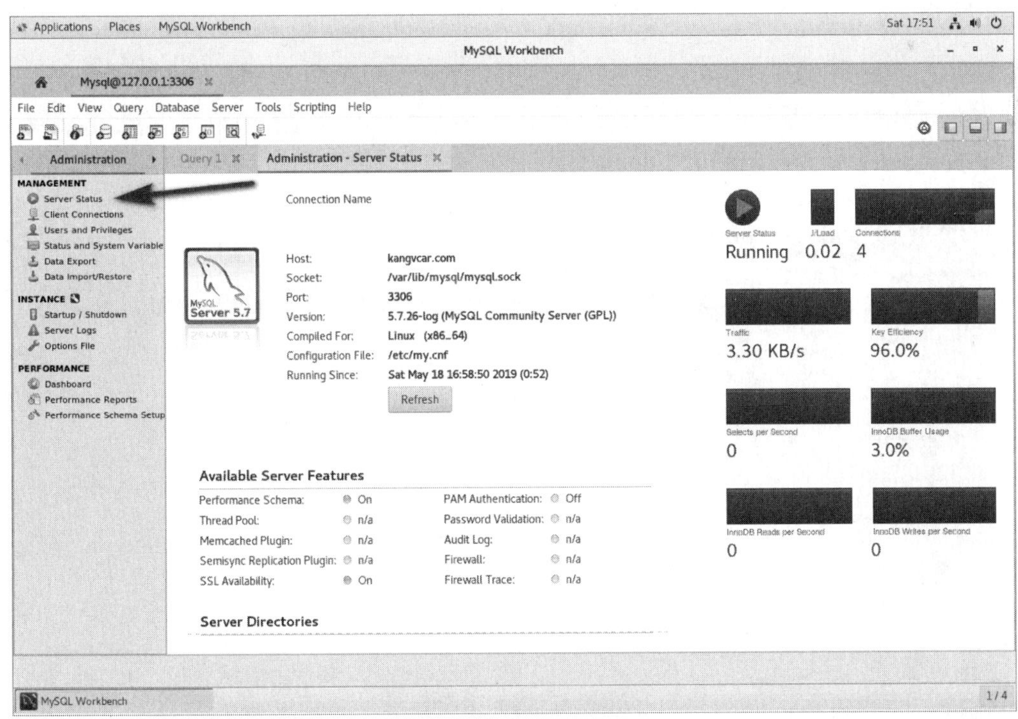

图 11.4　实时监控面板

客户端连接数是一个极其重要的监控资源，实时监控面板可以显示每个连接的详细信息。查看客户端连接情况如图 11.5 所示。

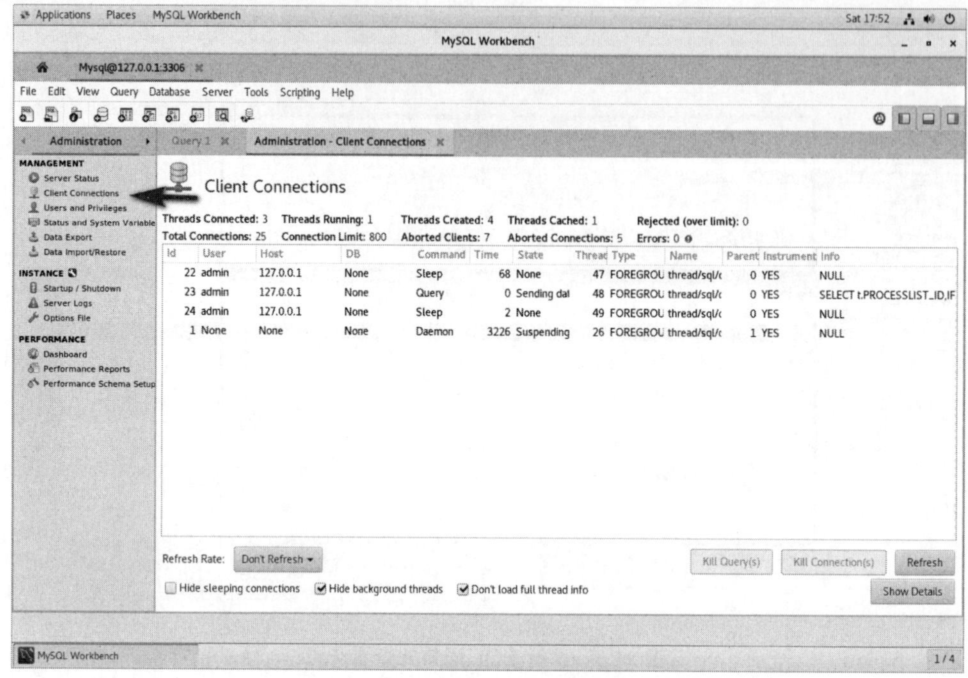

图 11.5　查看客户端连接情况

实时监控面板允许用户管理 MySQL 用户，包括他们的资源限制和权限。查看用户及权限如图 11.6 所示。

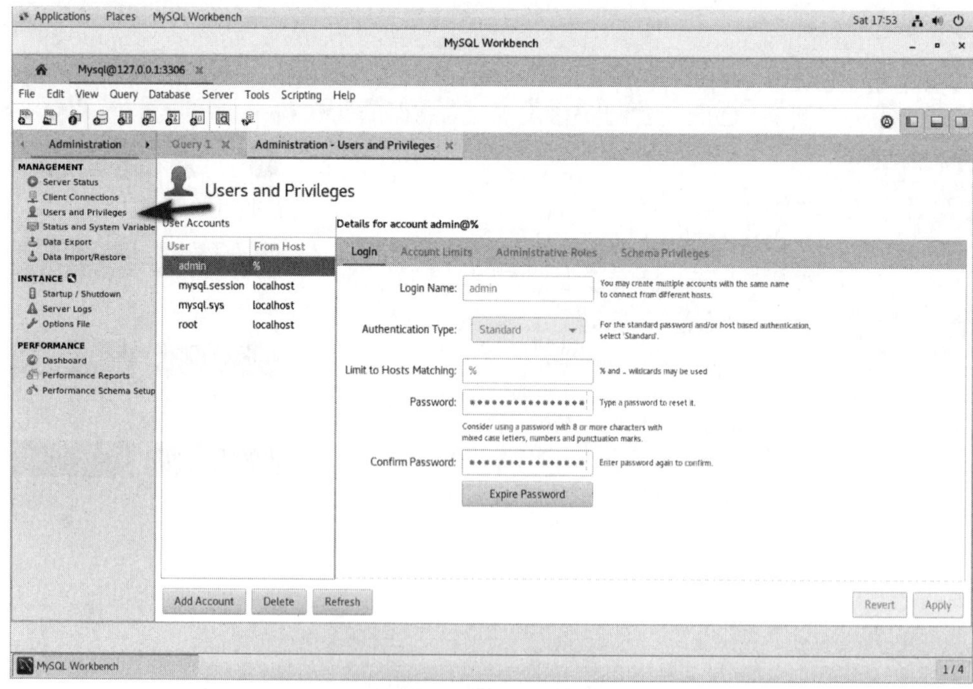

图 11.6　查看用户及权限

查看并修改系统的局部和全局变量，如图 11.7 所示。

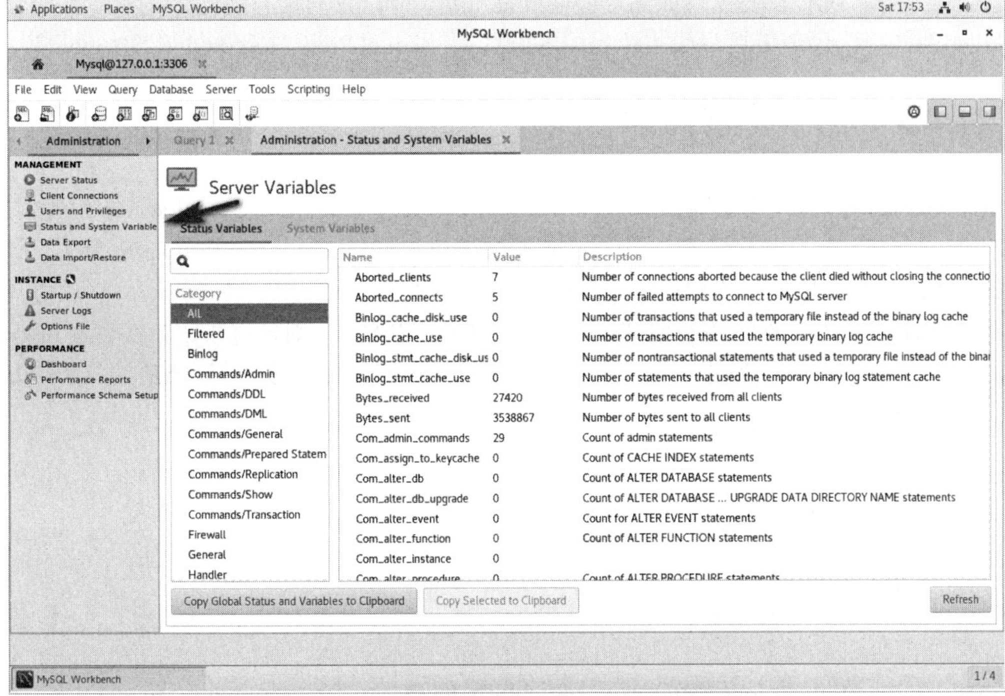

图 11.7 查看并修改系统的局部和全局变量

查看服务器的各指标数据，如图 11.8 所示。

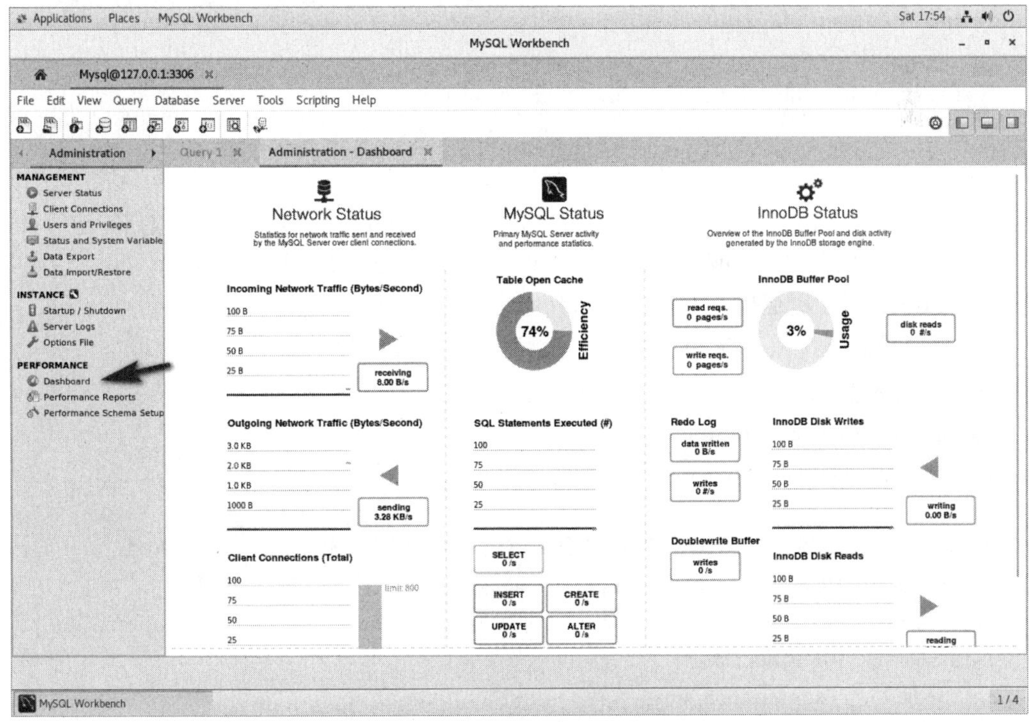

图 11.8 查看服务器的各指标数据

MySQL Workbench 的功能远不止这些，其更多的功能请读者自行探索。因为 MySQL Workbench 是 MySQL 官方提供的图形界面管理工具，所以我们推荐使用它。除此之外，还有很多优秀的图形化管理工具，如 Navicat、SQLyog、Sequel Pro、HeidiSQL、DBeaver 等。

11.4.2 命令行客户端

MySQL 命令行客户端是数据库管理员最常用的工具，它会随着 mysql-server 服务器一并安装（一并安装的还有很多管理工具，如 mysqladmin、mysqldump、mysqlimport 等），所以在 mysql-server 安装完成后，我们就可以在命令行直接使用这些工具。MySQL 命令行客户端提供了交互式和非交互式两种运行模式，如果需要进入交互模式，则只需在命令行输入 mysql 即可（如果设置了密码，则需要使用“-u”选项指定用户名，并使用“-p”选项输入密码），命令如下：

```
[root@kangvcar ~]# mysql -uroot -p
Enter password:
Welcome to the MySQL monitor.  Commands end with ; or \g.
Your MySQL connection id is 43
Server version: 5.7.26-log MySQL Community Server (GPL)

Copyright (c) 2000, 2019, Oracle and/or its affiliates. All rights reserved.

Oracle is a registered trademark of Oracle Corporation and/or its
affiliates. Other names may be trademarks of their respective
owners.

Type 'help;' or '\h' for help. Type '\c' to clear the current input statement.

mysql>
```

在登录成功后，就进入了交互模式，可以在交互模式下输入 SQL 语句对数据库进行操作，SQL 语句要求以“;”、“\g”或“\G”结尾，查询结果以 ASCII 表格形式显示，可以使用 exit 命令或按 Ctrl+C 组合键退出交互模式。

在非交互模式下，只需在 mysql 后指定选项参数即可，命令如下：

```
### 编写 script.sql 脚本文件
[root@kangvcar ~]# cat script.sql
select user,host,'authentication_string' from mysql.user;

### 执行 script.sql 文件中的 SQL 语句并把结果以制表符分隔格式输出到 out.tab 文件中
[root@kangvcar ~]# mysql -uroot -p < script.sql > out.tab
Enter password:
[root@kangvcar ~]# cat out.tab
user    host    authentication_string
admin   %       authentication_string
```

```
mysql.session    localhost    authentication_string
mysql.sys        localhost    authentication_string
root             localhost    authentication_string
```

MySQL 命令行客户端支持大量的选项参数，常用的选项及说明如表 11.1 所示。

表 11.1 常用的选项及说明

选　项	说　明
-?、--help	查看帮助信息
-h、--host=name	指定连接的服务器 IP 地址
-u、--user=name	指定登录用户名
-p、--password[=name]	指定登录密码
--auto-rehash	开启命令自动补全功能
--auto-vertical-output	自动垂直显示，当查询结果过多时，将以列格式显示
-B、--batch	不使用历史文件
--bind-address=name	使用指定的 IP 地址连接服务器
--compress	压缩客户端与服务器端传输的数据
-D、--database=name	指定要使用的数据库名
--default-character-set=name	设置默认字符集
--delimiter=name	指定语句分隔符，默认的是“;”
-e、--execute=name	执行 SQL 语句并返回结果
-H、--html	结果输出为 HTML 格式
-X、--xml	结果输出为 XML 格式
-P、--port=#	指定连接服务器的端口
--prompt=name	指定交互模式的提示符
-q、--quick	不缓存查询结果
--reconnect	如果连接断开则自动重新连接
--connect-timeout=#	指定连接超时的时间，单位为秒

11.5 MySQL 的基本使用

1. 启动/停止服务、开机自启动、查看服务状态

```
[root@kangvcar ~]# systemctl start mysqld
[root@kangvcar ~]# systemctl stop mysqld
[root@kangvcar ~]# systemctl enable mysqld
[root@kangvcar ~]# systemctl status mysqld
```

2. 连接 MySQL 服务器

```
[root@kangvcar ~]# mysql -h 地址 -P 端口 -u 用户名 -p 密码
```

3. 据库常用操作

1）查询所有数据库

```
mysql> SHOW DATABASES;
```

2）创建数据库

```
mysql> CREATE DATABASE [IF NOT EXISTS] 数据库名 数据库选项
    数据库选项：
        CHARACTER SET charset_name
        COLLATE collation_name
    -- 例：CREATE DATABASE Movie CHARACTER SET utf8 COLLATE utf8_unicode_ci;
```

3）切换数据库并查询数据库中的表

```
mysql> USE 库名;
mysql> SHOW TABLES;
```

4）查看某数据库的信息

```
mysql> SHOW CREATE DATABASE 库名;
```

5）修改数据库的选项信息

```
mysql> ALTER DATABASE 库名 数据库选项信息
    数据库选项信息：
        CHARACTER SET charset_name
        COLLATE collation_name
```

6）删除数据库

```
mysql> DROP DATABASE [IF EXISTS] 数据库名
    同时删除该数据库相关的目录及其目录内容
```

4. 数据表常用操作

1）创建数据表

```
mysql> CREATE [TEMPORARY] TABLE [IF NOT EXISTS] [库名.]表名 (表的结构定义) [表选项]
    /* 每个字段必须有数据类型，最后一个字段后不能有逗号 */
    /* TEMPORARY 临时表，在会话结束时表会自动消失 */
  -- 对于字段的定义：
        字段名 数据类型 [NOT NULL | NULL] [DEFAULT default_value] [AUTO_INCREMENT]
[UNIQUE [KEY] | [PRIMARY] KEY] [COMMENT string ]
  -- 表选项
    -- 字符集
        CHARSET = charset_name
        如果表没有设定字符集，则使用数据库字符集
    -- 存储引擎
        ENGINE = engine_name
        表在管理数据时采用不同的数据结构，结构不同会导致处理方式、提供的特性操作等不同
```

```
            常见的引擎：InnoDB MyISAM Memory/Heap BDB Merge Example CSV MaxDB Archive
            不同的引擎在保存表的结构和数据时采用不同的方式
            MyISAM 表文件含义：.frm 表定义，.MYD 表数据，.MYI 表索引
            InnoDB 表文件含义：.frm 表定义，表空间文件和日志文件
            SHOW ENGINES -- 显示存储引擎的状态信息
            SHOW ENGINE 引擎名 {LOGS|STATUS} -- 显示存储引擎的日志或状态信息
        -- 自增起始数
            AUTO_INCREMENT = 行数
        -- 数据文件目录
            DATA DIRECTORY = 目录
        -- 索引文件目录
            INDEX DIRECTORY = 目录
        -- 表注释
            COMMENT = string
        -- 分区选项
            PARTITION BY ... (详细见手册，使用命令 help create table;)
    -- 例子：
        CREATE TABLE students
        (
          st_id       int       NOT NULL AUTO_INCREMENT,
          st_name     char(50)  NOT NULL ,
          st_age      char(50)  NULL ,
          st_address  char(50)  NULL ,
          PRIMARY KEY (st_id)
        ) ENGINE=InnoDB;
```

2）查看某数据库的所有表

```
mysql> SHOW TABLES;
mysql> SHOW TABLES FROM 数据库名;
```

3）查看表结构

```
mysql> SHOW CREATE TABLE 表名;
mysql> DESC 表名;
```

4）对表进行重命名

```
mysql> RENAME TABLE 原表名 TO 新表名;
mysql> RENAME TABLE 原表名 TO 库名.表名;
```

5）修改表的字段结构

```
mysql> ALTER TABLE 表名 操作名;
    -- 操作名
        ADD [COLUMN] 字段定义 -- 增加字段
        AFTER 字段名 -- 表示增加在该字段名后面
```

```
        FIRST-- 表示增加为第 1 个字段
        ADD PRIMARY KEY(字段名)    -- 创建主键
        ADD UNIQUE [索引名] (字段名) -- 创建唯一索引
        ADD INDEX [索引名] (字段名)    -- 创建普通索引
        DROP [COLUMN] 字段名 -- 删除字段
        MODIFY [COLUMN] 字段名 字段属性     -- 支持对字段属性进行修改，不能修改字段名
        CHANGE [COLUMN] 原字段名 新字段名 字段属性  -- 支持对字段名修改
        DROP PRIMARY KEY-- 删除主键(删除主键前需删除其 AUTO_INCREMENT 属性)
        DROP INDEX 索引名 -- 删除索引
        DROP FOREIGN KEY 外键-- 删除外键
```

6）删除数据表

```
mysql> DROP [TEMPORARY] TABLE [IF EXISTS] 表名;
```

7）清空表数据

```
mysql> TRUNCATE [TABLE] 表名;
```

DELETE 语句和 TRUNCATE 语句的区别如下：

- TRUNCATE 语句会先删除表再创建，而 DELETE 语句会逐条删除。
- TRUNCATE 语句会重置 auto_increment 的值，而 DELETE 语句不会。
- TRUNCATE 语句不能返回被删除数据的行数，而 DELETE 语句可以。
- 当被用于带分区的表时，TRUNCATE 语句会保留分区。

8）复制表结构

```
mysql> CREATE TABLE 表名 LIKE 要复制的表名;
    -- 只复制表结构
mysql> CREATE TABLE 表名 [AS] SELECT * FROM 要复制的表名;
    -- 复制表结构和数据
```

5. 数据操作

1）插入数据

```
mysql> INSERT [INTO] 表名 [(字段列表)] VALUES (值列表)[, (值列表), ...];
    -- 如果要插入的值列表包含所有字段且顺序一致，则可以省略字段列表
    -- 可同时插入多条数据记录
    -- 例：INSERT INTO students(st_id, st_name, st_age, st_address) VALUES(1, 'xiaoming', '20', 'GuangZhou');
```

2）查询数据

```
mysql> SELECT 字段列表 FROM 表名 [其他子句];
    -- 其他子句可以不使用
    -- 字段列表可以用*代替，表示所有字段
    -- 例：SELECT st_name, st_age FROM students WHERE st_address="GuangZhou";
```

3）删除数据

```
mysql> DELETE FROM 表名 [删除条件子句];
    -- 如果没有条件子句，则会删除全部数据
    -- 例：DELETE FROM students WHERE st_id=1;
```

4）修改数据

```
mysql> UPDATE 表名 SET 字段名=新值[, 字段名=新值] [更新条件];
    -- 如果没有更新条件，则会更新所有行
    -- 例：UPDATE students SET st_address="ShangHai" WHERE st_name="wangwu";
```

6. 用户和权限管理

1）增加用户

```
mysql> CREATE USER "用户名" IDENTIFIED BY "密码";
    -- 执行该操作必须拥有 MySQL 数据库的全局 CREATE USER 权限，或者拥有 INSERT 权限
    -- 该操作只能创建用户，不能赋予权限
    -- 用户名，注意加引号：如"user_name"@"192.168.100.100"
    -- 密码也需要加引号，纯数字密码也要加引号
    -- 要求密码必须包含大写字母、小写字母、数字和特殊符号，并且长度不能少于 8 位
    -- 例：CREATE USER "user1" IDENTIFIED BY "Redhat##33";
```

2）重命名用户

```
mysql> RENAME USER 原用户名 TO 新用户名;
    -- 例：RENAME USER user1 TO user2;
```

3）为用户设置密码

```
mysql> SET PASSWORD=PASSWORD(密码);
    -- 为当前用户设置密码
mysql> SET PASSWORD FOR 用户名=PASSWORD(密码);
    -- 为指定用户设置密码
    -- 例：SET PASSWORD FOR user2=PASSWORD("Redhat$$44");
```

4）删除用户

```
mysql> DROP USER 用户名;
    -- 例：DROP USER user1;
```

5）分配权限和添加用户

```
mysql> GRANT 权限列表 ON 库名.表名 TO "用户名"@"%" IDENTIFIED BY "PASSWORD";
    -- all privileges 表示所有权限
    -- *.* 表示所有库的所有表
    -- 库名.表名 表示某库下面的某表
    -- % 表示所有主机都可登录，也可以指定 IP 地址
    -- 例：GRANT ALL PRIVILEGES ON `movie`.* TO "admin"@"%" IDENTIFIED BY
```

```
"Redhat@@44";
```

6）查看权限和撤销权限

```
mysql> SHOW GRANTS FOR  用户名;
    -- 例：SHOW GRANTS FOR CURRENT_USER();
mysql> REVOKE  权限列表  ON  表名  FROM  用户名;
    -- 例：REVOKE ALL PRIVILEGES ON `movie`.* FROM admin;
```

7. 重置 root 用户的密码（忘记密码时）

如果忘记了密码或者管理员离职了，我们需要重置 root 用户的密码，操作步骤如下所述。首先，停止正在运行的 MySQL 服务，命令如下：

```
[root@kangvcar ~]# systemctl stop mysqld
```

其次，在/etc/my.cnf 配置文件中的[mysqld]块添加一行配置为“skip-grant-tables”，命令如下：

```
[root@kangvcar ~]# vim /etc/my.cnf
...
[mysqld]
skip-grant-tables
...
```

再次，启动 MySQL 服务，就可以不使用密码而直接登录 MySQL 服务器，命令如下：

```
[root@kangvcar ~]# systemctl start mysqld
[root@kangvcar ~]# mysql
```

在不使用密码登录 MySQL 服务器后，即可重置 root 密码，命令如下：

```
mysql> USE mysql;
mysql> UPDATE user SET authentication_string=PASSWORD("新密码") WHERE user="root";
mysql> FLUSH PRIVILEGES;
```

在 root 密码修改完成后，我们需要把刚刚在配置文件中添加的“skip-grant-tables”删除，并重启 MySQL 服务。

11.6　数据库的备份与恢复

数据是无价的，特别是在生成环境中，造成数据丢失的原因有很多（硬件故障、软件故障、自然灾害、黑客攻击、管理员误操作等），而数据的丢失是致命的，作为一名数据库管理员，不但应该保持数据库服务的稳定运行，而且应该确保数据的安全，所以对数据库中的数据进行备份是必不可少的，这样我们就可以在数据丢失后使其快速恢复。数据库技术的发展已经很成熟了，也出现了很多高效的备份工具，如 mysqldump、mysqlhotcopy、ibbackup、xtrabackup 等，每个工具的特点各不相同，我们可以根据自己的需求进行选择。

11.6.1 备份类型

根据不同的对象和需求，数据库的备份类型如表 11.2 所示。

表 11.2 数据库的备份类型

对　象	类　型	特　点
从服务器状态来分	热备份	读、写不受影响
	温备份	仅可以执行读操作
	冷备份	离线备份；读、写操作均中止
从对象来分	物理备份	复制数据文件
	逻辑备份	将数据导出至文本文件中
从数据收集来分	完全备份	备份全部数据
	增量备份	仅备份上次完全备份或增量备份后发生变化的数据
	差异备份	仅备份上次完全备份后发生变化的数据

逻辑备份的优点：

- 在备份速度上，逻辑备份和物理备份取决于不同的存储引擎。
- 逻辑备份保存的结构通常都是纯 ASCII 的，所以我们可以使用文本处理工具进行处理。
- 逻辑备份有非常强的兼容性，更容易恢复，而物理备份对版本的要求非常高。

逻辑备份的缺点：

- 逻辑备份会对 RDBMS 产生额外的压力，而物理备份对 RDBMS 无压力。
- 逻辑备份的结果可能要比源数据文件更大，所以最好对备份的内容进行压缩。

本节将讲解 MySQL 自带的备份工具 mysqldump 的常用操作。mysqldump 是逻辑备份工具，支持所有引擎；对于 MyISAM 引擎是温备份；对于 InnoDB 引擎是热备份；备份和还原速度一般。但是由于 mysqldump 采用 SQL 级别的备份机制，它会将数据表导出为 SQL 脚本文件，所以在不同的 MySQL 版本之间升级时比较合适，这也是非常常用的备份方法。

11.6.2 备份数据

```
[root@kangvcar ~]# mysqldump [OPTIONS] database [tables]
[root@kangvcar ~]# mysqldump [OPTIONS] --databases [OPTIONS] DB1 [DB2 DB3...]
[root@kangvcar ~]# mysqldump [OPTIONS] --all-databases [OPTIONS]

mysqldump -u 用户名 -p 密码 库名 表名 > 文件名(/var/backup/a.sql)
### 导出一个表的表数据和表结构
mysqldump -u 用户名 -p 密码 库名 表 1 表 2 表 3 > 文件名(/var/backup/a.sql)
### 导出多个表的表数据和表结构
mysqldump -u 用户名 -p 密码 库名 > 文件名(/var/backup/a.sql)
### 导出所有表数据和表结构
mysqldump -u 用户名 -p 密码 --lock-all-tables --database 库名 > 文件名(/var/backup/a.sql)
### 导出一个数据库所有表的表结构及其数据
```

mysqldump 还提供了很多选项参数，常用的选项及作用如表 11.3 所示。

表 11.3　常用的选项及作用

选　项	作　用
-A、--all-databases	导出全部数据库
--compatible=name	指定 mysqldump 导出的数据将和哪种数据库或哪个旧版本的 MySQL 服务器相兼容。其值可以为 ansi、mysql323、mysql40、postgresql、oracle、mssql、db2、maxdb、no_key_options、no_tables_options、no_field_options 等，如果要使用几个值，就用逗号将它们隔开。当然，它并不能保证完全兼容，而是尽量兼容
--default-character-set=name	指定导出数据时采用何种字符集，如果数据表没有采用默认的 latin1 字符集，那么导出时必须指定该选项，否则再次导入数据后将产生乱码问题
-d、--no-data	不导出任何数据，只导出数据库表结构
-t、--no-create-info	只导出数据，而不添加 CREATE TABLE 语句
-w、--where=name	只转储给定的 WHERE 条件选择的记录。注意如果条件包含命令解释符专用的空格或字符，则一定要将条件引用起来
--lock-all-tables、-x	在开始导出之前，提交请求锁定所有数据库中的所有表，以保证数据的一致性。这是一个全局读锁，并且自动关闭“--single-transaction”和“--lock-tables”选项

11.6.3　恢复数据

```
### 在进入 MySQL 交互模式的情况下，使用 source 语法进行数据恢复：###
### 注意在 MySQL 交互模式下进行数据恢复时，“备份文件名.sql”需要使用绝对路径
mysql> source  备份文件名.sql

### 在不进入 MySQL 交互模式的情况下，直接在系统命令行进行数据恢复：###
[root@kangvcar ~]# mysql -u 用户名 -p 密码 库名 < 备份文件名.sql
```

11.6.4　备份策略

- 对于中等级别业务量的系统而言，备份策略是：第一次全量备份，每天一次增量备份，每周一次全量备份。
- 对于关键且繁忙的系统而言，备份策略是：每天一次全量备份，每小时一次增量备份，甚至更频繁。

为了不影响线上业务，实现在线备份和增量备份，最好的办法就是采用主从复制机制（replication），然后在 slave 机器上进行备份和其他操作。

11.7 任务实战

11.7.1 任务描述

本任务将从 MySQL 的安装开始，添加一个用户名并授予其相应权限进行远程管理，使用 SQL 语句创建数据库和数据表并向表中插入数据，最后对数据库进行备份和恢复操作。

11.7.2 任务实施

1. 使用 Yum 安装 MySQL 并进行初始化

首先添加 Yum 源并使用 Yum 包管理器安装 mysql-server 软件，然后修改临时密码，命令及步骤说明如下：

```
### 安装 MySQL 官方提供的 Yum 源
[root@kangvcar ~]# rpm -ivh https://dev.mysql.com/get/mysql57-community-release-el7-11.noarch.rpm

### 清除 Yum 缓存
[root@kangvcar ~]# yum clean all

### 开始安装 mysql-server 软件
### 这个过程会同时安装很多工具，包含但不限于 mysqladmin、mysqldump、mysqlimport
[root@kangvcar ~]# yum -y install mysql-server

### 启动 MySQL 服务并配置开机自启动
[root@kangvcar ~]# systemctl start mysqld
[root@kangvcar ~]# systemctl enable mysqld

### MySQL 5.7 在初次安装完成后会提供一个临时密码，需要使用临时密码登录并修改密码
### 使用如下命令查看临时密码
[root@kangvcar ~]# grep 'temporary password' /var/log/mysqld.log

### mysql_secure_installation 是一个自带的脚本文件，用于加固 MySQL 服务器
### 可直接在命令行执行该脚本，并根据提示操作（包含修改临时密码，密码复杂度有要求）
### 新密码的复杂度要求必须包含大写字母、小写字母、数字和特殊符号，并且长度不能少于 8 位，
如 Redhat@@22
[root@kangvcar ~]# mysql_secure_installation
```

2. 修改数据库的字符集和监听地址

在 mysql-server 安装完成并修改密码后，需要设置数据库的默认字符集和监听的地址信息，使得客户端可以连接服务器并获得服务。在/etc/my.cnf 配置文件中的[mysqld]块添加的配

置如下：

```
[mysqld]
## MySQL 监听的 IP 地址，如果是 127.0.0.1，则表示仅本机访问
bind_address = 0.0.0.0
## 字符集配置
character-set-server = utf8
collation-server = utf8_unicode_ci
init_connect='SET NAMES utf8'
...
```

在配置文件修改完成后，需要重启 MySQL 服务，命令如下：

```
[root@kangvcar ~]# systemctl restart mysqld
```

3. 创建用户并授予权限

接下来创建一个用于远程管理的用户并授予其所有权限，命令如下：

```
[root@kangvcar ~]# mysql -uroot -pRedhat@@22
mysql> mysql> GRANT ALL PRIVILEGES ON *.* TO "admin"@"%" IDENTIFIED BY "Redhat@@11";
mysql> FLUSH PRIVILEGES;
```

4. 创建数据库和数据表并填充数据

下面进行数据库和数据表的创建并向数据表中填充数据，命令如下：

```
######################
# 创建 information 库 #
######################
mysql> create database information;
mysql> use information;

###################
# 创建 students 表 #
###################
mysql> CREATE TABLE students
    -> (
    ->    st_id          int          NOT NULL AUTO_INCREMENT,
    ->    st_name        char(50)     NOT NULL ,
    ->    st_age char(50)    NULL ,
    ->    st_address     char(50)     NULL ,
    ->    PRIMARY KEY (st_id)
    -> ) ENGINE=InnoDB;

########################
# 插入数据到 students 表 #
########################
mysql> INSERT INTO students(st_id, st_name, st_age, st_address)
```

```
    -> VALUES(1, 'xiaoming', '20', 'GuangZhou');
mysql> INSERT INTO students(st_id, st_name, st_age, st_address)
    -> VALUES(2, 'zhangsan', '23', 'ShenZhen');
mysql> INSERT INTO students(st_id, st_name, st_age, st_address)
    -> VALUES(3, 'wangwu', '19', 'ZhuHai');


##############################
# 查询 students 表的所有数据 #
##############################
mysql> select * from information.students;
+-------+----------+--------+------------+
| st_id | st_name  | st_age | st_address |
+-------+----------+--------+------------+
|     1 | xiaoming | 20     | GuangZhou  |
|     2 | zhangsan | 23     | ShenZhen   |
|     3 | wangwu   | 19     | ZhuHai     |
+-------+----------+--------+------------+
```

5. 备份数据

在数据填充完成后，使用 MySQL 自带的工具 mysqldump 对 information 数据库进行备份操作，命令如下：

```
[root@kangvcar ~]# mysqldump -uroot -p information students > students.sql
[root@kangvcar ~]# cat students.sql
```

6. 模拟数据丢失

在备份完成后，删除 students 表中的数据以模拟数据丢失的情况，命令如下：

```
##############################
# 删除 students 表的所有数据 #
##############################
mysql> DELETE FROM students;
Query OK, 3 rows affected (0.01 sec)

######################################
# 确保 students 表的所有数据已被删除 #
######################################
mysql> select * from information.students;
Empty set (0.00 sec)
```

7. 恢复数据

最后利用 students.sql 备份文件进行数据恢复操作，命令如下：

```
######################################
```

```
# 使用 mysqldump 工具对数据进行恢复 #
######################################
[root@kangvcar ~]# mysql -uroot -p information < students.sql

######################################
# 恢复后查询 students 表的所有数据 #
######################################
mysql> select * from information.students;
+-------+----------+--------+------------+
| st_id | st_name  | st_age | st_address |
+-------+----------+--------+------------+
|     1 | xiaoming | 20     | GuangZhou  |
|     2 | zhangsan | 23     | ShenZhen   |
|     3 | wangwu   | 19     | ZhuHai     |
+-------+----------+--------+------------+
```

至此，本任务实战完成。

第 12 章　FTP 服务器配置

扫一扫，
获取微课

FTP 是 File Transfer Protocol（文件传输协议）的英文简称，而中文简称为“文传协议”。用于 Internet 上的控制文件的双向传输。在 Linux 中内置的 FTP 服务器组件有 vsftp 服务，接下来我们介绍 FTP 服务器的安装和配置。

12.1　FTP 服务器的安装

12.1.1　前期准备

首先准备两台服务器，一台为服务器端，另一台为客户端。然后设置网卡，能够成功 ping 通 www.baidu.com，如图 12.1 所示。

```
       valid_lft forever preferred_lft forever
[root@master ~]# ping www.baidu.com
PING www.a.shifen.com (183.232.231.172) 56(84) bytes of data.
64 bytes from 183.232.231.172 (183.232.231.172): icmp_seq=1 ttl=128 time=9.97 ms
64 bytes from 183.232.231.172 (183.232.231.172): icmp_seq=2 ttl=128 time=11.8 ms
64 bytes from 183.232.231.172 (183.232.231.172): icmp_seq=3 ttl=128 time=11.0 ms
64 bytes from 183.232.231.172 (183.232.231.172): icmp_seq=4 ttl=128 time=12.7 ms
64 bytes from 183.232.231.172 (183.232.231.172): icmp_seq=5 ttl=128 time=10.8 ms
^C
--- www.a.shifen.com ping statistics ---
5 packets transmitted, 5 received, 0% packet loss, time 13040ms
rtt min/avg/max/mdev = 9.970/11.308/12.791/0.952 ms
[root@master ~]# ping 192.168.37.132
PING 192.168.37.132 (192.168.37.132) 56(84) bytes of data.
64 bytes from 192.168.37.132: icmp_seq=1 ttl=64 time=1.05 ms
64 bytes from 192.168.37.132: icmp_seq=2 ttl=64 time=1.56 ms
64 bytes from 192.168.37.132: icmp_seq=3 ttl=64 time=1.67 ms
64 bytes from 192.168.37.132: icmp_seq=4 ttl=64 time=0.527 ms
^C
--- 192.168.37.132 ping statistics ---
4 packets transmitted, 4 received, 0% packet loss, time 3009ms
rtt min/avg/max/mdev = 0.527/1.206/1.676/0.457 ms
[root@master ~]# _
```

图 12.1　ping 通网络

设置两台服务器的主机名，为我们的部署做好准备。

使用 hostnamectl set-hostname 命令设置主机名，然后重启即可，如图 12.2 所示。

```
完毕！
[root@a1 ~]# hostnamectl set-hostname a1
[root@a1 ~]# 
```

图 12.2　设置主机名

服务器架构如下所述。

FTP 服务器端主机名为 master，IP 地址为 192.168.37.133，掩码为 255.255.255.0，命令如下：

```
[root@ master ~]#hostnamectl set-hostname master
[root@ master ~]#ifconfig eth0 192.168.37.133 netmask 255.255.255.0
```

FTP 客户端主机名为 a1，IP 地址为 192.168.37.132，掩码为 255.255.255.0，命令如下：

```
[root@ a1 ~]#hostnamectl set-hostname a1
[root@ a1 ~]#ifconfig eth0 192.168.37.133 netmask 255.255.255.0
```

12.1.2 安装 vsftp

在服务器端安装 vsftp，使用 Yum 或 RPM 安装均可，命令如下：

```
[root@ master ~]# rpm -qa | grep vsftp vsftpd-2.2.2-21.el6.x86_64
[root@ master ~]# rpm -ivh /mnt/Packages/vsftpd-2.2.2-6.el6_0.1.x86_64.rpm
[root@ master ~]# yum install -y vsftp
```

检测是否安装成功，命令如下：

```
[root@ master ~]#rpm –qa|grep vsftpd
[root@ master ~]#package vsftpd is not installed    #说明系统没有安装 vsftpd
[root@ master ~]#/etc/init.d/vsftpd start           #启动 vsftpd
[root@ master ~]#service vsftpd restart             #重启
[root@ master ~]#service vsftpd stop                #停止
[root@ master ~]#chkconfig vsftpd on                #设置开机时自动运行
```

12.1.3 配置服务及防火墙

在 vsftp 安装完成后，很多人会遇到问题，例如 FTP 服务器进不去，FTP 服务器不能正常使用，提示 PASV 模式失败等，主要原因是防火墙挡住了 PASV 的端口，需要采取以下措施来解决。

1. vsftpd.conf 配置

```
[root@ master ~]#vi /etc/vsftpd/vsftpd.conf
pasv_enable=YES           //允许数据传输时使用 PASV 模式
pasv_min_port=40000
pasv_max_port=40080       //设定在 PASV 模式下，建立数据传输可以使用 port 范围的下界和上界
pasv_promiscuous=YES      //关闭 PASV 模式的安全检查
```

2. 配置防火墙开启对应端口

```
[root@ master ~]#vi /etc/sysconfig/iptables
[root@ master ~]#-A INPUT -m state --state NEW -m tcp -p tcp --dport 21 -j ACCEPT
[root@ master ~]#-A INPUT -m state --state NEW -m tcp -p tcp --dport 40000:40080 -j ACCEPT
```

3. 关闭防火墙

```
[root@master ~]# systemctl stop firewalld
```

12.2 FTP 服务器的配置文件

配置文件说明如下所述。

- /etc/vsftpd/vsftpd.conf：vsftpd 服务的核心配置文件。
- /etc/vsftpd/ftpusers：用于指定哪些用户不能访问 FTP 服务器。
- /etc/vsftpd/user_list：用于指定允许使用 vsftpd 的用户列表文件。
- /etc/vsftpd/vsftpd_conf_migrate.sh：vsftpd 操作的一些变量和设置脚本。
- /var/ftp/：默认情况下匿名用户的根目录。

12.2.1 vsftpd.conf 配置文件

配置/etc/vsftpd/vsftpd.conf 文件，注意在配置前先备份，命令如下：

```
[root@ master ~]#cp    /etc/vsftpd/vsftpd.conf /etc/vsftpd/vsftpd.confbak
```

如果需要恢复文件，则可将备份文件复制回来，命令如下：

```
[root@ master ~]#cp    /etc/vsftpd/vsftpd.confbak /etc/vsftpd/vsftpd.conf
```

配置文件内容如下：

```
[root@ master ~]#vi /etc/vsftpd/vsftpd.conf
use_localtime=YES                #FTP 服务器时间和系统同步，如果启动有错误，则需要注销
#添加此行，解决客户端登录缓慢问题。vsftpd 默认开启了 DNS 反向解析，这里需要关闭，如果启动有错误，则需要注销
reverse_lookup_enable=NO
#默认无此行，FTP 服务器端口为 21，添加 listen_port=2222 把默认端口修改为 2222，注意：防火墙要同时开启 2222 端口
listen_port=21
anonymous_enable=NO              #禁止匿名用户
#设定本地用户可以访问。注意：主要是为虚拟宿主用户，如果该项目设定为 NO，那么所有虚拟用户将无法访问
local_enable=YES
#全局设置，是否允许写入（无论匿名用户还是本地用户，若要启用上传权限，就需要开启它）
write_enable=YES
local_umask=022                  #设定上传后文件的权限掩码
anon_upload_enable=NO            #禁止匿名用户上传
anon_mkdir_write_enable=NO       #禁止匿名用户建立目录
dirmessage_enable=YES            #设定开启目录标语功能
xferlog_enable=YES               #设定开启日志记录功能
```

```
connect_from_port_20=YES        #设定 20 端口进行数据连接
chown_uploads=NO                #禁止上传文件更改宿主
xferlog_file=/var/log/vsftpd.log #日志保存路径（先创建好文件）
xferlog_std_format=YES                    #使用标准格式
async_abor_enable=YES                     #设定支持异步传输功能
ascii_upload_enable=YES
ascii_download_enable=YES                 #设定支持 ASCII 模式的上传和下载功能
ftpd_banner=Welcome to Awei FTP servers   #设定 vsftpd 的登录标语
chroot_local_user=YES                     #禁止本地用户登出自己的 FTP 主目录
#设定 PAM 服务下 vsftpd 的验证配置文件名。因此，PAM 验证将参考/etc/pam.d/目录下的 vsftpd 文件配置
pam_service_name=vsftpd
#在设为 YES 时，如果一个用户名在 userlist_file 参数指定的文件中，那么在要求用户输入密码之前，会直接拒绝该用户登录
userlist_enable=YES
tcp_wrappers=YES                          #是否支持 tcp_wrappers
idle_session_timeout=300                  #超时设置
data_connection_timeout=1                 #空闲 1 秒后断开服务器
```

下面这些是关于 vsftpd 虚拟用户支持的重要配置项目。

vsftpd.conf 中默认不包含这些设定项目，需要自己手动添加并配置，命令如下：

```
guest_enable=YES                #设定启用虚拟用户功能
guest_username=vsftpd           #指定虚拟用户的宿主用户（这个是我们后面要新建的用户）
#设定虚拟用户个人 vsftp 的配置文件存放路径，也就是说，在这个被指定的目录里，将存放每个 vsftp 虚拟用户个性的配置文件，需要注意的是，这些配置文件名必须和虚拟用户名相同。比如 vsftpd.conf 配置文件，如果用户要将其复制到这个目录下，则用户需要使用 mv 命令将其配置成虚拟用户的名称
user_config_dir=/etc/vsftpd/vconf
#当此参数激活（YES）时，虚拟用户使用与本地用户相同的权限。当此参数关闭（NO）时，虚拟用户使用与匿名用户相同的权限。在默认情况下，此参数是关闭的（NO）
virtual_use_local_privs=YES
pasv_min_port=9000          #设置被动模式的最小端口范围
pasv_max_port=9045          #设置被动模式的最大端口范围
accept_timeout=5            #保持 5 秒
connect_timeout=1           #1 秒后重新连接
```

12.2.2 匿名 FTP 的配置

如果要实现匿名 FTP 配置，则在服务器端需要完成 vsftpd 的配置，只需要更改主配置文件，命令如下：

```
[root@master ~]# vim /etc/vsftpd/vsftpd.conf
anonymous_enable=YES                      #原配置中有，但需要查看是否开启
anon_umask=022                            #上传文件的默认掩码
```

```
anon_upload_enable=YES                          #允许匿名上传
anon_mkdir_write_enable=YES                     #允许写入，但不允许删除
anon_other_write_enable=YES                     #创建其他写入权限，可以删除
[root@master ~]# systemctl restart vsftpd       #重启
[root@master ~]# ss –antl
```

默认路径介绍如下所述。

- /var/ftp/：默认匿名用户登录的根目录。
- /etc/vsftpd/vsftpd.conf：主配置文件。
- /etc/pam.d/vsftpd：身份认证的文件，这个文件指定一个无法登录的文件路径/etc/vsftpd/ftpusers。
- /etc/vsftpd/user_list：这个文件由主配置文件 userlist_enable 和 userlist_deny 决定是否开启，指定拒绝什么用户。
- /etc/vsftpd/chroot_list：这个文件默认是不存在的，需要手动建立，和主配置文件 chroot_list_enable 和 chroot_list_file 有关。
- /usr/sbin/vsftpd：主要执行文件。

12.2.3 FTP 客户端的安装及测试

进行 FTP 客户端安装，命令如下：

```
[root@a1 ~]# yum -y install    lftp
```

安装结果如图 12.3 所示。

```
[root@a1 ~]#  yum -y install  lftp
已加载插件：fastestmirror, langpacks
Determining fastest mirrors
 * base: mirrors.zju.edu.cn
 * extras: mirror.bit.edu.cn
 * updates: ap.stykers.moe
base
extras
updates
(1/4): base/7/x86_64/group_gz
(2/4): extras/7/x86_64/primary_db
(3/4): base/7/x86_64/primary_db
(4/4): updates/7/x86_64/primary_db
正在解决依赖关系
--> 正在检查事务
---> 软件包 lftp.x86_64.0.4.4.8-11.el7 将被 安装
--> 正在处理依赖关系 libgnutls.so.28(GNUTLS_1_4)(64bit)，它被软件包 lftp-4.4.8-
--> 正在处理依赖关系 libgnutls.so.28()(64bit)，它被软件包 lftp-4.4.8-11.el7.x86_
--> 正在检查事务
---> 软件包 gnutls.x86_64.0.3.3.29-9.el7_6 将被 安装
```

图 12.3 使用 Yum 安装 lftp

然后输入“lftp +IP 地址”格式的命令即可登录客户端，如图 12.4 所示。

```
[root@a1 ~]# hostnamectl set-hostname a1
[root@a1 ~]# systemctl resatrt lftp
Unknown operation 'resatrt'.
[root@a1 ~]# systemctl resatrt vsftp
Unknown operation 'resatrt'.
[root@a1 ~]# lftp 192.168.37.133
lftp 192.168.37.133:~>
```

图 12.4　FTP 客户端登录

在登录成功后，会显示登录成功，属于匿名登录。

12.2.4　本地用户 FTP 配置

1. 修改 FTP 配置文件

```
[root@master ~]# vim /etc/vsftpd/vsftpd.conf
anonymous_enable=NO
```

anonymous_enable 默认为 YES，将其修改为 NO，可以禁止匿名访问、监听端口，并且可以根据自己的需求修改，为了安全可以自定义。FTP 配置文件如图 12.5 所示。

```
| 192.168.37.133 | 192.168.37.132
# Example config file /etc/vsftpd/vsftpd.conf
#
# The default compiled in settings are fairly paranoid. This sample file
# loosens things up a bit, to make the ftp daemon more usable.
# Please see vsftpd.conf.5 for all compiled in defaults.
#
# READ THIS: This example file is NOT an exhaustive list of vsftpd options.
# Please read the vsftpd.conf.5 manual page to get a full idea of vsftpd's
# capabilities.
#
# Allow anonymous FTP? (Beware - allowed by default if you comment this out).
anonymous_enable=NO
#
# Uncomment this to allow local users to log in.
# When SELinux is enforcing check for SE bool ftp_home_dir
local_enable=YES
#
# Uncomment this to enable any form of FTP write command.
```

图 12.5　FTP 配置文件

2. /etc/vsftpd/ftpusers

为了让 FTP 服务器更加安全，默认禁止用户以 root 身份登入，用户的权限配置如图 12.6 所示。

```
| 192.168.37.133 | 192.168.37.132
# Users that are not allowed to login via ftp
bin
daemon
adm
lp
sync
shutdown
halt
mail
news
uucp
operator
games
nobody
~
```

图 12.6　用户的权限配置

3. 服务器端

在服务器端需要完成如下配置工作：

```
[root@master ~]# getsebool -a |grep ftp
ftpd_anon_write --> off
ftpd_connect_all_unreserved --> off
ftpd_connect_db --> off
ftpd_full_access --> off
ftpd_use_cifs --> off
ftpd_use_fusefs --> off
ftpd_use_nfs --> off
ftpd_use_passive_mode --> off
httpd_can_connect_ftp --> off
httpd_enable_ftp_server --> off
tftp_anon_write --> off
tftp_home_dir --> off
```

4. 测试

关闭防火墙，重启 vsftpd 服务，登录测试，命令如下：

```
[root@master ~]# iptables -F
[root@master ~]# systemctl restart vsftpd
[root@master ~]# systemctl enable vsftpd
```

连接 FTP 服务器的测试结果如图 12.7 所示。

```
[root@master ~]# ftp 192.168.37.133
Connected to 192.168.37.133 (192.168.37.133).
220 (vsFTPd 3.0.2)
Name (192.168.37.133:root):
331 Please specify the password.
Password:
230 Login successful.
Remote system type is UNIX.
Using binary mode to transfer files.
```

图 12.7　连接 FTP 服务器的测试结果

图 12.7 表示成功连接，可以看到“230 Login successful”。
在输入命令后，如果出现以下情况：

```
[root@master ~]# ftp 192.168.37.133
-bash: ftp: 未找到命令
```

则需要安装 FTP，安装命令如下：

```
[root@master ~]#yum –y install ftp
```

界面如图 12.8 所示。

```
[root@master ~]# yum -y install ftp
已加载插件：fastestmirror, langpacks
Loading mirror speeds from cached hostfile
 * base: ap.stykers.moe
 * extras: mirrors.neusoft.edu.cn
 * updates: ap.stykers.moe
正在解决依赖关系
--> 正在检查事务
---> 软件包 ftp.x86_64.0.0.17-67.el7 将被 安装
--> 解决依赖关系完成

依赖关系解决

================================================================================
 Package                  架构                          版本
================================================================================
正在安装:
 ftp                      x86_64                        0.17-67.el7

事务概要
```

图 12.8　使用 Yum 安装 FTP

12.2.5　虚拟用户 FTP 配置

配置虚拟用户登录 FTP 服务器，需要按照以下步骤完成。

1. 建立虚拟用户 FTP 数据库文件

在服务器端，先使用 cd 命令切换目录为/etc/vsftpd/，再建立虚拟用户 FTP 数据库文件，命令如下：

```
[root@master vsftpd]# cd /etc/vsftpd/
[root@master vsftpd]# vim user_list
```

设置用户名为 zhangshan，密码为 123456，界面如图 12.9 所示。

```
# If userlist_deny=NO, only allow users in this file
# If userlist_deny=YES (default), never allow users in this file, and
# do not even prompt for a password.
# Note that the default vsftpd pam config also checks /etc/vsftpd/ftpusers
# for users that are denied.
bin
daemon
adm
lp
sync
shutdown
halt
mail
news
uucp
operator
games
nobody
zhangshan
123456
~
```

图 12.9　设置用户名和密码界面

2. 生成 user.db 文件

使用 db_load 命令通过 HASH 算法生成 FTP 数据库文件 user.db 并赋予权限，命令如下：

```
[root@master vsftpd]#db_load -T -t hash -f user_list user.db     #转换成数据库
[root@master vsftpd]#file user.db                                #转换成文件
[root@master vsftpd]#chmod 600 user.db                           #赋予权限
```

```
[root@master vsftpd]#rm -f user_list                    #安全起见，删除列表以防泄露
```

具体操作如图 12.10 所示。

```
[root@master vsftpd]# db_load -T -t hash -f user_list user.db
[root@master vsftpd]# file user.db
user.db: Berkeley DB (Hash, version 9, native byte-order)
[root@master vsftpd]# chmod 600 user.db
```

图 12.10 生成文件并赋予权限

3. 设置 virtual 用户登录

创建 virtual 用户并设置其权限为不允许登录系统，同时定义该用户的家目录，为保证其他用户可以访问，应进行权限设置，命令如下：

```
[root@master /]# useradd -d /var/ftproot -s /sbin/nologin virtual
[root@master /]# ls -ld /var/ftproot/
drwx------. 2 virtual virtual 62 5 月   25 21:45 /var/ftproot/
[root@master /]# chmod -Rf 755 /var/ftproot/
```

4. 设置 PAM 认证文件

设置支持虚拟用户的 PAM 认证文件，参数 db 用于指向刚刚生成的 user.db 文件，但不要写后缀，命令如下：

```
[root@master pam.d]# vim /etc/pam.d/vsftpd
```

添加参数如下：

```
auth        required      pam_userdb.so     db=/etc/vsftpd/user
account     required |    pam_userdb.so     db=/etc/vsftpd/user
```

设置 PAM 认证文件如图 12.11 所示。

```
| 192.168.37.133 | 192.168.37.133 (1) | 192.168.37.132
#%PAM-1.0
session    optional    pam_keyinit.so    force revoke
auth       required    pam_listfile.so item=user sense=deny file=/etc/vsftpd/f
auth       required    pam_shells.so
auth       include     password-auth
account    include     password-auth
session    required    pam_loginuid.so
session    include     password-auth
auth       required    pam_userdb.so     db=/etc/vsftpd/user
account    required |  pam_userdb.so     db=/etc/vsftpd/user
```

图 12.11 设置 PAM 认证文件

5. 在 vsftpd.conf 文件中添加配置

```
[root@master ~]# vim /etc/vsftpd/vsftpd.conf
```

修改 FTP 配置文件如图 12.12 所示。

```
#ls_recurse_enable=YES
#
# When "listen" directive is enabled, vsftpd runs in standalone mode and
# listens on IPv4 sockets. This directive cannot be used in conjunction
# with the listen_ipv6 directive.
listen=NO
#
# This directive enables listening on IPv6 sockets. By default, listening
# on the IPv6 "any" address (::) will accept connections from both IPv6
# and IPv4 clients. It is not necessary to listen on *both* IPv4 and IPv6
# sockets. If you want that (perhaps because you want to listen on specific
# addresses) then you must run two copies of vsftpd with two configuration
# files.
# Make sure, that one of the listen options is commented !!
listen_ipv6=YES

pam_service_name=vsftpd
userlist_enable=YES
tcp_wrappers=YES
user_config_dir=/etc/vsftpd/users_dir
```

图 12.12　修改 FTP 配置文件

6. 为虚拟用户设置不同的权限

现在无论是 linuxprobe 用户还是 blackshield 用户，他们的权限都是相同的——默认不能上传、创建、修改文件，如果希望 blackshield 用户能够全面管理 FTP 内的资料，就需要让 FTP 程序支持独立的用户权限配置文件。

创建独立的用户权限配置文件存放的目录，命令如下：

```
mkdir /etc/vsftpd/vusers_dir/
```

切换到该目录中，命令如下：

```
cd /etc/vsftpd/vusers_dir/
```

创建空白的 linuxprobe 用户的配置文件，命令如下：

```
[root@master vsftpd]# mkdir /etc/vsftpd/users_dir
[root@master vsftpd]# cd /etc/vsftpd/users_dir/
[root@master users_dir]# touch list
[root@master users_dir]# vim qiyingjie
```

配置文件访问属性如图 12.13 所示。

```
| 192.168.37.133 | 192.168.37.133 (1) | 192.168.37.132
non_upload_enable=YES
anon_mkdir_write_enable=YES
anon_other_write_enable=YES
```

图 12.13　配置文件访问属性

7. 重启 vsftpd 服务，验证实验效果

```
[root@master users_dir]# systemctl restart vsftpd
```

8. 在服务器端设置 SELinux

```
[root@master users_dir]# vi /etc/selinux/config
```

SELinux 配置文件如图 12.14 所示。

```
| 192.168.37.133 | 192.168.37.133 (1) | 192.168.37.132
[root@master users_dir]# vi /etc/selinux/config


# This file controls the state of SELinux on the system.
# SELINUX= can take one of these three values:
#     enforcing - SELinux security policy is enforced.
#     permissive - SELinux prints warnings instead of enforcing.
#     disabled - No SELinux policy is loaded.
SELINUX=disabled
# SELINUXTYPE= can take one of three values:
#     targeted - Targeted processes are protected,
#     minimum - Modification of targeted policy. Only selected processes are pr
#     mls - Multi Level Security protection.
SELINUXTYPE=targeted
```

图 12.14 SELinux 配置文件

9. 在客户端登录 FTP 服务器并验证

在客户端登录 FTP 服务器结果如图 12.15 所示。

```
331 Please specify the password.
Password:
230 Login successful.
Remote system type is UNIX.
Using binary mode to transfer files.
ftp> mkdir cmy
550 Permission denied.
```

图 12.15 在客户端登录 FTP 服务器成功

12.3 任务实战

12.3.1 任务描述

某公司计划搭建一台简单的 FTP 服务器，允许所有员工上传和下载文件，并允许创建用户自己的目录。

要求：

该 FTP 服务器可以访问所有互联网，而不是只能访问局域网。

允许所有员工上传和下载文件，需要设置成允许匿名用户登录，并且将允许匿名用户上传功能开启。

需要设置各种权限，保障用户安全，方便所有员工进行资源共享。

12.3.2 任务实施

1. 安装

使用 Yum 或 RPM 安装均可以，命令如下：

```
[root@xiaolyu10 ~]# rpm -qa | grep vsftp
vsftpd-2.2.2-21.el6.x86_64
[root@xiaolyu10 ~]# rpm -ivh /mnt/Packages/vsftpd-2.2.2-6.el6_0.1.x86_64.rpm
[root@xiaolyu10 ~]# yum install -y vsftp
```

```
[root@xiaolyu11 ~]# yum -y install   lftp
```

2. 配置文件

```
[root@xiaolyu10 ~]# ls -l /etc/vsftpd
total 32
-rw-r--r-- 1 root root    13 Mar 16 15:14 chroot_list
-rw------- 1 root root   125 May 11    2016 ftpusers
-rw------- 1 root root   361 May 11    2016 user_list
-rw------- 1 root root 4644 Mar 16 15:13 vsftpd.conf
-rw------- 1 root root 4599 Mar 16 14:12 vsftpd.conf_bak
-rwxr--r-- 1 root root   338 May 11    2016 vsftpd_conf_migrate.sh
```

vim/etc/vsftpd/user_list：如果 userlist_deny= YES（默认），则绝不允许在这个文件中的用户登录 FTP 服务器，甚至不提示输入密码。

3. 设置 FTP 服务器用户和访问权限

1）创建 Linux 用户并设置密码

```
useradd zhangshan          #新增用户
passwd 123456              #设置密码
```

2）创建用户组并将用户移入分组

```
groupadd dev               #新增开发分组
gpasswd -a zhangshan dev   #将新建用户加入分组
```

3）设置开发目录

```
mkdir /data             #新建开发目录
chgrp -R dev /data      #设置开发目录所属组为刚刚新建的分组
#设置开发目录的权限为 775（所有者和所属分组有 r、w、x 权限，其他用户有 r、x 权限）
chmod 775 /data
```

这样/data 目录就成了开发目录，所有属于 dev 用户组的用户都可以通过 FTP 客户端对开发目录进行 r、w、x 操作，需要新增开发人员时只需要创建 Linux 用户并将其移入 dev 用户组即可。

4. 使用 FileZilla 客户端连接 FTP 服务器

FileZilla 是一个免费开源的 FTP 软件，分为客户端版本和服务器版本，具备所有的 FTP 软件功能。可控性较高、有条理的界面和管理多站点的简化方式使得 FileZilla 客户端版本成为一个方便、高效的 FTP 客户端工具。

打开 FileZilla 客户端，输入可达 IP 地址，选择 SFTP 协议，选择正常登录类型，输入 Linux 用户的相关信息即可登录 FTP 服务器（如果用户属于 dev 用户组，则对/data 目录有 w 权限，否则没有 w 权限）。

第 13 章　DNS 服务器配置

扫一扫，
获取微课

13.1　DNS 简介

当今世界的信息化程度越来越高，大数据、云计算、物联网、人工智能等新技术不断涌现，而且每年还在以大约 10%的速度增长。这些因素导致互联网中的域名数量进一步增加，被访问的频率也进一步提高。即使全球网民每人每天只访问一个网站域名，并且只访问一次，也会产生大量的查询请求，而如此庞大的请求数量肯定无法被某一台服务器全部处理。DNS 技术作为互联网基础设施中的重要一环，为了给网民提供不间断、稳定且快速的域名查询服务，保证互联网的正常运转，提供了 3 种类型的服务器，即主服务器、从服务器和缓存服务器。所谓 DNS（Domain Name Server，域名服务器）实际上就是装有域名解析系统的主机，是一种能够实现名字解析的分层结构数据库。

13.2　Bind 的安装与运行

Bind 是 Berkeley Internet Name Domain Service 的简写，它是一款实现 DNS 服务器的开放源码软件。Bind 原本是 DARPA（Defense Advanced Research Projects Agency，美国国防高级研究计划局）资助伯克利大学（Berkeley）开设的一个研究生课题，后来经过多年的变化发展，已经成为世界上使用非常广泛的 DNS 服务器软件，目前 Internet 上大部分的 DNS 服务器都是通过 Bind 来架设的。

13.2.1　源码编译安装与运行 Bind

1. 安装依赖包

```
[root@localhost ~]# yum install gcc gcc-c++ openssl openssl-dev* python-ply perl bind-utils -y
```

2. 下载最新源码包

```
[root@localhost ~]# wget https://downloads.isc.org/isc/bind9/9.15.1/bind-9.15.1.tar.gz
```

3. 编译安装 Bind

```
[root@localhost ~]# tar zxvf bind-9.15.1.tar.gz
[root@localhost ~]# cd bind-9.15.1
[root@localhost ~]# ./configure --prefix=/usr/local/bind --sysconfdir=/etc/named --disable-ipv6 --disable-chroot --enable-threads --disable-linux-caps
[root@localhost ~]# make && make install
```

4. 启动 Bind 服务

至此，Bind 的编译安装已完成，Bind 的安装目录是/usr/local/bind。

配置环境变量，命令如下：

```
[root@localhost ~]# vim /etc/profile          #在末尾添加
export PATH=/usr/local/bind/bin:/usr/local/bind/sbin:$PATH
[root@localhost ~]# source /etc/profile
```

输入"named -g"可以启动 DNS 服务器，命令如下：

```
[root@localhost named]# named -g
```

13.2.2 使用 Yum 安装与运行 Bind

1. 使用 Yum 安装 Bind

```
[root@localhost ~]# yum install bind -y
```

Bind 服务程序的配置并不简单，这是因为如果要想为用户提供健全的 DNS 查询服务，就要在本地保存相关的域名数据库，而如果要把所有域名和 IP 地址的对应关系都写入某个配置文件中，那么估计要有上千万条的参数，这样既不利于程序的执行，也不方便日后的修改和维护。因此在 Bind 服务程序中有以下 3 个比较关键的文件。

- 主配置文件/etc/named.conf：只有 60 行，而且在删除注释信息和空行之后，实际有效的参数仅有 30 行左右，这些参数用来定义 bind 服务程序的运行。
- 区域配置文件/etc/named.rfc1912.zones：用来保存域名和 IP 地址对应关系的所在位置。类似于图书的目录，对应着每一个域和相应 IP 地址所在的具体位置，当需要查看或修改相关内容时，可根据这个位置找到相关文件。
- 数据配置文件目录/var/named：该目录用来保存域名和 IP 地址真实对应关系的数据配置文件。

2. 使用 Yum 安装 Bind 后的目录结构

使用 Yum 安装 Bind 后的目录结构如表 13.1 所示。

表 13.1 使用 Yum 安装 bind 后的目录结构

目 录 名	内 容
/etc/named.conf	Bind 主配置文件
/etc/named.rfc1912.zones	定义 zone 的文件
/etc/rc.d/init.d/named	Bind 脚本文件

续表

目 录 名	内 容
/etc/rndc.conf	rndc 配置文件
/usr/sbin/named-checkconf	检测/etc/named.conf 文件语法
/usr/sbin/named-checkzone	检测 zone 和对应 zone 文件的语法
/usr/sbin/rndc	远程 DNS 管理工具
/usr/sbin/rndc-confgen	生成 rndc 密钥
/var/named/named.ca	根解析库
/var/named/named.localhost	本地主机解析库
/var/named/slaves	从 ns 服务器文件夹

3. 配置 Bind 服务为开机自启动

将 Bind 服务配置成开机自启动，命令如下：

```
[root@localhost ~]# systemctl enable named
```

启动 Bind 服务，命令如下：

```
[root@localhost ~]# systemctl start named
```

4. 配置防火墙

在 Bind 服务启动后，为了能让用户访问服务器上的服务，还需要对防火墙添加一条规则以允许用户访问服务器的 53 端口，命令如下：

```
[root@localhost ~]# firewall-cmd --permanent --add-port=53/tcp
[root@localhost ~]# firewall-cmd --reload
```

13.3 Bind 服务的配置

13.3.1 Bind 主配置文件

在使用 Yum 安装 Bind 后，/etc 目录下就包含了 Bind 的主配置文件 named.conf。Bind 的主配置文件 named.conf 内容如下：

```
// OPTIONS 选项用来定义 DNS 服务器的全局变量
options {
        // 指定 DNS 服务监听的 IPv4 地址
        listen-on port 53 { 192.168.35.128; };
        // 指定 DNS 服务监听的 IPv6 地址
        listen-on-v6 port 53 { ::1; };
        // 指定 zone 配置文件的默认路径
        directory       "/var/named";
        // 指定 cache 的备份文件存放位置
```

```
		dump-file		"/var/named/data/cache_dump.db";
		// 指定静态文件存放位置
		statistics-file "/var/named/data/named_stats.txt";
		// 指定内存静态文件存放位置
		memstatistics-file "/var/named/data/named_mem_stats.txt";
		recursing-file	"/var/named/data/named.recursing";
		secroots-file	"/var/named/data/named.secroots";
		// 指定允许向此 DNS 服务器发起查询请求的 IP 地址，其中 any 表示允许所有请求，localhost 表示仅允许本地请求
		allow-query	{ any; };
		recursion yes;
		// 指定是否允许递归查询
		dnssec-enable yes;
		dnssec-validation yes;
		…
	};
	// 日志系统配置
	// 以文件形式存储日志
	// 存储日志的级别，一共 7 个级别，从高到低分别是:crit，error，warning，notice，info（前面 5 个属于 syslog）；debug[level]，dynamic（后两个属于 Bind8，9 独有的级别）
	logging {
		channel default_debug {
			file "data/named.run";
			severity dynamic;
		};
	};
	// 定义 DNS 的 zone
	// "."代表根区域
	// type 指定 zone 的类型；master（主域名服务器）；slave（辅助域名服务器）；hint（根域名服务器）
	// file 指定 zone 文件，默认已经生成
	zone "." IN {
		type hint;
		file "named.ca";
	};
	include "/etc/named.rfc1912.zones";
	include "/etc/named.root.key";
```

13.3.2 正向解析

在 DNS 域名解析服务中，正向解析是指根据域名（主机名）查找到对应的 IP 地址。也就是说，当用户输入了一个域名后，Bind 服务程序会自动进行查找，并将匹配到的 IP 地址返给用户，这也是非常常用的 DNS 工作模式。

在编写正向解析配置文件之前，需要在主配置文件或者区域配置文件里面添加域管理。这里我们选择区域配置文件 named.rfc1912.zones。

为了对 bob.org 域进行管理，编辑/etc/named.rfc1912.zones 文件并在其末尾添加如下内容：

```
zone "bob.org" IN {
    type master;            // 类型为主服务器
    // 指定资源解析库存放位置，这个路径是相对 named.conf 文件中定义的 directory 参数的，即实
际位置为“/var/named/bob.org.zone”
    file "bob.org.zone";
};
```

上述文件中默认已经有了一些无关紧要的解析参数，旨在让用户有一个参考。我们可以将一些参数添加到区域配置文件的最下面，当然，也可以将该文件中的原有信息全部清空，只保留自己的域名解析信息。创建/var/named/bob.org.zone 文件并添加如下内容：

```
$TTL 43200                                  #生存周期为 1 天
@    IN    SOA    ns.bob.org.               admin.bob.org (
#授权信息开始    #DNS 区域的地址#域名管理员的邮箱
        201410070001;                       #更新序列号
        1h;                                 #更新时间
        5m;                                 #重试延时
        7d;                                 #失效时间
        1d; )                               #无效解析记录的缓存时间
@    IN   NS   ns.bob.org.                  #域名服务器记录
     IN   MX   10   mail.bob.org.           #邮箱交换记录
ns   IN   A    172.16.100.10                #地址记录（ns.bob.org.）
www IN    A    172.16.100.11                #地址记录（www.bob.org.）
mail.bob.org.   IN   A    172.16.100.12     #地址记录（mail.bob.org.）
```

13.3.3 反向解析

在 DNS 域名解析服务中，反向解析的作用是将用户提交的 IP 地址解析为对应的域名信息，它一般用于对某个 IP 地址上绑定的所有域名进行整体屏蔽，屏蔽由某些域名发送的垃圾邮件。

在编写正向解析配置文件之前，需要在主配置文件或者区域配置文件里面添加域管理。

为了对 bob.org 域进行管理，编辑/etc/named.rfc1912.zones 文件并在其末尾添加如下内容：

```
zone "100.16.172.in-addr.arpa" IN {
    type master;
    file "172.16.100.zone";
};
```

反向解析是把 IP 地址解析成域名格式，因此在定义 zone（区域）时应该把 IP 地址反写，比如原来是 172.16.100.12，反写后应该是 100.16.172，而且只需写出 IP 地址的网络位即可。

创建反向资源解析库文件/var/named/172.16.100.zone 并将下列参数添加至正向解析参数的后面：

```
$TTL 43200;
@     86400     IN    SOA ns.bob.org. admin.bob.org. (
              201410070001;
              1h;
              5m;
              7d;
              1d;)
      IN    NS    ns.bob.org.      # NS 记录是必需的
      IN    MX    10    mail1.bob.org.
10    IN    PTR ns.bob.org.
10    IN    PTR www.bob.org.
11    IN    PTR mail.bob.org.
```

13.4 任务实战

13.4.1 任务描述

本任务将在 CentOS 7 上使用 Yum 安装 Bind，并配置 Bind 服务的正向解析和反向解析。

13.4.2 任务实施

1. 使用 Yum 安装 Bind 并配置防火墙

安装 Bind，命令如下：

```
[root@localhost ~]# yum install bind* -y
```

配置为开机自启动，命令如下：

```
[root@localhost ~]# systemctl enable named
```

启动 Bind 服务，命令如下：

```
[root@localhost ~]# systemctl start named
```

配置防火墙允许访问 TCP 协议的 53 端口，命令如下：

```
[root@localhost ~]# firewall-cmd --permanent --add-port=53/tcp
[root@localhost ~]# firewall-cmd –reload
```

2. 正向解析

1）修改主配置文件

主配置文件/etc/named.conf 需要修改两个地方，才能使本机的 DNS 域名解析服务生效，使用 vim 命令可以查看配置文件的初始配置，命令如下：

```
[root@localhost named]# vim /etc/named.conf
listen-on port 53 { 127.0.0.1; };          #将 127.0.0.1 修改为本机 IP 地址
allow-query      { localhost; };           #将 localhost 修改为 any
```

修改结果如图 13.1 所示。

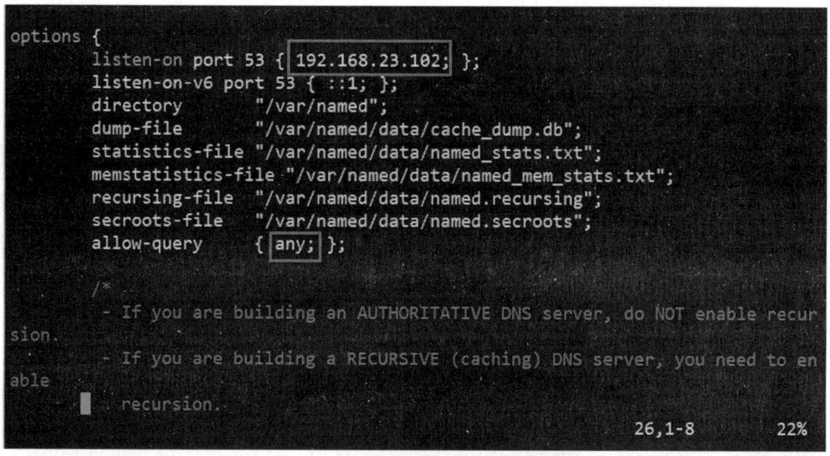

```
options {
        listen-on port 53 { 192.168.23.102; };
        listen-on-v6 port 53 { ::1; };
        directory       "/var/named";
        dump-file       "/var/named/data/cache_dump.db";
        statistics-file "/var/named/data/named_stats.txt";
        memstatistics-file "/var/named/data/named_mem_stats.txt";
        recursing-file  "/var/named/data/named.recursing";
        secroots-file   "/var/named/data/named.secroots";
        allow-query     { any; };

        /*
         - If you are building an AUTHORITATIVE DNS server, do NOT enable recur
sion.
         - If you are building a RECURSIVE (caching) DNS server, you need to en
able
           recursion.
                                                            26,1-8        22%
```

图 13.1　主配置文件修改结果

2）修改区域配置文件

修改区域配置文件/etc/named.rfc1912.zones，命令如下：

```
[root@localhost ~]# vim /etc/named.rfc1912.zones          #在末尾添加
zone "test.com" IN {
    type master;
    file "test.com.zone";
    allow-update { none; };
};
```

修改结果如图 13.2 所示。

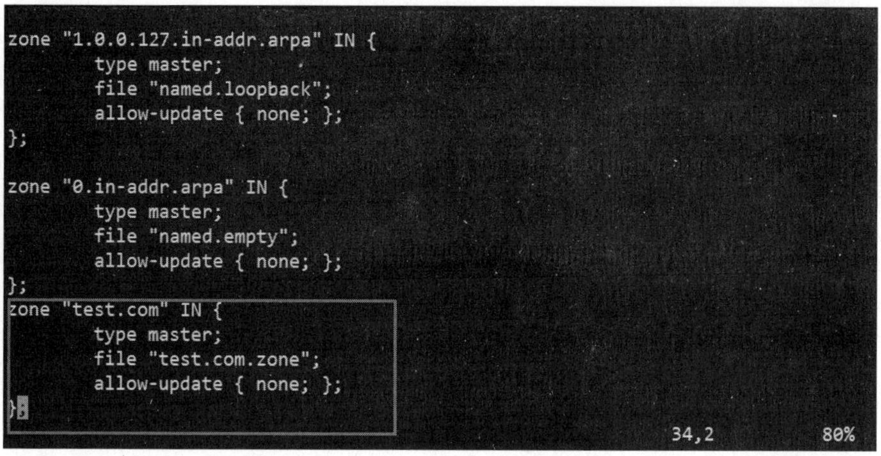

```
zone "1.0.0.127.in-addr.arpa" IN {
        type master;
        file "named.loopback";
        allow-update { none; };
};

zone "0.in-addr.arpa" IN {
        type master;
        file "named.empty";
        allow-update { none; };
};
zone "test.com" IN {
        type master;
        file "test.com.zone";
        allow-update { none; };
};
                                                      34,2          80%
```

图 13.2　区域配置文件修改结果

3）修改数据配置文件

可以从/var/named 目录中复制一份正向解析的模板文件 named.localhost，然后把域名和 IP 地址的对应数据填写到数据配置文件中并保存，修改结果如图 13.3 所示。在复制时需要加上“-a”参数，这样可以保留原始文件的所有者、所属组、权限属性等信息，以便 Bind 服务程序顺利读取文件内容。数据配置文件内容如下：

```
[root@localhost ~]# cd /var/named/
[root@localhost named]# cp -a named.localhost test.com.zone
[root@localhost named]# vim test.com.zone
$TTL 1D
@          IN SOA    test.com. email.com. (
                                        0         ; serial
                                        1D        ; refresh
                                        1H        ; retry
                                        1W        ; expire
                                        3H )      ; minimum
           IN  NS     master
master     IN  A      192.168.23.102
www        IN  A      192.168.23.102
nginx      IN  A      192.168.23.102
```

图 13.3　数据配置文件修改结果

在配置完成后，检查配置文件的正确性，命令如下：

```
[root@localhost named]# named-checkconf -z
zone localhost.localdomain/IN: loaded serial 0
zone localhost/IN: loaded serial 0
zone 1.0.0.0.0.0.0.0.0.0.0.0.0.0.0.0.0.0.0.0.0.0.0.0.0.0.0.0.0.0.0.0.ip6.arpa/IN: loaded serial 0
zone 1.0.0.127.in-addr.arpa/IN: loaded serial 0
zone 0.in-addr.arpa/IN: loaded serial 0
zone test.com/IN: loaded serial 0
```

效果如图 13.4 所示。

```
[root@localhost named]# named-checkconf -z
zone localhost.localdomain/IN: loaded serial 0
zone localhost/IN: loaded serial 0
zone 1.0.0.0.0.0.0.0.0.0.0.0.0.0.0.0.0.0.0.0.0.0.0.0.0.0.0.0.0.0.0.0.ip6.arpa/I
N: loaded serial 0
zone 1.0.0.127.in-addr.arpa/IN: loaded serial 0
zone 0.in-addr.arpa/IN: loaded serial 0
zone test.com/IN: loaded serial 0
```

图 13.4　检查配置文件正确性的结果

4）重启服务

```
[root@localhost ~]# systemctl restart named
```

5）修改网卡信息

```
[root@localhost ~]# vim /etc/sysconfig/network-scripts/ifcfg-ens192
DNS1=192.168.23.102                    #在最下面添加
修改完网卡信息后，需要重新启动网卡。
[root@localhost ~]# systemctl restart network
```

6）测试

使用 nslookup 命令测试域名解析，命令如下：

```
[root@localhost ~]# nslookup
> www.test.com
Server:         192.168.23.102
Address:    192.168.23.102#53

Name:    www.test.com
Address: 192.168.23.102
> master.test.com
Server:         192.168.23.102
Address:    192.168.23.102#53

Name:    master.test.com
Address: 192.168.23.102
```

效果如图 13.5 所示。

```
[root@localhost named]# nslookup
> www.test.com
Server:         192.168.23.102
Address:        192.168.23.102#53

Name:   www.test.com
Address: 192.168.23.102
> master.test.com
Server:         192.168.23.102
Address:        192.168.23.102#53

Name:   master.test.com
Address: 192.168.23.102
>
```

图 13.5　测试域名解析的效果

至此，正向解析配置完成。

3. 反向解析

1）修改区域配置文件

修改区域配置文件/etc/named.rfc1912.zones，命令如下：

```
[root@localhost ~]# vim /etc/named.rfc1912.zones
zone "23.168.192.in-addr.arpa" IN {
        type master;
        file "192.168.23.arpa";
}
```

修改结果如图 13.6 所示。

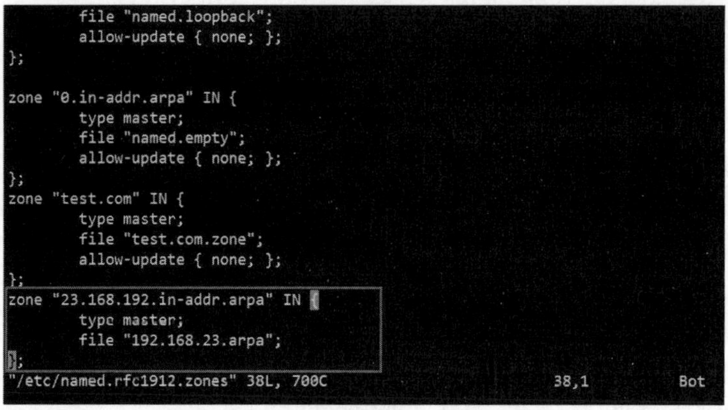

```
        file "named.loopback";
        allow-update { none; };
};

zone "0.in-addr.arpa" IN {
        type master;
        file "named.empty";
        allow-update { none; };
};
zone "test.com" IN {
        type master;
        file "test.com.zone";
        allow-update { none; };
};
zone "23.168.192.in-addr.arpa" IN {
        type master;
        file "192.168.23.arpa";
};
"/etc/named.rfc1912.zones" 38L, 700C                    38,1          Bot
```

图 13.6　区域配置文件修改结果

2）修改数据配置文件

从/var/named 目录中复制一份反向解析的模板文件 named.loopback，然后把参数填写到文件中，其中，IP 地址仅需要填写主机位，命令如下：

```
[root@localhost named]# cp -a named.loopback 192.168.23.arpa
[root@localhost named]# vim 192.168.23.arpa
$TTL 1D
@ IN SOA 23.168.192.in-addr.arpa. test.com. (
                                        2019070901
                                        28800
                                        14400
                                        3600000
                                        86400
)
@       IN   NS        master.test.com.
102     IN   PTR       master.test.com
102     IN   PTR       www.test.com.
102     IN   PTR       nginx.test.com.
```

修改结果如图 13.7 所示。

```
$TTL 1D
@ IN SOA 23.168.192.in-addr.arpa. test.com. (
        2019070901
        28800
        14400
        3600000
        86400
)

@       IN  NS  master.test.com.
102     IN  PTR master.test.com
102     IN  PTR www.test.com.
102     IN  PTR nginx.test.com.
~
~
~
~
~
"192.168.23.arpa" 13L, 264C                    2,1          All
```

图 13.7　数据配置文件修改结果

3）重启服务

```
[root@localhost named]# systemctl restart named
```

4）测试

使用 nslookup 命令测试域名解析，命令如下：

```
[root@localhost named]# nslookup
> 192.168.23.102
Server:         192.168.23.102
Address:    192.168.23.102#53
.
102.23.168.192.in-addr.arpaname = www.test.com.
102.23.168.192.in-addr.arpaname = nginx.test.com.
102.23.168.192.in-addr.arpaname = master.test.com.23.168.192.in-addr.arpa
```

效果如图 13.8 所示。

```
[root@localhost named]# nslookup
> 192.168.23.102
Server:         192.168.23.102
Address:        192.168.23.102#53

102.23.168.192.in-addr.arpa     name = www.test.com.
102.23.168.192.in-addr.arpa     name = nginx.test.com.
102.23.168.192.in-addr.arpa     name = master.test.com.23.168.192.in-addr.arpa.
> 
```

图 13.8　测试域名解析的效果

5）测试其他机器是否也能访问 DNS 服务

修改网卡配置，如图 13.9 所示，并使用 Windows 的 cmd.exe 工具测试域名解析，如图 13.10 所示。

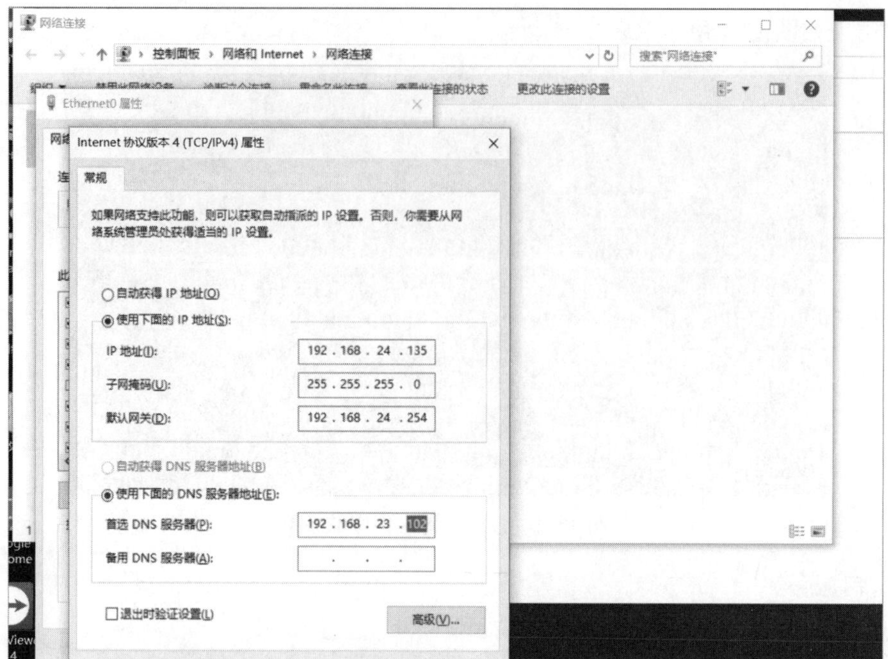

图 13.9　修改网卡配置

```
C:\Windows\system32\cmd.exe - nslookup
正在 Ping www.test.com [192.168.23.102] 具有 32 字节的数据:
来自 192.168.23.102 的回复: 字节=32 时间=5ms TTL=63
来自 192.168.23.102 的回复: 字节=32 时间=2ms TTL=63
来自 192.168.23.102 的回复: 字节=32 时间<1ms TTL=63
来自 192.168.23.102 的回复: 字节=32 时间=1ms TTL=63

192.168.23.102 的 Ping 统计信息:
    数据包: 已发送 = 4, 已接收 = 4, 丢失 = 0 (0% 丢失),
往返行程的估计时间(以毫秒为单位):
    最短 = 0ms, 最长 = 5ms, 平均 = 2ms

C:\Users\13694>nslookup
默认服务器:  nginx.test.com
Address:  192.168.23.102

> www.test.com
服务器:  nginx.test.com
Address:  192.168.23.102

名称:    www.test.com
Address:  192.168.23.102

> 192.168.23.102
服务器:  nginx.test.com
Address:  192.168.23.102

名称:    nginx.test.com
Address:  192.168.23.102

>
```

图 13.10　测试域名解析

至此，本任务实战完成。

第 14 章　DHCP 服务器配置

扫一扫，
获取微课

在现实生活中，学习、办公、娱乐等都离不开网络，网络已经成了我们生活中的一部分，随时随地都可能见到电脑、平板、手机等智能设备。当今时代是网络时代，各种网络在生活中无处不在。用户的电脑插上网线就能自动获取网络资源，手机连上 WiFi 就能正常通信。而这些连接服务器的过程，以及常见设备自动连接网络的过程，一般都需要 DHCP 服务器来提供支持。

当我们的电脑插上网线就能获取到 IP 地址进行上网时，这就说明有一台服务器配置了 DHCP 服务，可以有效地为我们分配 IP 地址。

本章将介绍 DHCP 服务器的工作原理和配置方法。

14.1　DHCP 简介

DHCP（Dynamic Host Configuration Protocol，动态主机配置协议）是一个基于 UDP 协议在局域网中使用的网络协议。该协议能自动且有效地管理局域网内主机的 IP 地址、子网掩码、网关和 DNS 等参数，从而有效提高 IP 地址的利用率并使其管理规范，这样可以减轻网络管理成本和资源。

14.1.1　DHCP 服务器的工作过程

1. 第一次连接

当用户通过客户端接入网络时，客户端就会通过广播的形式发送数据包给整个局域网内的所有主机，当局域网内有 DHCP 服务器时，就会响应客户端，彼此建立连接。具体步骤如下所述。

（1）客户端会发送一个租赁请求，这个请求会通过广播的形式向局域网内发送，即发送 dhcp discover 报文，报文中包含客户端的信息，如 MAC 地址。

（2）DHCP 服务器在收到 dhcp discover 报文之后，就会从服务器地址池中提供一个未分配的地址回馈给请求的主机，即 dhcp offer 报文。

（3）如果客户端未收到 DHCP 服务器回馈的 dhcp offer 报文，就会重复步骤（1），如果客户端收到 DHCP 服务器回复的 dhcp offer 报文并确认使用，就会向服务器发送表示接受的 dhcp request 报文。

（4）DHCP 服务器在收到客户端表示接受的报文后，最后会发送一个 dhcp ack 报文给客户端表示确认租赁信息。

2. 再次连接

当主机再次使用并需要获取地址时，不用像第一次一样建立连接，而是可以直接发送上次租赁信息的 dhcp request 报文给 DHCP 服务器，DHCP 服务器在收到 dhcp request 报文后，就会进行判断：如果 DHCP 服务器判断配置没调整，地址池有效，就会回复 dhcp ack 报文给客户端，并建立连接；如果 DHCP 服务器判断配置已经修改，无法再提供上次的租赁信息，就会发送 dhcp nack 拒绝报文给客户端，表示拒绝连接。

2. 租约期限

DHCP 服务器租赁的 IP 地址等有时间限制，时间可以通过配置控制，具体操作会在后面介绍。客户端收到的报文包含租赁有效时间，一般情况下租赁时间过半时，客户端会发送续租数据给 DHCP 服务器，DHCP 服务器在判断后会更新租赁时间。如果续租过程中 DHCP 服务器未响应，那么客户端会最后发送一个放弃的报文给该 DHCP 服务器，然后重新广播寻找可用的 DHCP 服务器。DHCP 服务器的工作过程如图 14.1 所示。

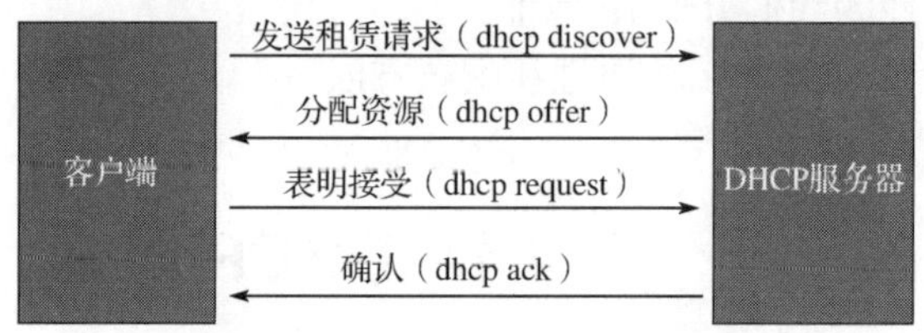

图 14.1　DHCP 服务器的工作过程

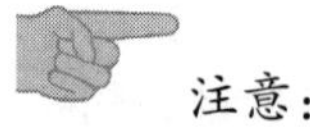

注意：

关于端口号，服务器端端口号为 67，监听客户端的请求；客户端端口号为 68，向服务器端发送请求。

14.1.2　DHCP 协议用途

在生活中，DHCP 协议的运用非常广泛，从智能设备相互连接到打印机连接网络，我们的工作和生活都需要用到它。

如果我们需要上网，就需要在设备间进行通信，并需要配置 TCP/IP 参数。参数配置有两种方法：一种方法是手动配置 IP 地址、子网掩码和网关等信息，另一种方法是通过 DHCP 服务器自动获取。手动配置一般需要网络管理员等对技术有一定了解的人员才可以做到，而自动获取则通过直接连接就可以使用。显然，自动获取比较方便。

如果设备的配置信息都需要网络管理员去一一配置，那么这样不但浪费时间，占用人力成本，也会出现错误。

如果使用 DHCP 服务器自动获取，就简单了很多。网络管理员只需要根据规划配置好服务器，连接上设备就可以获取对应的信息，这样不仅高效，而且便于管理和节约时间。手机连接网络也是同样的道理，如果每个人的手机都需要网络管理员协助配置地址，就会很烦琐，而通过 DHCP 服务器，手机只要连接上对应网络就能直接上网，这是因为在连接的过程中，DHCP 服务器就已经自动完成了参数配置。DHCP 服务器的常见使用环境如图 14.2 所示。

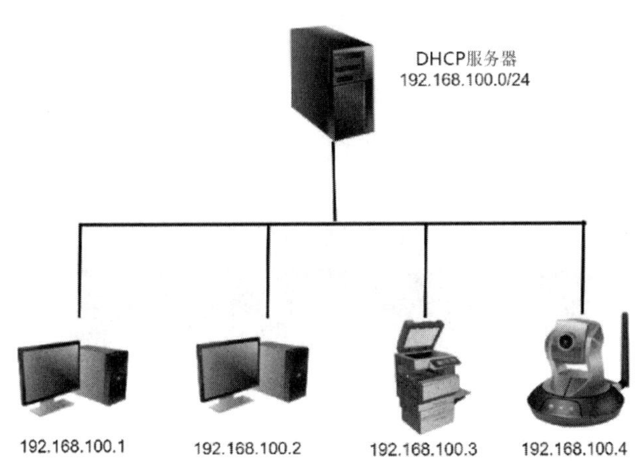

图 14.2　DHCP 服务器的常见使用环境

14.2　DHCP 服务器的安装与配置

既然 DHCP 服务器在工作和生活中非常重要，我们就需要掌握其常见的安装方法并了解其应该如何使用。

14.2.1　源码编译安装

1. 源码包获取方法

源码包可以通过光盘获取，或者通过相应网站直接下载，本次实验所用的源码包是直接通过网站下载的。

使用 wget 命令直接下载源码包，命令如下：

```
[root@localhost ~]# wget https://downloads.isc.org/isc/dhcp/4.4.1/dhcp-4.4.1.tar.gz
```

解压缩源码包到当前目录，命令如下：

```
[root@localhost ~]# tar   xf   dhcp-4.4.1.tar.gz
```

2. 编译安装

在下载并解压缩源码包后，接下来就需要安装源码包。

切换到对应目录，命令如下：

```
[root@localhost ~]# cd dhcp-4.4.1/
```

测试存在的特性和指定安装程序目录，命令如下：

```
[root@localhost dhcp-4.4.1]# ./configure  --prefix=/usr/local/dhcp
```

进行编译和安装，命令如下：

```
[root@localhost dhcp-4.4.1]# make  &&  make  install
```

然后就等待安装完成即可。

这里需要注意，在编译安装时需要服务器有对应的依赖包支持，才能顺利编译安装。如何安装编译依赖包这里不再介绍，如果在执行完命令后我们无法确定命令是否执行成功，则可以用 echo 命令进行检查：在命令执行后输入“echo $?”，如果返回 0，说明上一条命令执行成功；如果返回 1，说明上一条命令执行失败。判断命令执行结果如图 14.3 所示。

```
[root@localhost dhcp-4.4.1]# echo $?
0
[root@localhost dhcp-4.4.1]#
```

图 14.3　判断命令执行结果

创建一个文件，用来记录已经分配的 IP 地址，命令如下：

```
[root@localhost ~]# vi  /var/db/dhcpd.leases
```

复制配置文件模板作为配置文件，命令如下：

```
[root@localhost~]#cp /usr/local/dhcp/etc/dhcpd.conf.example /etc/dhcpd.conf
```

编辑配置文件，加入网段、子网掩码等参数（后面会详细介绍参数），命令如下：

```
[root@localhost ~]# vi /etc/dhcpd.conf
```

添加以下信息，subnet 代表网段，netmask 代表子网掩码，range 定义 IP 地址池，也就是分配 IP 地址的范围：

```
subnet 192.168.200.0 netmask 255.255.255.0 {
range 192.168.200.100 192.168.200.110;
}
```

启动 DHCP 服务，命令如下：

```
[root@localhost ~]# /usr/local/dhcp/sbin/dhcpd
```

这时，需要让 DHCP 服务器和需要获取地址的客户端处于同一局域网，才能让 DHCP 服务器收到客户端发送的请求包。首先在客户端设置一个静态 IP 地址（和 DHCP 服务器处于同一网段），并检查是否能和 DHCP 服务器通信。此处测试的是 Windows 的客户端，这里不再赘述客户端配置静态 IP 地址的方法。如果我们使用的是 VMware 虚拟机，则需要让客户端和服务器保持在一个网络里，同时要检查是否关闭了虚拟软件自带的 DHCP 服务器。VMware 虚拟网络编辑器如图 14.4 所示。

然后，进行网络连接测试，检查客户端和服务器是否处于同一局域网，如图 14.5 所示，如果能 ping 通，则说明它们处于同一局域网。这里需要注意的是，如果要用 DHCP 服务器 ping 通 Windows 客户端，则需要关闭客户端的防火墙，不然会被防火墙阻止，导致无法 ping 通 Windows 客户端。

将客户端获取 IP 地址的方式改为自动获取，重启客户端网卡。然后查看 IP 地址的获取情况，如图 14.6 所示。

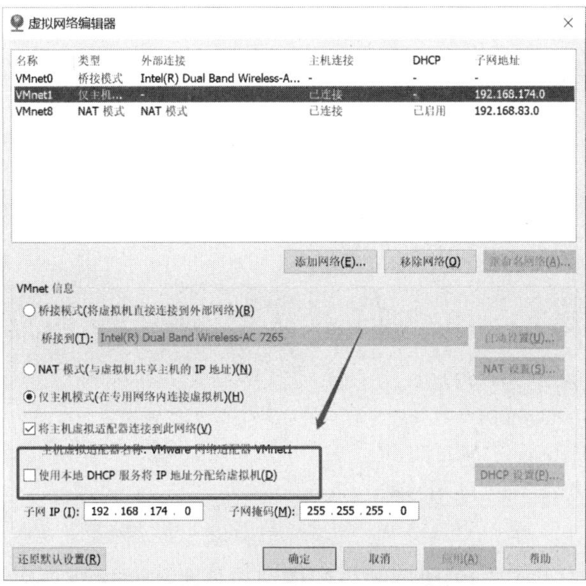

图 14.4　VMware 虚拟网络编辑器

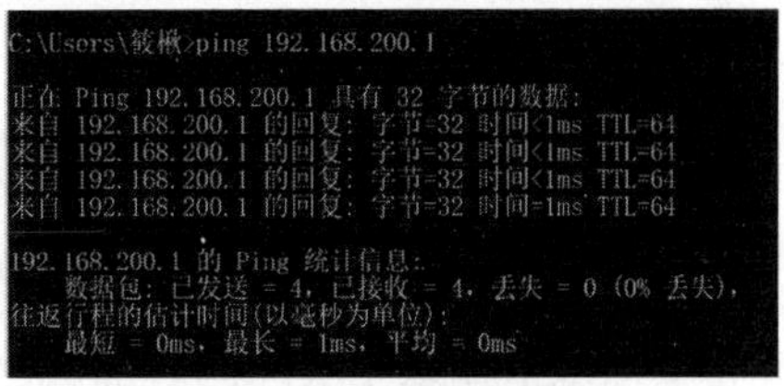

```
C:\Users\筱楓>ping 192.168.200.1

正在 Ping 192.168.200.1 具有 32 字节的数据:
来自 192.168.200.1 的回复: 字节=32 时间<1ms TTL=64
来自 192.168.200.1 的回复: 字节=32 时间<1ms TTL=64
来自 192.168.200.1 的回复: 字节=32 时间<1ms TTL=64
来自 192.168.200.1 的回复: 字节=32 时间=1ms TTL=64

192.168.200.1 的 Ping 统计信息:
    数据包: 已发送 = 4，已接收 = 4，丢失 = 0 (0% 丢失)，
往返行程的估计时间(以毫秒为单位):
    最短 = 0ms，最长 = 1ms，平均 = 0ms
```

图 14.5　网络连接测试

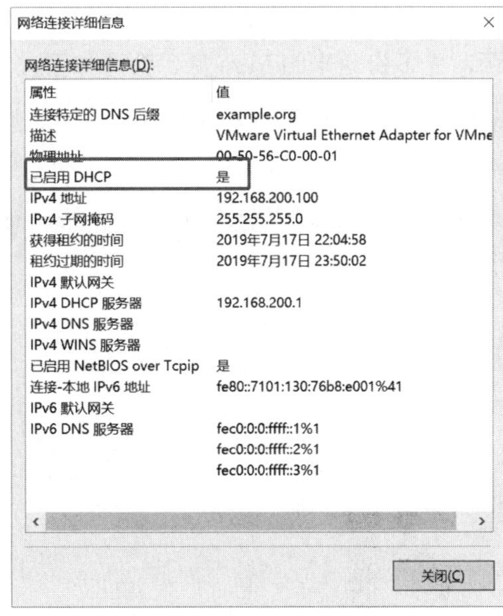

图 14.6　查看 IP 地址的获取情况

此时客户端成功获取到 DHCP 服务器分配的 IP 地址，我们可以查看刚刚创建的记录 IP 地址分配情况的文件，命令如下：

```
[root@localhost ~]# cat /var/db/dhcpd.leases
```

以下是部分显示情况：

```
lease 192.168.200.100 {
  starts 3 2019/07/17 23:50:01;
  ends 4 2019/07/18 00:00:01;
  cltt 3 2019/07/17 23:50:01;
  binding state active;
  next binding state free;
  rewind binding state free;
  hardware ethernet 00:50:56:c0:00:01;
  uid "\001\000PV\300\000\001";
  set vendor-class-identifier = "MSFT 5.0";
  client-hostname "DESKTOP-TI64LQB";
}
```

很明显，这里详细记录着 IP 地址的分配情况，比如 DESKTOP-TI64LQB 就是 Windows 客户端的主机名，其他信息我们以后再去了解，这里就不一一解释了。

14.2.2 使用 Yum 安装

1. 配置 Yum 源

Yum 是一个在 Linux 中经常使用的前端基于 RPM 包的软件包管理器。

它的优点是能快速自动下载并安装 RPM 包，自动处理依赖关系，比较高效和便捷；缺点就是其中的软件可能不够新。

下面配置服务器 Yum 源，先备份原来的 Yum 源，命令如下：

```
[root@localhost~]# mv /etc/yum.repos.d/CentOS-Base.repo /etc/yum.repos.d/CentOS-Base.repo.backup
```

下载阿里云 Yum 源，命令如下：

```
[root@localhost ~]# wget -O /etc/yum.repos.d/CentOS-Base.repo http://mirrors.aliyun.com/repo/Centos-7.repo
```

清理缓存，命令如下：

```
[root@localhost ~]# yum clean all
```

建立新的缓存，命令如下：

```
[root@localhost ~]# yum makecache
```

检查是否安装成功，命令如下：

```
[root@localhost ~]# yum repolist
```

如果看到 Yum 源是属于阿里云的，则说明已经替换成功。

2. 使用 Yum 安装 DHCP 服务器

在配置好 Yum 源后，可以直接安装 DHCP 服务器，命令如下：

```
[root@localhost ~]# yum install dhcp -y
```

如果出现“complete”且没报错，则说明安装成功，可以使用如下命令检查：

```
[root@localhost ~]# rpm -qa | grep dhcp
```

如果看到有对应的 DHCP 软件，则说明已经安装成功，关于对应的配置文件，可以通过如下命令查看：

```
[root@localhost ~]# rpm -ql dhcp
```

此时就能看到对应的各种文件目录了，DHCP 常见目录如图 14.7 所示。

```
[root@localhost ~]# rpm -ql dhcp
/etc/NetworkManager
/etc/NetworkManager/dispatcher.d
/etc/NetworkManager/dispatcher.d/12-dhcpd
/etc/dhcp/dhcpd.conf
/etc/dhcp/dhcpd6.conf
/etc/dhcp/scripts
/etc/dhcp/scripts/README.scripts
/etc/openldap/schema/dhcp.schema
/etc/sysconfig/dhcpd
/usr/bin/omshell
/usr/lib/systemd/system/dhcpd.service
/usr/lib/systemd/system/dhcpd6.service
/usr/lib/systemd/system/dhcrelay.service
/usr/sbin/dhcpd
/usr/sbin/dhcrelay
/usr/share/doc/dhcp-4.2.5
/usr/share/doc/dhcp-4.2.5/dhcpd.conf.example
/usr/share/doc/dhcp-4.2.5/dhcpd6.conf.example
/usr/share/doc/dhcp-4.2.5/ldap
/usr/share/doc/dhcp-4.2.5/ldap/README.ldap
/usr/share/doc/dhcp-4.2.5/ldap/dhcp.schema
/usr/share/doc/dhcp-4.2.5/ldap/dhcpd-conf-to-ldap
/usr/share/man/man1/omshell.1.gz
/usr/share/man/man5/dhcpd.conf.5.gz
/usr/share/man/man5/dhcpd.leases.5.gz
/usr/share/man/man8/dhcpd.8.gz
/usr/share/man/man8/dhcrelay.8.gz
/usr/share/systemtap/tapset/dhcpd.stp
/var/lib/dhcpd
/var/lib/dhcpd/dhcpd.leases
/var/lib/dhcpd/dhcpd6.leases
```

图 14.7　DHCP 常见目录

这里的目录和前面使用源码安装的目录不一样，但对应文件的作用基本一致。这里先介绍两个文件，即/etc/dhcp/dhcpd.conf 和/var/lib/dhcpd/dhcpd.leases，前者是配置文件，后者是记录 IP 地址分配情况的文件。

接下来就像在源码安装时一样，我们需要让 DHCP 服务器和客户端主机处于同一局域网，目的就是让 DHCP 服务器能收到客户端发送的请求包，此处不再赘述。

下面创建一个 192.168.10.0/24 的网段，打开配置文件，如图 14.8 所示，可以看到配置文件中基本没有内容，需要我们自行编写配置，可以参考配置文件中所提及的示例文件。

```
[root@localhost ~]# cat /etc/dhcp/dhcpd.conf
#
# DHCP Server Configuration file.
#   see /usr/share/doc/dhcp*/dhcpd.conf.example
#   see dhcpd.conf(5) man page
#
```

图 14.8　配置文件

标准的配置文件应该有全局参数和网段等参数，后面会对其进行详细说明，这里先复制示例文件并替换配置文件，就可以参照示例直接修改了，命令如下：

```
[root@localhost ~]# cp /usr/share/doc/dhcp*/dhcpd.conf.example /etc/dhcp/dhcpd.conf
```

加入网段等参数，命令如下：

```
subnet 192.168.10.0 netmask 255.255.255.0 {
range 192.168.10.10 192.168.10.100;
}
```

在确认 DHCP 服务器和客户端处于同一局域网后（建议先给客户端配置一个静态 IP 地址，并检查连通性，避免 DHCP 服务器接收不到客户端的请求报文），启动 DHCP 服务，命令如下：

```
[root@localhost ~]# service dhcpd start
```

接下来在客户端设置获取 IP 地址的方式为自动获取，然后重启客户端网卡，等待客户端自动获取 IP 地址。

客户端成功获取到 DHCP 服务器分配的 IP 地址，如图 14.9 所示。

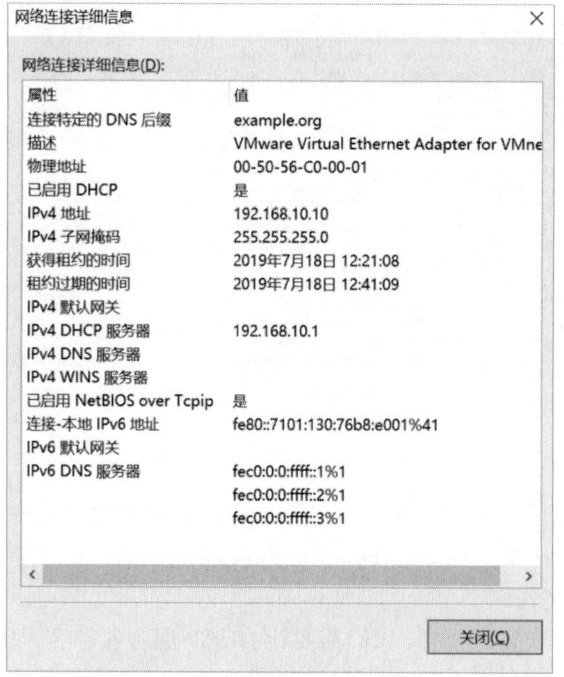

图 14.9　客户端获取的 IP 地址

这时可以查看 IP 地址的分配情况，命令如下：

```
[root@localhost ~]# cat /var/lib/dhcpd/dhcpd.leases
```

结果如图 14.10 所示。

```
[root@localhost ~]# cat /var/lib/dhcpd/dhcpd.leases
# The format of this file is documented in the dhcpd.leases(5) manual page.
# This lease file was written by isc-dhcp-4.2.5

server-duid "\000\001\000\001$\303 l\000\014)C\332]";

lease 192.168.10.10 {
  starts 4 2019/07/18 12:21:07;
  ends 4 2019/07/18 12:31:07;
  cltt 4 2019/07/18 12:21:07;
  binding state active;
  next binding state free;
  rewind binding state free;
  hardware ethernet 00:50:56:c0:00:01;
  uid "\001\000PV\300\000\001";
  client-hostname "DESKTOP-TI64LQB";
}
```

图 14.10　IP 地址的分配情况

14.2.3　详细参数配置

1. 配置文件常见参数

前文介绍了两种安装方法，安装方式不同导致配置文件的目录不同，但在使用过程中，配置文件的具体信息大同小异，如果我们了解配置文件中常见的参数，那么在配置时就会很轻松。配置文件中常见的参数及作用如表 14.1 所示。

表 14.1　配置文件中常见的参数及作用

序　号	参　数	作　用
1	ddns-update-style	定义 DNS 服务动态更新的类型
2	allow/ignore client-updates	允许/忽略客户机更新 DNS 记录
3	default-lease-time	默认超时时间，默认为 21600 秒
4	max-lease-time	最大超时时间，默认为 43200 秒
5	option domain-name-servers	DNS 服务器地址
6	option domain-name	DNS 域名
7	range	定义 IP 地址池
8	option subnet-mask	子网掩码
9	option routers	网关地址
10	broadcase-address	广播地址
11	ntp-server	网络时间服务器
12	hardware	网卡接口的类型与 MAC 地址
13	server-name	服务器的主机名
14	fixed-address	固定 IP 地址分配
15	time-offset	客户机与 GMT（格林尼治时间）的偏移差

2. 固定 IP 地址分配

在 DHCP 协议中，可以把指定的 IP 地址分配给指定的人员，并且这个指定的 IP 地址不会再自动分配给其他用户。我们需要在配置文件中添加对应的标识信息，就是需要分配固定 IP 地址的主机的 MAC 地址，这样当主机发送请求时，就可以在核对 MAC 地址后把固定 IP 地址分配给所匹配的用户。

首先找一个同局域网的客户端，记录其对应的 MAC 地址，如图 14.11 所示，客户端 MAC

地址为“00-50-56-C0-00-01”。

```
以太网适配器 VMware Network Adapter VMnet1:

   连接特定的 DNS 后缀 . . . . . . . : example.org
   描述. . . . . . . . . . . . . . . : VMware Virtual Ethernet Adapter for VMnet1
   物理地址. . . . . . . . . . . . . : 00-50-56-C0-00-01
   DHCP 已启用 . . . . . . . . . . . : 是
   自动配置已启用. . . . . . . . . . : 是
   本地链接 IPv6 地址. . . . . . . . : fe80::7101:130:76b8:e001%41(首选)
   IPv4 地址 . . . . . . . . . . . . : 192.168.10.10(首选)
   子网掩码 . . . . . . . . . . . . : 255.255.255.0
   获得租约的时间 . . . . . . . . . : 2019年7月18日 12:21:08
   租约过期的时间 . . . . . . . . . : 2019年7月18日 13:41:27
   默认网关. . . . . . . . . . . . . :
   DHCP 服务器 . . . . . . . . . . . : 192.168.10.1
   DHCPv6 IAID . . . . . . . . . . . : 687886422
   DHCPv6 客户端 DUID . . . . . . . : 00-01-00-01-24-15-85-E4-A4-02-B9-46-5F-A5
   DNS 服务器 . . . . . . . . . . . : fec0:0:0:ffff::1%1
                                       fec0:0:0:ffff::2%1
                                       fec0:0:0:ffff::3%1
   TCPIP 上的 NetBIOS . . . . . . . : 已启用
```

图 14.11　查看客户端 MAC 地址

然后给上述客户端的主机添加一个固定 IP 地址 192.168.10.50，前面已经添加了网段和 IP 地址段，现在需要加入固定 IP 地址的主机信息，把以下参数添加到原有配置中：

```
host host50 {
hardware ethernet 00:50:56:C0:00:01;
fixed-address 192.168.10.50;
}
```

在添加参数后，部分配置如图 14.12 所示。

```
subnet 192.168.10.0 netmask 255.255.255.0 {
range 192.168.10.10 192.168.10.100;
option routers 192.168.10.1;
host host50 {
hardware ethernet 00:50:56:C0:00:01;
fixed-address 192.168.10.50;
}
}
```

图 14.12　添加参数后的部分配置

接下来重启 DHCP 服务和客户端网卡，命令如下：

```
[root@localhost ~]# service dhcpd restart
```

最后需要查看客户端获取的 IP 地址，如图 14.13 所示，表明已经获取到指定的固定 IP 地址了。

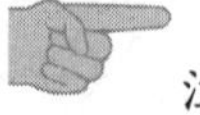

注意：

① DHCP 服务启动/停止/重启命令为 service dhcpd start/stop/restart。

② 在 Linux 中，MAC 地址的间隔符为“:”，而在 Windows 中，MAC 地址的间隔符为“-”，如 00-50-56-C0-00-01。

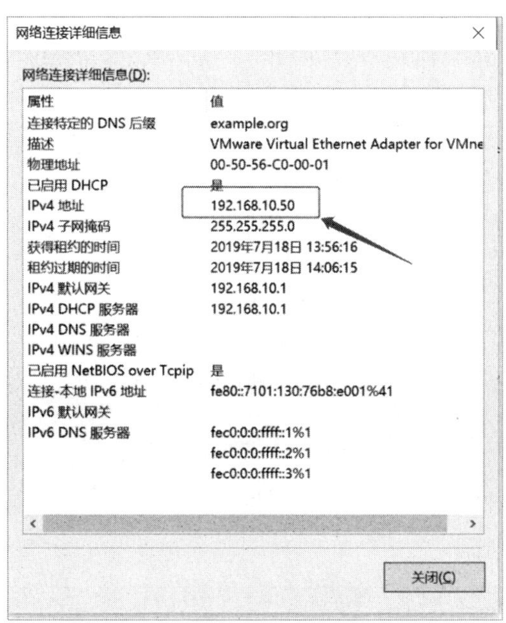

图 14.13 查看客户端获取的 IP 地址

14.3 任务实战

14.3.1 任务描述

本任务主要是在 CentOS 7 上安装 DHCP 服务器，实现 IP 地址的自动分配，并对相关主机进行 IP 地址指定。相关需求如下所述。

（1）网段为 192.168.1.0/24。

（2）分配的 IP 地址段为 192.168.1.100～192.168.1.200。

（3）将 IP 地址 192.168.1.199 指定给 MAC 地址为 00-50-56-C0-00-01 的客户端。

（4）网关为 192.168.1.1。

（5）DNS 服务器为 8.8.8.8。

14.3.2 任务实施

首先，检查安装环境是否有 Yum 源，是否已经联网，保证客户端和 DHCP 服务器处于同一局域网，命令如下：

```
[root@localhost ~]# yum repolist              //检查是否安装 Yum 源
[root@localhost ~]# ping aliyun.com           //检查是否连接互联网
```

执行结果如图 14.14 所示。

```
[root@localhost ~]# yum repolist
Loaded plugins: fastestmirror, langpacks
Loading mirror speeds from cached hostfile
 * base: mirrors.aliyun.com
 * extras: mirrors.aliyun.com
 * updates: mirrors.aliyun.com
repo id                    repo name                                       status
base/7/x86_64              CentOS-7 - Base - mirrors.aliyun.com            10,019
extras/7/x86_64            CentOS-7 - Extras - mirrors.aliyun.com             419
updates/7/x86_64           CentOS-7 - Updates - mirrors.aliyun.com          2,236
repolist: 12,674
[root@localhost ~]# ping aliyun.com
PING aliyun.com (106.11.248.146) 56(84) bytes of data.
64 bytes from 106.11.248.146 (106.11.248.146): icmp_seq=1 ttl=35 time=30.7 ms
64 bytes from 106.11.248.146 (106.11.248.146): icmp_seq=2 ttl=35 time=32.3 ms
^C
--- aliyun.com ping statistics ---
2 packets transmitted, 2 received, 0% packet loss, time 1001ms
rtt min/avg/max/mdev = 30.767/31.545/32.324/0.798 ms
[root@localhost ~]#
```

图 14.14 检查安装环境

然后，使用 Yum 安装 DHCP 服务器，命令如下：

```
[root@localhost ~]# yum install dhcp -y    //使用 Yum 安装 DHCP 服务器
```

执行结果如图 14.15 所示。

```
[root@localhost ~]# yum install dhcp -y
Loaded plugins: fastestmirror, langpacks
Loading mirror speeds from cached hostfile
 * base: mirrors.aliyun.com
 * extras: mirrors.aliyun.com
 * updates: mirrors.aliyun.com
Resolving Dependencies
--> Running transaction check
---> Package dhcp.x86_64 12:4.2.5-68.el7.centos.1 will be installed
--> Finished Dependency Resolution

Dependencies Resolved

================================================================================
 Package          Arch           Version                      Repository   Size
================================================================================
Installing:
 dhcp             x86_64         12:4.2.5-68.el7.centos.1     base        513 k

Transaction Summary
================================================================================
Install  1 Package

Total download size: 513 k
Installed size: 1.4 M
Downloading packages:
dhcp-4.2.5-68.el7.centos.1.x86_64.rpm                       | 513 kB  00:00:11
Running transaction check
Running transaction test
Transaction test succeeded
Running transaction
  Installing : 12:dhcp-4.2.5-68.el7.centos.1.x86_64                         1/1
  Verifying  : 12:dhcp-4.2.5-68.el7.centos.1.x86_64                         1/1

Installed:
  dhcp.x86_64 12:4.2.5-68.el7.centos.1

Complete!
```

图 14.15 使用 Yum 安装 DHCP 服务器

复制示例文件并替换配置文件，命令如下：

```
//复制示例文件并替换配置文件
[root@localhost ~]# cp /usr/share/doc/dhcp*/dhcpd.conf.example /etc/dhcp/dhcpd.conf
```

按照任务描述，把所需要的配置信息添加到配置文件中，并启动 DHCP 服务，命令如下：

```
[root@localhost ~]# vi /etc/dhcp/dhcpd.conf        //打开并编辑配置文件
[root@localhost ~]# service dhcpd start            //启动 DHCP 服务
Redirecting to /bin/systemctl start dhcpd.service
```

添加配置信息如图 14.16 所示。

```
subnet 192.168.1.0 netmask 255.255.255.0 {
range 192.168.1.100 192.168.1.200;
option routers 192.168.1.1;
option domain-name-servers 8.8.8.8;
host 199 {
hardware ethernet 00:50:56:C0:00:01;
fixed-address 192.168.1.199;
}
}

-- INSERT --
```

图 14.16　添加配置信息

最后，查看客户端获取到的 IP 地址，此时两台客户端已经获取到 IP 地址，其中一台客户端属于指定 IP 地址的客户端，所以获取到的 IP 地址为 192.168.1.199，如图 14.17 所示。

图 14.17　分配指定 IP 地址的客户端

第 15 章　Samba 服务器配置

扫一扫，
获取微课

在 Linux 的各个服务器节点中实现文件共享，可以使用 Samba 软件，而且该软件是专门用于 Linux 服务器运维的，不像我们平时使用电脑那样需要拿着 U 盘将文件复制并粘贴到各台电脑中。Samba 是在 Linux 和 UNIX 上实现 SMB 协议的一个免费软件，由服务器及客户端程序构成。

15.1　Samba 服务器的安装

15.1.1　Samba 简介

SMB（Server Messages Block，信息服务块）是一种在局域网上共享文件和打印机的通信协议，可以为局域网内的不同计算机提供文件及打印机等资源的共享服务。SMB 协议是“客户机/服务器”型协议，客户机通过该协议可以访问服务器上的共享文件系统、打印机及其他资源。通过设置“NetBIOS over TCP/IP”，Samba 不但能与局域网络主机分享资源，还能与全世界的电脑分享资源。

Samba 的核心进程如下所述。

（1）smbd：Samba 的 SMB 核心进程，它使用 SMB 协议与客户端连接，完成用户认证、权限管理和文件共享服务。

（2）nmbd：提供 NetBIOS 名称服务的守护进程，可以帮助客户定位服务器和域。

Samba 的配置文件为 smb.conf。

Samba 的客户端为 smbclient，用于访问其他 SMB 计算机共享的资源。

swat 是一个 Samba 专用的 WWW 服务器，用于通过客户浏览器配置 Samba，提供了 Samba 的图形配置界面。

smbprint 是一个 Shell 脚本，使用 smbprint 向 Windows 计算机共享的打印机发送要打印的文档。

nmblookup 是一个用于查询 NetBIOS 名称的命令工具。

15.1.2 Samba 的安装与启动

安装 Samba 软件，命令如下：

```
[root@master ~]# yum -y install samba
```

启动 Samba 服务，命令如下：

```
[root@master ~]# systemctl start smb.service
[root@master ~]# systemctl start nmb.service
```

使用 status 命令查看是否启动成功，命令如下：

```
[root@master ~]# systemctl status nmb.service
```

启动过程如图 15.1 所示。

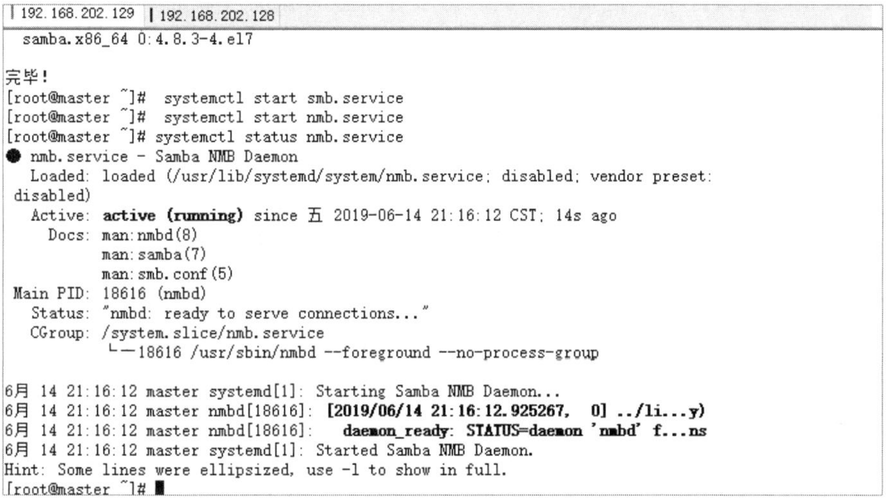

```
| 192.168.202.129 | 192.168.202.128
  samba.x86_64 0:4.8.3-4.el7

完毕!
[root@master ~]#  systemctl start smb.service
[root@master ~]#  systemctl start nmb.service
[root@master ~]# systemctl status nmb.service
● nmb.service - Samba NMB Daemon
   Loaded: loaded (/usr/lib/systemd/system/nmb.service; disabled; vendor preset:
 disabled)
   Active: active (running) since 五 2019-06-14 21:16:12 CST; 14s ago
     Docs: man:nmbd(8)
           man:samba(7)
           man:smb.conf(5)
 Main PID: 18616 (nmbd)
   Status: "nmbd: ready to serve connections..."
   CGroup: /system.slice/nmb.service
           └─18616 /usr/sbin/nmbd --foreground --no-process-group

6月 14 21:16:12 master systemd[1]: Starting Samba NMB Daemon...
6月 14 21:16:12 master nmbd[18616]: [2019/06/14 21:16:12.925267,  0] ../li...y)
6月 14 21:16:12 master nmbd[18616]:   daemon_ready: STATUS=daemon 'nmbd' f...ns
6月 14 21:16:12 master systemd[1]: Started Samba NMB Daemon.
Hint: Some lines were ellipsized, use -l to show in full.
[root@master ~]# █
```

图 15.1 Samba 服务的启动过程

如果用户希望系统在启动时就自动加载 Samba 服务，则可以使用如下命令设置开机自启动：

```
[root@master ~]# chkconfig smb on
注意：正在将请求转发到“systemctl enable smb.service”。
Created symlink from/etc/systemd/system/multi-user.target.wants/smb.service to /usr/lib/systemd/system/smb.service.
[root@master ~]# chkconfig nmb on
注意：正在将请求转发到“systemctl enable nmb.service”。
Created symlink from/etc/systemd/system/multi-user.target.wants/nmb.service to /usr/lib/systemd/system/nmb.service.
```

查看 Samba 服务进程，命令如下：

```
[root@master ~]# ps -ef | grep -E 'smb|nmb'
```

查看 Samba 服务进程如图 15.2 所示。

```
[root@master ~]#
[root@master ~]# ps -ef |grep -E 'smb|nmb'
root      18604      1  0 21:16 ?        00:00:00 /usr/sbin/smbd --foreground --no-process-group
root      18606  18604  0 21:16 ?        00:00:00 /usr/sbin/smbd --foreground --no-process-group
root      18607  18604  0 21:16 ?        00:00:00 /usr/sbin/smbd --foreground --no-process-group
root      18608  18604  0 21:16 ?        00:00:00 /usr/sbin/smbd --foreground --no-process-group
root      18616      1  0 21:16 ?        00:00:00 /usr/sbin/nmbd --foreground --no-process-group
root      18694  18482  0 21:28 pts/0    00:00:00 grep --color=auto -E smb|nmb
[root@master ~]#
就绪                                  ssh2: AES-256   24, 18   24 行, 99 列  VT100     数字
```

图 15.2　查看 Samba 服务进程

15.2　Samba 服务器的配置与管理

在 Samba 的配置文件中，主要的设置包括服务器全局设置（如工作组、NetBIOS 名称和密码等级）和共享目录的相关设置（如实际目录、共享资源名称和权限等）两大部分。

15.2.1　smb.conf 配置文件

Samba 默认配置文件的存放路径为/etc/samba/smb.conf，配置文件用于配置 Samba 服务的内容，如图 15.3 所示。查看配置文件的命令如下：

```
[root@master samba]# vim smb.conf
```

```
[global]
        workgroup = SAMBA
        security = user

        passdb backend = tdbsam

        printing = cups
        printcap name = cups
        load printers = yes
        cups options = raw

[homes]
        comment = Home Directories
        valid users = %S, %D%w%S
        browseable = No
        read only = No
        inherit acls = Yes

[printers]
        comment = All Printers
        path = /var/tmp
        printable = Yes
        create mask = 0600
        browseable = No
```

图 15.3　smb.conf 配置文件

15.2.2　配置选项

1. 语法格式

smb.conf 配置文件的语法格式如下：

```
<file>              :== { <section> } EOF
```

```
<section>              :== <section header> { <parameter line> }
<section header>    :==     '[' NAME ']'
<parameter line>    :== NAME '=' VALUE '\n'
```

<section>将 smb.conf 配置文件划分为不同的部分，每个部分定义了一项共享服务。共享服务名定义在'[' NAME ']'内，从某个共享服务名到下一个共享服务名之间定义了该共享服务的属性选项。

每个属性选项的定义占据一行，其格式为“名称 = 值”。

以第 1 个“=”来划分选项名和选项值，可以在某行的末尾使用续行符“\”以在下一行继续某选项的定义。在 smb.conf 配置文件中，以“;”或者“#”开头的行会作为注释，并且会在语法解析时被忽略。

注意：

共享服务名和选项名不区分大小写。

在<section header>中有 3 个特殊的 NAME，分别是 global、homes 和 printers。下面对这 3 个特殊的 NAME 进行简单的介绍。

[global]：其属性选项是全局可见的，但是在需要的时候，可以在其他<section>中定义某些属性来覆盖[global]的对应选项定义。

[homes]：当客户端发起访问共享服务请求时，Samba 服务器会查询 smb.conf 配置文件是否定义了该共享服务，如果 smb.conf 配置文件中没有指定该共享服务，但定义了[homes]，则 Samba 服务器会将请求的共享服务名看作某个用户的用户名，并在本地的 password 文件中查询该用户，若用户名存在且密码正确，则 Samba 服务器会将[homes]这个<scction>中的选项定义复制出一个共享服务给客户端，该共享服务的名称是用户的用户名。

[printers]：用于提供打印服务。当客户端发起访问共享服务请求时，如果 smb.conf 配置文件中没有特定的服务与之对应，并且[homes]也没有找到存在的用户，则 Samba 服务器会把请求的共享服务名当作一个打印机的名称来进行处理。

除了 global、homes 和 printers，还可以在 smb.conf 配置文件中自定义共享服务名。在共享服务的定义中，可以通过一些选项来定义共享服务的属性。在选项的定义中，可以使用一些 Samba 预定义的变量来设置动态的选项值。

下面列出几个常用的预定义变量。

- %S：当前服务名。
- %P：当前服务的根目录。
- %u：当前服务的用户名。
- %U：当前会话的用户名。
- %g：当前服务用户所在的主工作组。
- %G：当前会话用户所在的主工作组。
- %H：当前服务的用户的家目录。
- %V：samba 的版本号。
- %h：运行 samba 服务器的主机名。
- %M：客户端的主机名。
- %m：客户端的 NetBIOS 名称。

- %L：服务器的 NetBIOS 名称。
- %R：所采用的协议等级（CORE/COREPLUS/LANMAN1/LANMAN2/NT1）。
- %d：当前服务进程的 ID。
- %I：客户端的 IP 地址。
- %T：当前日期和时间。

2. 重要选项说明

1）全局选项

全局选项用于[global]的<section>选项定义，用于说明 Samba 服务器的一些基本属性。其中有些选项可以被其他<section>中的选项定义覆盖。各全局选项的定义格式及说明如下所述。

```
workgroup = MYGROUP
```

定义 Samba 服务器所在的工作组或域（如果设置了 security = domain）。

```
server string = Samba server
```

设定 Samba 服务器的描述，通过网络邻居访问时可在备注中查看该描述信息。

```
hosts allow = host (subnet)
```

设定允许访问该 Samba 服务器的主机 IP 地址或网络，该选项的值为列表类型，不同的项目之间使用空格或逗号隔开，例如“hosts allow = 192.168.3.0, 192.168.1.1”，该选项设置允许主机 192.168.1.1 和子网 192.168.3.0/24 内的所有主机访问该 Samba 服务器。

```
hosts deny = host (subnet)
```

设定不允许访问该 Samba 服务器的主机 IP 地址或网络，其格式与 hosts allow 一样。

```
guest account = guest
```

设定了游客的账号，在游客访问 guest ok = yes 的共享服务时，Samba 服务器将设置客户端以该游客账号来访问共享服务。

```
log file = MYLOGFILE
```

设定记录文件的位置。

```
max log size = size
```

设定记录文件的大小，单位为 KB，如果设置为 0，则表示无大小限制。

```
security =
```

设定 Samba 服务器的安全级别，其有 4 种安全级别，分别为 share、user、server 和 domain，默认安全级别为 user。关于这 4 种安全级别的详细信息，请查看相关文档。

```
password server = ServerIP
```

设定用户账号认证服务器 IP，其在设定 security = server 时有效。

```
encrypt passwords = yes | no
```

设定是否对密码进行加密。如果不对密码进行加密，则在认证会话期间，客户端与服务器传递的是明文密码。但有些 Windows 在默认情况下，不支持明文密码传输。

```
passdb backend = smbpasswd | tdbsam | ldapsam
```

设定 Samba 服务器访问和存储 Samba 用户账号的后端，在 samba-3.0.23 之前，其默认值为 smbpasswd，而在 Samba-3.0.23 之后，其默认值为 tdbsam。

```
smb passwd file =
```

设定 Samba 的用户账号文件。对于源码安装的 Samba 而言，在 samba-3.0.23 之前，其默认为/user/local/samba/private/smbpasswd 文件；而在 samba-3.0.23 之后，其默认为/usr/local/samba/private/passwd.tdb 文件。

```
include = smbconfFile
```

通过 include 选项可以包含其他配置文件，通过该选项和一些 Samba 定义的变量可以设定与不同机器相关的配置。

```
local master = yes | no
```

设定该 Samba 服务器是否可以成为本地主浏览器，默认值为 yes。若设置为 no，则该 Samba 服务器永远不可能成为本地主浏览器；若设置为 yes，也不代表其一定能成为本地主浏览器，只是让其能参与本地主浏览器的选举。

```
os level = N
```

N 是一个整数，设定了该 Samba 服务器参加本地主浏览器选举时的权重，其值越大，权重越大。当 os level = 0 时，该服务器将失去选举的机会。

```
domain master = yes | no
```

设定 Samba 服务器成为域浏览器。域浏览器从各个本地主浏览器处获取浏览列表，并将整个域的浏览列表传递给各个本地主浏览器。

```
preferred master = yes | no
```

设定该 Samba 服务器是否为工作组里的首要主浏览器，如果设置为 yes，则在 nmbd 进程启动时，将在浏览器中强制选择一个浏览器作为常用浏览器。

2）局部选项

局部选项为除[global]以外的各个<section>中的参数，定义了共享服务的属性。各局部选项的定义格式及说明如下所述。

```
comment =
```

设定共享服务的描述信息。

```
path =
```

设定共享服务的路径，可以结合 Samba 预定义的变量来设置。

```
hosts allow = host(subnet)
hosts deny = host(subnet)
```

与全局选项的 hosts allow 和 hosts deny 含义相同，其会覆盖全局选项的设置。

```
read only = yes | no
```

设定该共享服务是否为只读，其同义选项为 writeable。

```
user = user(@group)
```

设定所有可能使用该共享服务的用户，可以使用@group 来设置 group 用户组中的所有用户账号。该选项的值为列表，不同的项目之间使用空格或逗号隔开。当设置 security = share 时，客户端在访问某共享服务时所提供的密码会与该选项指定的所有用户进行一一配对认证，若某用户认证通过，则以该用户权限进行共享服务访问，否则拒绝客户端的访问（当设置 security = share 时，不是允许游客访问的，只有在设置 guest ok = yes 时，才是允许游客访问的）。

```
valid users = user(@group)
```

设定能够使用该共享服务的用户和用户组，其值的格式与 user 选项一样。

```
invalid users = user(@group)
```

设定不能够使用该共享服务的用户和用户组，其值的格式与 user 选项一样。

```
read list = user(@group)
```

设定对该共享服务只有读取权限的用户和用户组，其值的格式与 user 选项一样。

```
write list = user(@group)
```

设定对该共享服务拥有读取和写入权限的用户和用户组，其值的格式与 user 选项一样。

```
admin list = user(@group)
```

设定对该共享服务拥有管理权限的用户和用户组，其值的格式与 user 选项一样。

```
public = yes | no
```

设定该共享服务是否能够被游客访问，其同义选项为 guest ok。

```
create mode = mode
```

mode 为八进制值，如 0755，其默认值为 0744。该选项指定的值用于过滤新建文件的访问权限，新建文件的默认权限会与 create mode 指定的值进行按位与操作，并且会将得到的结果与 force create mode 指定的值进行按位或操作，此时得到的结果即为新建文件的访问权限。

```
force create mode = mode
```

mode 为八进制值，默认为 0000，其作用参考选项 create mode。

```
directory mode = mode
```

mode 为八进制值，默认为 0755。该选项指定的值用于过滤新建目录的访问权限，新建目录的默认权限会与 directory mode 指定的值进行按位与操作，并会将得到的结果与 force directory mode 指定的值进行按位或操作，此时得到的结果即为新建目录的访问权限。

```
force directory mode = mode
```

mode 为八进制值，默认为 0000。该选项的作用参考选项 directory mode。

```
force user = user
```

强制指定文件的属主。若存在一个目录，其允许 guest 进行写操作，则 guest 用户可以删除建立的文件。但如果使用 force user=grind 强制建立文件的属主是 grind，同时设置 create mode = 0755，guest 用户就不能删除建立的文件了。

上面只是简单地介绍了一些重要的选项，并且没有讨论有关[printers]的选项说明，更多选项可以使用 man smb.conf 命令进行查阅。

15.2.3 用户管理

1. 新建系统测试账号

```
$sudo useradd test      //新建一个名为 test 的账号
$sudo passwd test       //为 test 账号设置密码
```

2. 新增 Samba 用户

```
$sudo smbpasswd -a test //以系统账号 test 为基础建立 Samba 用户
```

3. 修改 smb.conf 配置文件

在 smb.conf 文件末尾添加如下内容：

```
[test]
comment= this is test's share
path = /home/test
public = yes writeable = yes
valid users = test
```

4. 权限设置

通过设置 test 用户及其目录的访问权限，可以实现对不同目录具有不同的访问权限。

5. 修改 Samba 用户的密码

```
$sudo smbpasswd 用户名
```

6. 禁用 Samba 用户

```
$sudo smbpasswd -d 用户名
```

7. 启用 Samba 用户

```
$sudo smbpasswd -e 用户名
```

8. 删除 Samba 用户

```
$sudo smbpasswd -x 用户名
```

15.2.4 安全设置

这里主要介绍权限及安全方面的配置。备份命令如下：

```
cp smb.conf   smb.conf.default   ##备份是个好习惯
```

```
vi smb.conf
```

1. 全局配置

全局配置及说明如下所述。

```
[global]
workgroup = WORKGROUP        //要访问的电脑的工作组名，Windows 一般默认都为这个
security = user              //访问的方式，share 不需要密码，user 需要用户名和密码
```

使用独立服务器作为 Samba 服务器认证用户来源，也就是当访问 Samba 服务器时输入的用户名和密码的验证工作由 Samba 服务器本机系统内的账户完成。

security = user

设置安全级别，即客户端访问 Samba 服务器的验证方式。此部分中只能设置 3 种参数，分别为 share（不推荐）、user、server（不推荐）。

passdb backend = tdbsam

参数设置包括 smbpasswd、tdbsam、ldapsam、mysql。默认为 tdbsam，一般不用修改，除非想使用老版本 Samba 服务器的 smbpasswd 文件方式或其他方式。

- smbpasswd：该方式是使用 smbpasswd 给系统用户（真实用户或者虚拟用户）设置一个 Samba 密码，客户端就用此密码访问 Samba 资源。smbpasswd 文件存放在/etc/samba 目录中，有时需要手工创建该文件。
- tdbsam：使用数据库文件创建用户数据库。数据库文件为 passdb.tdb，存放在/etc/samba 目录中。在 passdb.tdb 文件中可使用 smbpasswd –a 命令创建 Samba 用户，要创建的 Samba 用户必须是系统用户，也可使用 pdbedit 创建 Samba 用户。pdbedit 参数很多，主要包括：pdbedit -a username，新建 Samba 用户；pdbedit -x username，删除 Samba 用户；pdbedit-L，列出 Samba 用户列表，读取 passdb.tdb 数据库文件；pdbedit -Lv，列出 Samba 用户列表详细信息；pdbedit -c “[D]” -u username，暂停该 Samba 用户账号；pdbedit -c “[]” －u username，恢复该 Samba 用户账号。
- ldapsam：基于 LDAP 账户管理方式验证用户。首先要建立 LDAP 服务，设置“passdb backend = ldapsam:ldap://LDAP Server”。

encrypt passwords = yes/no

设置认证密码在传输过程中是否加密。

security = share /user / server /domain /ads

以下三种安全级别用在 Standalone Server Options 部分。

- share：访问 Samba 服务器共享资源时不需要输入用户名和密码，属于匿名访问。
- user：访问 Samba 服务器共享资源时需要输入用户名和密码，认证用户来源为 Samba 服务器本机。
- server：访问 Samba 服务器共享资源时需要输入用户名和密码，认证用户来源为另一台 Samba 服务器或 Windows 服务器。

以下两种安全级别用在 Domain Members Options 部分。

- domain：Samba 服务器在一个基于 Windows NT 平台的 Windows 域中，访问共享资源时需要输入用户名和密码，认证用户来源为 Windows 域。

- ads：Samba 服务器在一个基于 Windows 200X 平台的 Windows 活动目录中，访问共享资源时需要输入用户名和密码，认证用户来源为 Windows 活动目录。

2. 添加自定义的共享目录

在配置文件中，添加自定义的共享目录，命令如下：

```
[yourworkdir]
comment = work Directories -----设置共享的说明信息
browseable = yes -----所有 Samba 用户都可以看到该目录
writable = yes -----用户对共享目录可写
path = /data/yourworkdir-----指定共享目录的路径
```

在配置文件中，添加自定义的共享目录，如图 15.4 所示。

```
        path = /var/tmp
        printable = Yes
        create mask = 0600
        browseable = No

[print$]
        comment = Printer Drivers
        path = /var/lib/samba/drivers
        write list = @printadmin root
        force group = @printadmin
        create mask = 0664
        directory mask = 0775
[test]
        comment= this is test's share
        path = /home/test
        public = yes
        writeable = yes
        valid users = test
[yourworkdir]
        comment = work Directories
        browseable = yes
        writable = yes
        path = /data/yourworkdir
```

图 15.4　添加自定义的共享目录

3. 配置完成后重启 smb 服务

重启 smb 服务，命令如下：

```
[root@master ~]# systemctl restart smb
```

添加用户，注意这里必须是系统存在的账户，而且密码不能与系统登录密码相同，命令如下：

```
[root@master ~]#useradd test
[root@master ~]#smbpasswd -a test    #设置 test 用户的 Samba 登录密码，两次输入相同即可
```

创建文件夹及设置属性，命令如下：

```
[root@master ~]#mkdir -p /data/yourworkdir （递归式新建，记得要加“-p”不然无法创建）
[root@master ~]#chown -R   test   /data/yourworkdir （加入 test 用户）
[root@master ~]#chmod   -R   750 /data/yourworkdir （给 750 权限）
```

创建目录及权限设置如图 15.5 所示。

```
[root@master ~]# mkdir /data/yourworkdir
mkdir: 无法创建目录"/data/yourworkdir": 没有那个文件或目录
[root@master ~]# mkdir -p /data/yourworkdir
[root@master ~]# chown -R test /data/yourworkdir/
[root@master ~]# chmod -R 750 /data/yourworkdir/
[root@master ~]#
```

图 15.5 创建目录及权限设置

15.3 Samba 客户端的配置

15.3.1 Linux 客户端

使用 Yum 安装 Samba 应用，命令如下：

```
[root@a1 ~]# yum -y install samba-client
```

安装结果如图 15.6 所示。

```
  验证中      : 1:cups-libs-1.6.3-35.el7.x86_64                              2/13
  验证中      : avahi-libs-0.6.31-19.el7.x86_64                              3/13
  验证中      : libtdb-1.3.15-1.el7.x86_64                                   4/13
  验证中      : libtalloc-2.1.13-1.el7.x86_64                                5/13
  验证中      : libtevent-0.9.36-1.el7.x86_64                                6/13
  验证中      : samba-client-libs-4.8.3-4.el7.x86_64                         7/13
  验证中      : libldb-1.3.4-1.el7.x86_64                                    8/13
  验证中      : libwbclient-4.8.3-4.el7.x86_64                               9/13
  验证中      : libarchive-3.1.2-10.el7_2.x86_64                            10/13
  验证中      : samba-common-libs-4.8.3-4.el7.x86_64                        11/13
  验证中      : samba-client-4.8.3-4.el7.x86_64                             12/13
  验证中      : libsmbclient-4.8.3-4.el7.x86_64                             13/13

已安装:
  samba-client.x86_64 0:4.8.3-4.el7

作为依赖包被安装:
  avahi-libs.x86_64 0:0.6.31-19.el7          cups-libs.x86_64 1:1.6.3-35.el7
  libarchive.x86_64 0:3.1.2-10.el7_2         libldb.x86_64 0:1.3.4-1.el7
  libsmbclient.x86_64 0:4.8.3-4.el7          libtalloc.x86_64 0:2.1.13-1.el7
  libtdb.x86_64 0:1.3.15-1.el7               libtevent.x86_64 0:0.9.36-1.el7
  libwbclient.x86_64 0:4.8.3-4.el7           samba-client-libs.x86_64 0:4.8.3-4.el7
  samba-common.noarch 0:4.8.3-4.el7          samba-common-libs.x86_64 0:4.8.3-4.el7

完毕!
```

图 15.6 使用 Yum 安装 Samba 应用

在安装完成后，可以测试安装是否成功，命令如下：

```
[root@a1 ~]# smbclient -L //192.168.202.129
```

登录 Samba 服务器，如图 15.7 所示。

```
[root@a1 ~]# smbclient -L //192.168.202.129
Enter SAMBA\root's password:
Anonymous login successful

        Sharename       Type      Comment
        ---------       ----      -------
        print$          Disk      Printer Drivers
        yourworkdir     Disk      work Directories
        IPC$            IPC       IPC Service (Samba 4.8.3)
Reconnecting with SMB1 for workgroup listing.
Anonymous login successful

        Server               Comment
        ---------            -------

        Workgroup            Master
        ---------            -------
        SAMBA                MASTER
[root@a1 ~]# smbclient //192.168.202.129/data/yourworkdir
Enter SAMBA\root's password:
Anonymous login successful
tree connect failed: NT_STATUS_BAD_NETWORK_NAME
[root@a1 ~]# smbclient //192.168.202.129/data/yourworkdir
Enter SAMBA\root's password:
Anonymous login successful
```

图 15.7 登录 Samba 服务器

15.3.2 Windows 客户端

在 Windows 客户端地址栏中输入“192.168.202.129”即可测试 Samba 服务器的连接情况，如图 15.8 所示。

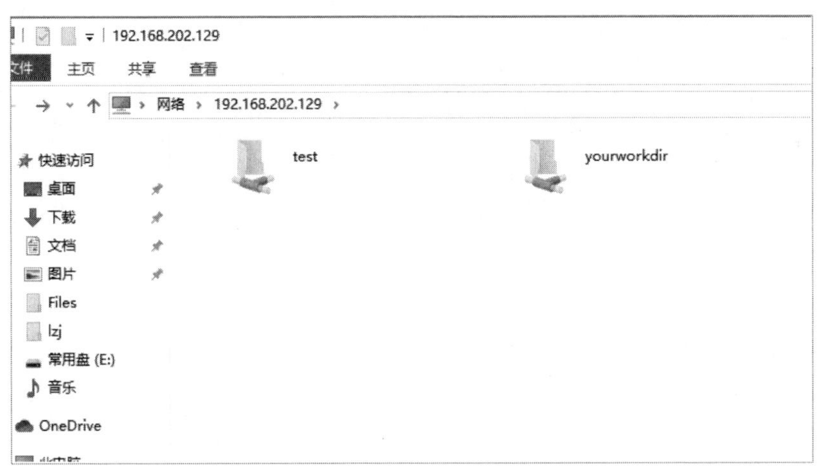

图 15.8 测试 Samba 服务器的连接情况

15.4 任务实战

15.4.1 任务描述

某公司使用 Linux 搭建 Samba 服务器，用于公司内部资源共享，不同用户组的用户对不同的资源具备不同的访问权限。相关要求如下所述。

（1）安装并启动 Samba 服务器。

（2）建立 Fin（财务组）、net（网络组）和 man（经理组），并添加相应的用户到用户组中。

（3）建立 financial 文件夹，所有用户组都有读取权限，只有 Fin 组有写入的权限。

（4）建立 manager 文件夹，只有 man 组有读写权限，net 组有读取权限，其他用户不能访问。

（5）建立 exchange 文件夹，所有人都有读写权限，但不能删除别人的文件。

（6）建立 public 文件夹，所有人都有读取权限，但没有写入权限。

（7）根据以上需求对 Samba 服务器进行配置。

（8）使用不同的用户对其进行检测。

15.4.2 任务实施

1. 安装 Samba 服务器端

```
[root@master /]# yum -y install samba
```

2. 添加 3 个用户组，并添加相应的用户

```
[root@master /]# groupadd Fin
[root@master /]# groupadd net
[root@master /]# groupadd man
[root@master /]# useradd –g Fin Fin01
[root@master /]# useradd –g Fin Fin02
[root@master /]# useradd –g net net01
[root@master /]# useradd –g net net02
[root@master /]# useradd –g man man01
[root@master /]# useradd –g man man02
```

3. 添加 Samba 用户

```
[root@master /]# smbpasswd -a Fin01
New SMB password:
Retype new SMB password:
Added user Fin01.
```

使用同样的方式添加其他用户，如果找不到 smbpasswd 命令，则可以安装一个 samba-client。

4. 创建文件夹

```
[root@master /]# mkdir –p /usr/financial
[root@master /]# mkdir –p /usr/manager
[root@master /]# mkdir –p /usr/exchange
[root@master /]# mkdir –p /usr/public
```

```
[root@master /]# chomd 777 /usr/financial
```

为了方便，可以先将用户对这几个文件夹的权限设置为 777，然后根据所要求的权限在 Samba 中设置。

5. 设置配置文件

```
[root@master /]# vi /etc/samba/smb.conf
```

在配置文件末段加入如下内容：

```
[financial]                              #共享文件名——题目 3
        comment = financial              #对此共享文件的注释
        path=/usr/financial              #共享文件的路径
        browseable = yes                 #指定该文件是否可以浏览
        public = no                      #该共享文件是否允许游客访问
        write list = @Fin                #可以写入的成员
[manager]                                #共享文件名——题目 4
        comment = manager
        path=/usr/manager
        browseable = yes
        writable = yes                   #指定该文件是否可以写入
        public = no
        valid users = @man,@net          #可以访问的成员，@后面指的是以组为单位
        write list = @man
[exchange]                               #共享文件名——题目 5
        comment =exchange
        path=/usr/exchange
        browseable = yes
        writable = yes
        public = no
```

之后在配置外面加上一行代码如下：

```
[root@master /]#chmod o+t /usr/exchange
[public]                   #共享文件名——题目 6
    comment =public
    path=/usr/public
    browseable = yes
    writable = no
    public = no
```

重启 Samba 服务，命令如下：

```
[root@master /]# systemctl restart smb.service       #启动 Samba 服务
[root@master /]# systemctl restart nmb.service       #启动 Samba 服务
[root@master /]# systemctl stop firewalld            #关闭防火墙
[root@master /]# setenforce 0                        #关闭 SELinux
```

需要注意的是，对于 SELinux 和防火墙可以使用不关闭的方式，但需要在相关设置中允许关于 Samba 服务的规则。

防火墙：firewall –cmd。

SELinux：getsebool。

6. Windows 客户机访问

在访问的过程中，如果需要切换账号，则需要在 Windows 的 cmd 命令提示符窗口中输入如下命令：

```
net use * /delete
```

如果没有 Windows，也可以使用 Samba 的客户端命令进行测试，命令如下：

```
[root@master /]# smbclient -L 192.168.32.128 -U c 用户名
```

第 16 章　NFS 服务器配置

扫一扫，
获取微课

16.1　NFS 服务器的安装

资源共享是基于网络的资源分享，是众多的网络爱好者不求利益，将自己收集的资料通过一些平台共享给大家。大家对资源共享应该不陌生，在服务器的某个节点需要某个软件时，难道我们要使用 QQ 或微信将这个软件发送给对方，再由对方上传至那台节点吗？这样不仅麻烦，而且一旦遇到大型文件，就会浪费太长时间。

16.1.1　NFS 简介

NFS（Network File System，网络文件系统）是一种用于分散式文件系统的协定，由 Sun 公司开发，于 1984 年向外公布。NFS 的功能是通过网络让不同的机器、不同的操作系统能够彼此分享各自的数据，让应用程序在客户端通过网络访问位于服务器磁盘中的数据，是在类 UNIX 系统间实现磁盘文件共享的一种方法。

NFS 的基本原则是，允许不同的客户端及服务器端通过一组 RPC 分享相同的文件系统。它独立于操作系统，允许不同的硬件及操作系统共同进行文件的分享。

NFS 在文件传送或信息传送过程中依赖于 RPC 协议。RPC（Remote Procedure Call，远程过程调用）是能使客户端执行其他系统中的程序的一种机制。NFS 本身是没有提供信息传输协议的功能的，但 NFS 却能让我们通过网络进行资料的分享，这是因为 NFS 使用了一些其他的传输协议。而这些传输协议会用到 RPC 功能，可以说 NFS 本身就是使用 RPC 的一个程序，或者说 NFS 是一个 RPC Server。所以只要用到 NFS 的地方就要启动 RPC 服务，无论是 NFS Server 还是 NFS Client。这样 Server 和 Client 才能通过 RPC 来实现 PROGRAM PORT 的对应。可以这么理解 RPC 和 NFS 的关系：NFS 是一个文件系统，而 RPC 负责信息的传输。

以下是 NFS 显而易见的优点：

- 节省本地存储空间，可以将常用的数据存放在一台 NFS 服务器上，并且可以通过网络访问这些数据。
- 用户不需要在网络中的每个机器上都创建家目录，家目录可以放在 NFS 服务器上，并且可以在网络上被访问和使用。

- 一些存储设备，如软驱、CDROM 和 Zip（一种高储存密度的磁盘驱动器与磁盘）等都可以在网络上被其他的机器使用。这可以减少整个网络上可移动介质设备的数量。

16.1.2 NFS 的安装和启动

准备一台安装了 CentOS 7 的计算机作为服务器，提供 NFS 服务（192.168.202.129），并检查安装的软件包（服务器与客户机都需要安装，一般都是默认安装的），命令如下：

```
[root@master ~]# rpm -qa |grep rpcbind        #远程调用
rpcbind-0.2.0-47.el7.x86_64
[root@master ~]# rpm -qa |grep nfs-utils      #检查是否成功安装
nfs-utils-1.3.0-0.61.el7.x86_64
```

如果通过检查发现没有成功安装，则可以使用 Yum 安装 NFS 软件包，命令如下：

```
[root@master ~]# yum -y install nfs-utils     #安装软件包
```

NFS 软件包的安装如图 16.1 所示。

```
[root@master ~]# rpm -qa |grep nfs-utils
[root@master ~]# yum -y install nfs-utils
已加载插件：fastestmirror, langpacks
Determining fastest mirrors
 * base: mirrors.cn99.com
 * extras: mirrors.cqu.edu.cn
 * updates: mirrors.cqu.edu.cn
base
extras
updates
(1/2): extras/7/x86_64/primary_db
(2/2): updates/7/x86_64/primary_db
正在解决依赖关系
--> 正在检查事务
---> 软件包 nfs-utils.x86_64.1.1.3.0-0.61.el7 将被 安装
--> 正在处理依赖关系 gssproxy >= 0.7.0-3，它被软件包 1:nfs-utils-1.3.0-0.61.el7.x86_64 需要
--> 正在处理依赖关系 libnfsidmap，它被软件包 1:nfs-utils-1.3.0-0.61.el7.x86_64 需要
--> 正在处理依赖关系 libevent，它被软件包 1:nfs-utils-1.3.0-0.61.el7.x86_64 需要
--> 正在处理依赖关系 keyutils，它被软件包 1:nfs-utils-1.3.0-0.61.el7.x86_64 需要
--> 正在处理依赖关系 libnfsidmap.so.0()(64bit)，它被软件包 1:nfs-utils-1.3.0-0.61.el7.x86_64 需要
--> 正在处理依赖关系 libevent-2.0.so.5()(64bit)，它被软件包 1:nfs-utils-1.3.0-0.61.el7.x86_64 需要
--> 正在检查事务
---> 软件包 gssproxy.x86_64.0.0.7.0-21.el7 将被 安装
--> 正在处理依赖关系 libini_config >= 1.3.1-31，它被软件包 gssproxy-0.7.0-21.el7.x86_64 需要
--> 正在处理依赖关系 libverto-module-base，它被软件包 gssproxy-0.7.0-21.el7.x86_64 需要
```

图 16.1　NFS 软件包的安装

在安装成功后，启动 NFS 服务和 RPC 服务，命令如下：

```
[root@master ~]# systemctl start nfs          #启动 NFS 服务
[root@master ~]# systemctl start rpcbind      #启动 RPC 服务
```

在使用 NFS 提供服务的过程中，默认状态下防火墙会阻拦该服务，所以需要关闭防火墙和设置 SELinux，命令如下：

```
[root@master ~]# systemctl stop firewalld
[root@master wwwroot]# setenforce 0
setenforce: SELinux is disabled
```

16.2 NFS 服务器的配置与管理

16.2.1 exports 配置文件

服务器端的 NFS 配置需要完成以下步骤。

1. 新建目录

创建一个共享目录/opt/wwwroot，命令如下：

```
[root@master ~]# mkdir /opt/wwwroot
```

2. 修改配置文件

打开配置文件，命令如下：

```
[root@master ~]# vi /etc/exports
```

修改配置文件，在配置文件中添加如图 16.2 所示的内容。

```
192.168.202.129 | 192.168.202.128
/opt/wwwroot 192.168.202.0/24(rw)
~
~
~
```

图 16.2 修改 exports 配置文件

16.2.2 NFS 共享目录

启动 NFS 服务和 RPC 服务，命令如下：

```
[root@master ~]# systemctl start nfs          #启动 NFS 服务
[root@master ~]# systemctl start rpcbind  #启动 RPC 服务
```

为目录设置相关访问权限，命令如下：

```
[root@master ~]# cd /opt/                          #进入目录
[root@master opt]# chmod 777 /opt/wwwroot/     #给予 wwwroot 权限
[root@master opt]# ll
总用量 0
drwxr-xr-x. 2 root root 6 10 月  31 2018 rh
drwxrwxrwx   2 root root 6 6 月   29 19:55 wwwroot
```

在服务器端测试共享目录，查看是否成功挂载，以及是否成功共享，命令如下：

```
[root@master wwwroot]# showmount -e 192.168.202.129
Export list for 192.168.202.129:
/opt/wwwroot 192.168.202.0/24
```

16.2.3 NFS 权限控制

NFS 的权限控制在 exports 配置文件中完成，命令格式如下：

```
<输出目录>[客户端 1 选项（访问权限,用户映射,其他）][客户端 2 选项（访问权限,用户映射,其他）]
```

配置示例如下：

```
/opt/wwwroot    192.168.202.129/24(rw,all_squash,anonuid=500,anongid=500)
/opt/wwwroot    192.168.202.129/24(rw)
```

在配置权限的过程中有很多选项，其中常见的选项如下所述。

- ro：默认选项，以只读的方式共享。
- rw：以读写的方式共享。
- root_squash：当客户端使用的是 root 用户时，映射到 NFS 服务器的用户为 NFS 的匿名用户（nfsnobody）。
- no_root_squash：当客户端使用的是 root 用户时，映射到 NFS 服务器的用户依然为 root 用户。
- all_squash：默认选项，将所有访问 NFS 服务器的客户端的用户都映射为匿名用户，不管客户端使用的是什么用户。
- anonuid：设置映射到本地的匿名用户的 UID。
- anongid：设置映射到本地的匿名用户的 GID。
- sync：默认选项，保持数据同步，将数据同步写入内存和硬盘。
- async：异步，先将数据写入内存，再将数据写入硬盘。
- secure：NFS 客户端必须使用 NFS 保留端口（通常是 1024 以下的端口），默认选项。
- insecure：允许 NFS 客户端不使用 NFS 保留端口（通常是 1024 以上的端口）。

默认的权限规则是，root 用户会被映射成 nfsnobody 用户，客户端机器上和 NFS 服务器上的 UID 相同的用户会对应映射，其他非 root 用户会被映射成 nobody 用户。也就是说，root 用户在访问共享目录时，是以 nfsnobody 用户的身份访问共享目录的，其权限可以通过共享目录权限得知。客户端机器上和 NFS 服务器上的 UID 相同的用户，是以 NFS 服务器上的用户的身份访问共享目录的，其权限可以通过共享目录权限得知。其他非 root 用户则映射成 nobody 用户，其权限一看便知。

16.2.4 exports 命令

在修改 exports 配置文件后，使用 exports 命令挂载共享目录，可以不重启 NFS 服务，平滑重载配置文件，从而避免进程挂起导致宕机。exports 命令常用选项如下所述。

- -a：表示全部挂载或者卸载。
- -r：表示重新挂载。
- -u：表示卸载某一个目录。
- -v：表示显示共享目录。

16.3 NFS 客户端的配置

16.3.1 客户端安装

1. 准备工作

准备一台安装了 CentOS 7 的计算机作为服务器（192.168.202.128）。

2. 程序安装

```
[root@a1 ~]# yum -y install lrzsz nmap tree dos2unix nc
[root@a1 ~]# yum install -y nfs-utils rpcbind
```

3. 启动 RPC 服务和 NFS 服务

```
[root@a1 init.d]# systemctl start rpcbind
[root@a1 init.d]# systemctl start nfs
```

4. 关闭防火墙及 SELinux

```
[root@a1 ~]# systemctl stop firewalld
[root@a1]# setenforce 0
setenforce: SELinux is disabled
```

5. 加入自启动服务

```
[root@a1 ~]#chkconfig rpcbind on
```

6. 测试连接 NFS 服务器

```
[root@a1 init.d]# showmount -e 192.168.202.129
Export list for 192.168.202.129:
/opt/wwwroot 192.168.202.0/24
```

测试连接 NFS 服务器如图 16.3 所示。

```
-rw-r--r--. 1 root root 18281 8月  24 2018 functions
-rwxr-xr-x. 1 root root  4569 8月  24 2018 netconsole
-rwxr-xr-x. 1 root root  7923 8月  24 2018 network
-rw-r--r--. 1 root root  1160 10月 31 2018 README
[root@a1 init.d]# service rpcbind start
Redirecting to /bin/systemctl start rpcbind.service
[root@a1 init.d]# yum -y install rpcbind
已加载插件：fastestmirror, langpacks
Loading mirror speeds from cached hostfile
 * base: mirror.jdcloud.com
 * extras: mirrors.163.com
 * updates: mirrors.163.com
软件包 rpcbind-0.2.0-47.el7.x86_64 已安装并且是最新版本
无须任何处理
[root@a1 init.d]# systemctl start rpcbind
[root@a1 init.d]# systemctl start nfs
[root@a1 init.d]# systemctl stop firewalld
[root@a1 init.d]# setenforce 0
setenforce: SELinux is disabled
[root@a1 init.d]# showmount -e 192.168.202.129
Export list for 192.168.202.129:
/opt/wwwroot 192.168.202.0/24
[root@a1 init.d]#
就绪                                              ssh2: AES-256   51, 1
```

图 16.3　测试连接 NFS 服务器

16.3.2 共享目录挂载

在 NFS 服务器中共享目录需要挂载本地目录，命令如下：

```
[root@a1 opt]# cd /tmp/
[root@a1 tmp]# mkdir test
[root@a1 init.d]#mount 192.168.202.129:/opt/wwwroot/ /tmp/test/
[root@a1 init.d]#mount |grep nfs
```

共享目录挂载如图 16.4 所示。

```
tmpfs                           182M     0  182M    0% /run/user/0
192.168.202.129:/opt/wwwroot     17G  1.4G   16G    9% /abc
[root@a1 init.d]# cd /abc/
[root@a1 abc]# touch 123.txt
[root@a1 abc]# cd /opt/
[root@a1 opt]# ls
rh
[root@a1 opt]# cd wwwroot
-bash: cd: wwwroot: 没有那个文件或目录
[root@a1 opt]# cd /opt/wwwroot
-bash: cd: /opt/wwwroot: 没有那个文件或目录
[root@a1 opt]# mount 192.168.202.129:/opt/wwwroot/ /tmp/david/
mount.nfs: mount point /tmp/david/ does not exist
[root@a1 opt]# cd /tmp/
[root@a1 tmp]# mkdir test
[root@a1 tmp]# mount 192.168.202.129:/opt/wwwroot/ /tmp/test/
[root@a1 tmp]# mount |grep nfs
sunrpc on /var/lib/nfs/rpc_pipefs type rpc_pipefs (rw,relatime)
nfsd on /proc/fs/nfsd type nfsd (rw,relatime)
192.168.202.129:/opt/wwwroot on /abc type nfs4 (rw,relatime,vers=4.1,rsize=262144,wsize=262144,naml
etrans=2,sec=sys,clientaddr=192.168.202.128,local_lock=none,addr=192.168.202.129)
192.168.202.129:/opt/wwwroot on /tmp/test type nfs4 (rw,relatime,vers=4.1,rsize=262144,wsize=262144
600,retrans=2,sec=sys,clientaddr=192.168.202.128,local_lock=none,addr=192.168.202.129)
[root@a1 tmp]#
```

图 16.4 共享目录挂载

16.3.3 NFS 系统挂载

系统挂载命令如下：

```
[root@a1 init.d]# mkdir /abc                                 #新建目录
[root@a1 init.d]# mount 192.168.202.129:/opt/wwwroot /abc    #挂载目录
[root@a1 init.d]# df –h                                      #查看挂载
文件系统                          容量    已用    可用    已用%   挂载点
/dev/mapper/centos-root           17G     1.4G    16G     8%      /
devtmpfs                          898M    0       898M    0%      /dev
tmpfs                             910M    0       910M    0%      /dev/shm
tmpfs                             910M    9.6M    901M    2%      /run
tmpfs                             910M    0       910M    0%      /sys/fs/cgroup
/dev/sda1                         1014M   148M    867M    15%     /boot
tmpfs                             182M    0       182M    0%      /run/user/0
192.168.202.129:/opt/wwwroot      17G     1.4G    16G     9%      /abc
```

1. 从客户端进入 NFS 挂载点

```
[root@a1 init.d]# cd /abc/          #进入 abc 目录
[root@a1 abc]# touch 123.txt        #新建文件
```

2. 从服务器端进入提供 NFS 服务的文件目录

```
[root@master wwwroot]# cd /opt/wwwroot/  #进入目录
[root@master wwwroot]# ls                #查看
123.txt
[root@master wwwroot]# ll                #详细查看
总用量 0
-rw-r--r-- 1 nfsnobody nfsnobody 0 6 月  29 22:40 123.txt
```

NFS 系统挂载如图 16.5 所示。

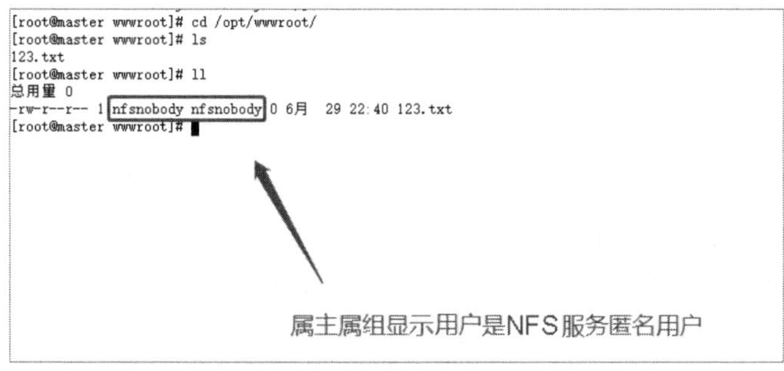

图 16.5 NFS 系统挂载

16.4 任务实战

16.4.1 任务描述

某公司有很多台 CentOS 7 主机，其中 NFS 服务器 IP 地址为 192.168.1.100，其中一台 NFS 客户机的 IP 地址为 192.168.1.101。在 NFS 服务器上共享一些网络资源以方便 NFS 客户机访问，需要完成如下部署。

（1）NFS 服务器安装。

（2）NFS 客户机安装。

（3）NFS 服务器的相关配置。

（4）NFS 客户机测试。

16.4.2 任务实施

（1）NFS 服务器安装命令如下：

```
[root@master ~]# yum -y install nfs-utils      #安装 NFS
```

```
[root@master ~]# yum -y install rpcbind        #安装 RPC
[root@master ~]#systemctl start rpcbind        #启动 RPC 服务
[root@master ~]#systemctl start nfs            #启动 NFS 服务
```

（2）NFS 客户机安装命令如下：

```
[root@master ~]# yum -y install nfs-utils      #安装 NFS
[root@master ~]# yum -y install rpcbind        #安装 RPC
[root@master ~]#systemctl start rpcbind        #启动 RPC 服务
[root@master ~]#systemctl start nfs            #启动 NFS 服务
```

（3）NFS 服务器的相关配置如下：

```
[root@master ~]#mkdir –p    /data/nfswork
[root@master ~]#Vim /etc/exports
/data/nfswork 192.168.1.0/24(rw)
[root@master ~]#showmount –e
```

如果安装不成功，则检查 hosts 文件，查看 hostname 和 IP 地址是否一致。

（4）NFS 客户机测试命令如下：

```
[root@master ~]#showmount -e 192.168.1.101
[root@master ~]#mkdir –p /mnt/data/nfswork
[root@master ~]# echo 192.168.1.100:/data/nfswork    /mnt/data/nfswork    nfs    defaults 0 0 >> /etc/fstab
[root@master ~]#mount -a
[root@master ~]#df -T
```

第 17 章　邮件服务器配置

扫一扫，
获取微课

17.1　邮件服务器简介

邮件服务器是一种负责电子邮件收发管理的设备，包括电子邮件程序、电子邮件箱等。它一方面负责发送本地主机生成的 E-mail，另一方面负责接收其他主机发送的 E-mail。

电子邮件系统是基于邮件协议来完成电子邮件的传输工作的，常见的邮件协议有以下几种。

- 简单邮件传输协议（Simple Mail Transfer Protocol，SMTP）：用于发送和中转发出的电子邮件，占用服务器的 25/TCP 端口。
- 邮局协议版本 3（Post Office Protocol 3）：用于将电子邮件存储到本地主机，占用服务器的 110/TCP 端口。
- Internet 消息访问协议版本 4（Internet Message Access Protocol 4）：用于在本地主机上访问邮件，占用服务器的 143/TCP 端口。

17.2　邮件服务器的安装

在 CentOS 5、CentOS 6，以及诸多早期的 Linux 系统中，默认使用的电子邮件传输服务是由 Sendmail 提供的，而在 CentOS 7 中已经替换为 Postfix。相较于 Sendmail，Postfix 减少了很多不必要的配置步骤，而且在稳定性、并发性方面也有很大改进。Postfix 是一款由 IBM 资助研发的开源电子邮件服务程序，能够很好地兼容 Sendmail。

17.2.1　源码编译安装与运行 Postfix

1. 清除相关软件

在 CentOS 7 的安装过程中，可能默认安装了 Postfix 的 RPM 包，为了防止冲突需要卸载它，命令如下：

```
[root@localhost ~]# rpm -qa postfix
```

```
[root@localhost ~]# rpm -e --nodeps postfix
```

2. 清除之前的邮件账号信息

```
[root@localhost ~]# userdel postfix
[root@localhost ~]# groupdel postdrop
```

3. 创建 Postfix 邮件用户和用户组

```
[root@localhost ~]# groupadd -g 2525 postfix
[root@localhost ~]# useradd -g postfix -u 2525 -s /sbin/nologin -M postfix
[root@localhost ~]# groupadd -g 2526 postdrop
[root@localhost ~]# useradd -g postdrop -u 2526 -s /sbin/nologin -M postdrop
```

4. 新建虚拟用户邮箱目录，并将其权限赋予 Postfix 用户

```
[root@localhost ~]# mkdir -p /var/mailbox
[root@localhost ~]# chown -R postfix /var/mailbox/
```

5. 安装依赖环境

```
[root@localhost ~]# yum install epel-release -y
[root@localhost ~]# yum install -y gcc wget httpd mysql mysql-devel openssl-devel dovecot perl-DBD-MySQL tcl tcl-devel libart_lgpl libart_lgpl-devel libtool-ltdl libtool-ltdl-devel libdb4-devel cyrus-sasl-devel m4 vim
[root@localhost ~]# ln -s /usr/include/libdb4/db.h /usr/include/db.h
[root@localhost ~]# ln -s /usr/include/sasl/sasl.h /usr/include/sasl.h
[root@localhost ~]# ln -s /usr/lib64/libdb4/libdb.so /usr/lib/libdb.so
```

6. 源码编译安装 postfix-3.4.6

```
[root@localhost ~]# wget ftp://ftp.cuhk.edu.hk/pub/packages/mail-server/postfix/official/postfix-3.4.6.tar.gz
[root@localhost ~]# tar zxvf postfix-3.4.6.tar.gz
[root@localhost ~]# cd postfix-3.4.6
# 配置参数
[root@localhost postfix-3.4.6]# make makefiles 'CCARGS=-DHAS_MYSQL -I/usr/include/mysql -DUSE_SASL_AUTH -DUSE_CYRUS_SASL -I/usr/include/sasl  -DUSE_TLS ' 'AUXLIBS=-L/usr/lib64/mysql -lmysqlclient -lz -lm -L/usr/lib/sasl2 -lsasl2  -lssl -lcrypto'
```

遇到需要输入内容的地方一律按 Enter 键，使用默认值。

7. 更新别名数据文件/etc/aliases.db，提高 Postfix 效率

```
[root@localhost postfix-3.4.6]# newaliases
[root@localhost postfix-3.4.6]# ll /etc/aliases.db
```

8. 修改权限

```
[root@localhost postfix-3.4.6]# chown -R postfix.postfix /var/lib/postfix/
[root@localhost postfix-3.4.6]# chown -R postfix.postfix /var/spool/postfix/private
[root@localhost postfix-3.4.6]# chown -R postfix.postfix /var/spool/postfix/public
[root@localhost postfix-3.4.6]# chown -R root /var/spool/postfix/pid/
```

```
[root@localhost postfix-3.4.6]# chgrp   -R postdrop /var/spool/postfix/public
[root@localhost postfix-3.4.6]# chgrp   -R postdrop /var/spool/postfix/maildrop/
[root@localhost postfix-3.4.6]# chown root /var/spool/postfix
```

9. 修改配置文件，启动 Postfix

修改并确认相关配置，更改为对应配置，命令如下：

```
myhostname = mail.test.com
mydomain = test.com
myorigin = $mydomain
inet_interfaces = all
mydestination = $myhostname, localhost.$mydomain, localhost, $mydomain
mynetworks = 127.0.0.0/8
```

参数说明如下所述。

- myhostname：指定运行 postfix 的主机名（用 FQDN 的方式来写），在默认情况下，其值被设定为本地机器名。
- mydomain：指定用户的域名，在默认情况下，postfix 将 myhostname 的第 1 部分删除，再将剩余部分作为 mydomain 的值。
- myorigin：指定发件人所在的域名。
- inet_interfaces：指定系统监听的网络接口。
- mydestination：指定接收邮件时收件人的域名，即用户的 postfix 要接收哪个域名的邮件。
- mynetworks：指定用户所在网络的网络地址，postfix 会根据其值来区别用户是远程的还是本地的，如果是本地网络用户则允许其访问。

10. 启动 Postfix

```
[root@localhost ~]# /usr/sbin/postfix start
```

17.2.2 使用 Yum 安装并运行 Postfix

1. 使用 Yum 安装 Postfix

安装 Postfix，因为 Centos 7 默认已经自带 Postfix，所以使用 Yum 安装 Postfix 会搜索 Yum 源里更新的 Postfix，命令如下：

```
[root@localhost ~]# yum install postfix -y
```

2. 启动 Postfix

```
[root@localhost ~]# systemctl start postfix
```

3. 配置 Postfix 为开机自启动

```
[root@localhost ~]# systemctl enable postfix
```

4. 关闭防火墙

```
[root@localhost ~]# systemctl stop firewalld
[root@localhost ~]# systemctl disable firewalld
```

17.2.3 邮件服务器的配置和管理

在 Postfix 的主配置文件/etc/ postfix/main.cf 中，有 7 个应该重点掌握的参数，如表 17.1 所示。

表 17.1 Postfix 主配置文件中的重要参数

目 录 名	内 容
myhostname	邮局系统的主机名
mydomain	邮局系统的域名
myorigin	从本机发出邮件的域名名称
inet_interfaces	监听的网卡接口
mydestination	可接收邮件的主机名或域名
mynetworks	设置可转发哪些主机的邮件
relay_domains	设置可转发哪些网域的邮件

在 Postfix 的主配置文件中，总计需要修改 5 处。

第 1 处修改是在第 76 行定义一个名为 myhostname 的变量，用来保存服务器的主机名称。

第 2 处修改是在第 83 行定义一个名为 mydomain 的变量，用来保存邮件域的名称。

第 3 处修改是在第 99 行调用前面的 mydomain 变量，用来定义发出邮件的域。调用变量的好处是避免重复写入信息，以及便于日后统一修改。

第 4 处修改是在第 116 行定义网卡监听地址，可以指定要使用服务器的哪些 IP 地址对外提供电子邮件服务；也可以写成 all，代表所有 IP 地址都能提供电子邮件服务。

第 5 处修改是在第 164 行定义可接收邮件的主机名称或域名列表。这里可以直接调用前面定义好的 myhostname 变量和 mydomain 变量（如果不想调用变量，也可以直接调用变量中的值）。

Postfix 与 vsftpd 一样，都可以调用本地系统的账户和密码，只要创建一个用于发送邮件的账号即可。

一个基础的电子邮件系统应当能提供发件服务和收件服务。Postfix 可以完成发送邮件的功能，但是还不能完成接收邮件的功能。接收邮件需要使用基于 POP3 协议的 Dovecot。

1. 安装 Dovecot

```
[root@localhost ~]# yum install dovecot -y
```

2. Dovecot 主配置文件/etc/dovecot/dovecot.conf

配置 Dovecot，在 Dovecot 的主配置文件中进行以下修改。

首先，把第 24 行左右的“#protocols = imap pop3 lmtp”注释取消，使 Dovecot 支持的电子邮件协议为 IMAP、POP3 和 LMTP。

然后在这一行下面添加一行内容，允许用户使用明文进行密码验证。之所以这样操作，是因为 Dovecot 为了保证电子邮件系统的安全而默认强制用户使用加密的方式进行登录，而由于当前还没有加密系统，因此需要添加参数来允许用户进行明文登录。添加内容如下：

```
disable_plaintext_auth = no
```

在主配置文件中的第 48 行左右，设置允许登录的网段，也就是说我们可以在这里限制只有来自某个网段的用户才能使用电子邮件系统。如果要允许所有人都能使用电子邮件系统，则不用修改本参数。设置内容如下：

```
login_trusted_networks =192.168.0.0/16
```

3. Dovecot 子配置文件/etc/dovecot/conf.d/10-mail.conf

在 Dovecot 子配置文件中，定义一个路径，用于指定收到的邮件在本地服务器的存放位置。这个路径在第 24 行左右的位置默认已经定义好了，我们只需要取消其注释即可。定义内容如下：

```
mail_location = mbox:~/mail:INBOX=/var/mail/%u
```

4. 启动 Dovecot 服务并配置开机自启动

```
[root@localhost ~]# systemctl start dovecot
[root@localhost ~]# systemctl enable dovecot
```

17.3 任务实战

17.3.1 任务描述

本任务将在 CentOS 7 上安装 Postfix、Dovecot，并配置 Postfix、Dovecot 可以使用正常的收发邮件功能。

17.3.2 任务实施

1. 配置服务器主机名，使服务器主机名与发信域名保持一致

```
[root@localhost ~]# hostnamectl set-hostname mail.test.com
```

关闭当前 Shell 窗口，即可使主机名修改生效。

2. 关闭防火墙

为了防止防火墙影响我们的实验，可以暂时关闭防火墙，生产环境可以使用开放端口，命令如下：

```
[root@mail ~]# systemctl stop firewalld
[root@mail ~]# systemctl disable firewalld
```

3. 为电子邮件系统提供域名解析

这里可以使用前面使用过的 DNS 来做域名解析。这里不进行详细解释，以下是相关配置文件。其中，域名解析配置文件/etc/named.conf 的内容如图 17.1 所示。

```
options {
        listen-on port 53 { any; };
        listen-on-v6 port 53 { ::1; };
        directory       "/var/named";
        dump-file       "/var/named/data/cache_dump.db";
        statistics-file "/var/named/data/named_stats.txt";
        memstatistics-file "/var/named/data/named_mem_stats.txt";
        recursing-file  "/var/named/data/named.recursing";
        secroots-file   "/var/named/data/named.secroots";
        allow-query     { any; };

        /*
```

图 17.1　域名解析配置文件的内容

域名系统的区域配置文件/etc/named.rfc1912.zones 的内容如图 17.2 所示。

```
        allow-update { none; };
};

zone "0.in-addr.arpa" IN {
        type master;
        file "named.empty";
        allow-update { none; };
};
zone "test.com" IN {
        type master;
        file "test.com.zone";
        allow-update { none; };
};
```

图 17.2　区域配置文件的内容

正向区域文件/var/named/test.com.zone 的内容如图 17.3 所示。

```
$TTL 1D
@       IN SOA  test.com. email.com. (
                                        0       ; serial
                                        1D      ; refresh
                                        1H      ; retry
                                        1W      ; expire
                                        3H )    ; minimum
        NS              ns.test.com.
ns      IN  A           192.168.23.102
@       IN  MX 10       mail.test.com.
mail    IN  A           192.168.23.102
~
```

图 17.3　正向区域文件的内容

修改网卡，设置 DNS 服务器为 192.168.23.102，命令如下：

```
[root@mail ~]# vim /etc/sysconfig/network-scripts/ifcfg-ens192
```

在最下面添加一条命令指定 DNS 服务器，命令如下：

```
DNS1=192.168.23.102
```

重启网络服务，让配置生效，命令如下：

```
[root@mail ~] systemctl restart network
```

使用 ping 命令测试 DNS 域名解析，测试结果如图 17.4 所示。

```
[root@mail ~]# ping mail.test.com
PING mail.test.com (192.168.23.102) 56(84) bytes of data.
64 bytes from mail.test.com (192.168.23.102): icmp_seq=1 ttl=64 time=0.024 ms
64 bytes from mail.test.com (192.168.23.102): icmp_seq=2 ttl=64 time=0.038 ms
64 bytes from mail.test.com (192.168.23.102): icmp_seq=3 ttl=64 time=0.040 ms
64 bytes from mail.test.com (192.168.23.102): icmp_seq=4 ttl=64 time=0.043 ms
```

图 17.4　测试 DNS 域名解析

4. 使用 Yum 安装 Postfix

```
[root@mail ~]# yum install postfix -y
```

5. 配置 Postfix 主配置文件

打开 Postfix 主配置文件，命令如下：

```
[root@mail ~]# vim /etc/postfix/main.cf
```

总共需要修改以下 5 处内容。

第 1 处：修改 myhostname 为主机的名称，如图 17.5 所示。

```
# The myhostname parameter specifies the internet hostname of this
# mail system. The default is to use the fully-qualified domain name
# from gethostname(). $myhostname is used as a default value for many
# other configuration parameters.
#
#myhostname = host.domain.tld
myhostname = mail.test.com

```

图 17.5　修改主机的名称

第 2 处：修改 mydomain 为邮件域的名称，如图 17.6 所示。

```

# The mydomain parameter specifies the local internet domain name.
# The default is to use $myhostname minus the first component.
# $mydomain is used as a default value for many other configuration
# parameters.
#
mydomain = test.com

```

图 17.6　修改邮件域的名称

第 3 处：修改 myorigin 设置项，取消“myorigin = $mydomain”的注释，如图 17.7 所示。

```
# For the sake of consistency between sender and recipient addresses,
# myorigin also specifies the default domain name that is appended
# to recipient addresses that have no @domain part.
#
#myorigin = $myhostname
myorigin = $mydomain

# RECEIVING MAIL
```

图 17.7　修改 myorigin 设置项

第 4 处：修改 inet_interfaces 选项，将“inet_interfaces”的值设置为 all，表示对所有

IP 地址提供电子邮件服务，如图 17.8 所示。

```
#inet_interfaces = all
#inet_interfaces = $myhostname
#inet_interfaces = $myhostname, localhost
inet_interfaces = all

```

图 17.8　修改 inet_interfaces 选项

第 5 处：定义可接收邮件的主机名或域名列表，这里直接调用前面定义好的 myhostname 变量和 mydomain 变量，如图 17.9 所示。

```
#
mydestination = $myhostname, $mydomain
#mydestination = $myhostname, localhost.$mydomain, localhost, $mydomain
#mydestination = $myhostname, localhost.$mydomain, localhost, $mydomain,
#       mail.$mydomain, www.$mydomain, ftp.$mydomain

# REJECTING MAIL FOR UNKNOWN LOCAL USERS
```

图 17.9　定义可接收邮件的主机名或域名列表

6. 创建电子邮件系统的登录账户

```
[root@mdw ~]# useradd test
[root@mdw ~]# echo "test" | passwd --stdin test     #为 test 用户设置登录密码 test
```

成功创建 Linux 用户 test，如图 17.10 所示。

```
[root@mail ~]# useradd test
[root@mail ~]# echo "test" | passwd --stdin test
Changing password for user test.
passwd: all authentication tokens updated successfully.
```

图 17.10　成功创建 Linux 用户 test

7. 启动 Postfix 服务，并设置开机自启动

```
[root@mail ~]# systemctl start postfix
[root@mail ~]# systemctl enable postfix
```

设置 Postfix 服务为开机自启动，并启动它，配置如图 17.11 所示。

```
[root@mail ~]# systemctl start postfix
[root@mail ~]# systemctl enable postfix
[root@mail ~]# systemctl status postfix
● postfix.service - Postfix Mail Transport Agent
   Loaded: loaded (/usr/lib/systemd/system/postfix.service; enabled; vendor pre
set: disabled)
   Active: active (running) since Mon 2019-07-15 05:05:58 EDT; 25s ago
 Main PID: 10446 (master)
   CGroup: /system.slice/postfix.service
           ├─10446 /usr/libexec/postfix/master -w
           ├─10447 pickup -l -t unix -u
           └─10448 qmgr -l -t unix -u

Jul 15 05:05:57 mail.test.com systemd[1]: Starting Postfix Mail Transport A....
Jul 15 05:05:58 mail.test.com postfix/master[10446]: daemon started -- versi...
Jul 15 05:05:58 mail.test.com systemd[1]: Started Postfix Mail Transport Agent.
Hint: Some lines were ellipsized, use -l to show in full.
```

图 17.11　启动 Postfix 服务

8. 使用 Yum 安装 Dovecot

```
[root@mail ~]# yum install dovecot -y
```

9. 配置 Dovecot 主配置文件

```
[root@mail ~]# vim /etc/dovecot/dovecot.conf
```

需要修改以下 3 处内容。

第 1 处：修改第 24 行，取消注释，将支持的电子邮件协议修改为 IMAP、POP3 和 LMTP。

第 2 处：在第 24 行下面增加“disable_plaintext_auth = no”，允许用户使用明文进行密码验证，由于当前还没有加密系统，因此需要添加该参数来允许用户进行明文登录，如图 17.12 所示。

```
24 protocols = imap pop3 lmtp
25 disable_plaintext_auth = no
26 # A comma separated list of IPs or hosts where to listen in for connections
   .
27 # "*" listens in all IPv4 interfaces, "::" listens in all IPv6 interfaces.
28 # If you want to specify non-default ports or anything more complex,
29 # edit conf.d/master.conf.
30 #listen = *, ::
```

图 17.12　Dovecot 明文验证设置

第 3 处：在第 48 行，取消注释，并增加允许使用电子邮件系统的用户，如果要允许所有人都能使用电子邮件系统，则不用修改本参数，如图 17.13 所示。

```
44 # Space separated list of trusted network ranges. Connections from these
45 # IPs are allowed to override their IP addresses and ports (for logging and
46 # for authentication checks). disable_plaintext_auth is also ignored for
47 # these networks. Typically you'd specify your IMAP proxy servers here.
48 login_trusted_networks = 192.168.0.0/16
49
50 # Space separated list of login access check sockets (e.g. tcpwrap)
51 #login_access_sockets =
52
53 # With proxy_maybe=yes if proxy destination matches any of these IPs, don't
   do
```

图 17.13　Dovecot 客户端设置

10. 配置邮件格式与存储路径

```
[root@mail ~]# vim /etc/dovecot/conf.d/10-mail.conf
```

在 Dovecot 子配置文件中，定义一个路径，用于指定收到的邮件在本地服务器的存放位置。这个路径默认已经定义好了，我们只需要将该配置文件中第 25 行前面的“#”删除即可，如图 17.14 所示。

```
24 #   mail_location = maildir:~/Maildir
25 mail_location = mbox:~/mail:INBOX=/var/mail/%u
26 #   mail_location = mbox:/var/mail/%d/%1n/%n:INDEX=/var/indexes/%d/%1n/%n
27 #
28 # <doc/wiki/MailLocation.txt>
29 #
```

图 17.14　配置邮件格式与存储路径

11. 切换用户

```
[root@mail ~]# su - test
[test@mail ~]$ mkdir -p mail/.imap/INBO
```

12. 启动 Dovecot 服务，并设置开机自启动

```
[root@mail ~]# systemctl start dovecot
[root@mail ~]# systemctl enable dovecot
```

13. 使用 Telnet 测试电子邮件的发送

发送电子邮件可以使用 Telnet，也可以使用 Windows 的 Outlook 软件。此处使用 Telnet 测试电子邮件的发送，命令如下：

```
[root@mail ~]# yum install telnet-* telnet-server -y
[root@mail ~]# telnet 192.168.23.102 25
```

结果如图 17.15 所示。

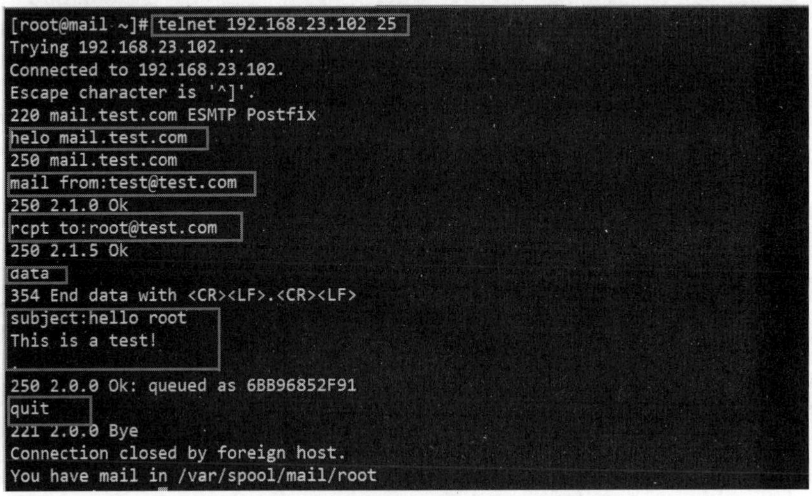

```
[root@mail ~]# telnet 192.168.23.102 25
Trying 192.168.23.102...
Connected to 192.168.23.102.
Escape character is '^]'.
220 mail.test.com ESMTP Postfix
helo mail.test.com
250 mail.test.com
mail from:test@test.com
250 2.1.0 Ok
rcpt to:root@test.com
250 2.1.5 Ok
data
354 End data with <CR><LF>.<CR><LF>
subject:hello root
This is a test!
.
250 2.0.0 Ok: queued as 6BB96852F91
quit
221 2.0.0 Bye
Connection closed by foreign host.
You have mail in /var/spool/mail/root
```

图 17.15 使用 Telnet 测试电子邮件的发送

14. 使用 mail 命令测试电子邮件的接收

使用 mail 命令测试电子邮件的接收，命令如下：

```
[root@mail ~]# yum install mailx -y
[root@mail ~]# mail
```

效果如图 17.16 所示。

```
[root@mail ~]# mail
Heirloom Mail version 12.5 7/5/10.  Type ? for help.
"/var/spool/mail/root": 1 message 1 new
>N  1 test@test.com         Mon Jul 15 06:53  14/462   "hello root"
& 1
Message  1:
From test@test.com  Mon Jul 15 06:53:07 2019
Return-Path: <test@test.com>
X-Original-To: root@test.com
Delivered-To: root@test.com
subject:hello root
Date: Mon, 15 Jul 2019 06:52:28 -0400 (EDT)
From: test@test.com
Status: R

This is a test!

& quit
Held 1 message in /var/spool/mail/root
```

图 17.16 使用 mail 命令测试电子邮件的接收

15. 使用 Outlook 测试电子邮件的发送

这里使用的是 Outlook 2007 版本，注意 Windows 需要将 DNS 设置为 DNS 服务器的地址，否则无法解析邮件地址。

选择电子邮件服务，并单击“下一步”按钮，如图 17.17 所示。

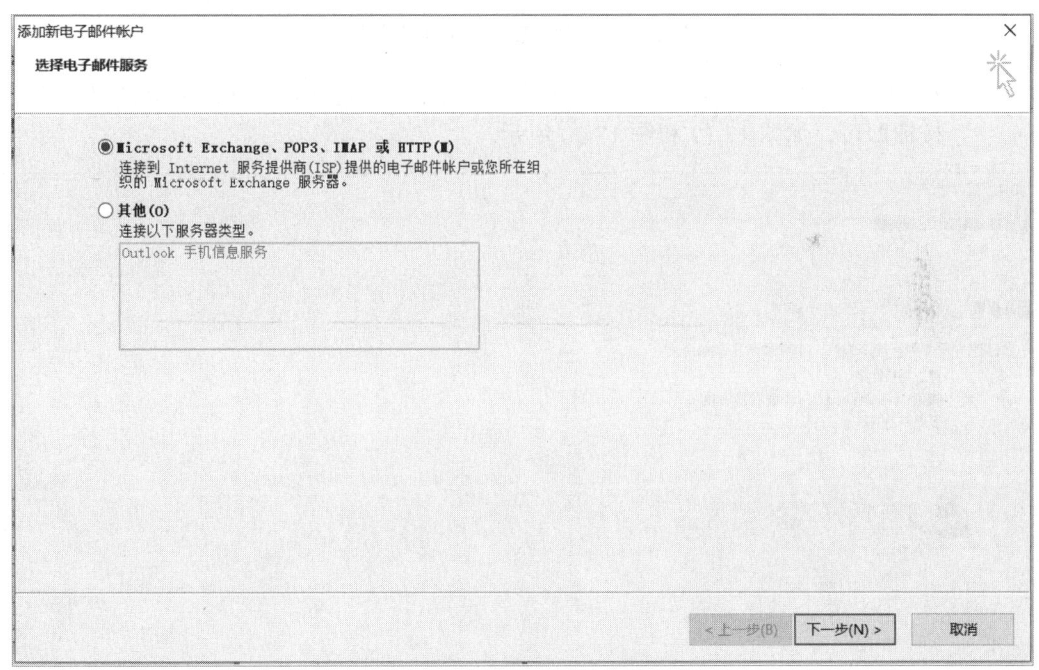

图 17.17 选择电子邮件服务

添加电子邮件账户信息，并单击“下一步”按钮，如图 17.18 所示。

添加新电子邮件帐户

自动帐户设置

单击"下一步"将与您的电子邮件服务器建立联系，并将配置 Internet 服务提供商或 Microsoft Exchange 服务器帐户设置。

您的姓名(Y)： test

示例：Barbara Sankovic

电子邮件地址(E)： test@test.com

示例：barbara@contoso.com

密码(P)： ****

重新键入密码(T)： ****

键入您的 Internet 服务提供商提供的密码。

手动配置服务器设置或其他服务器类型(M)

< 上一步(B)　下一步(N) >　取消

图 17.18　添加电子邮件账户信息

第 1 次连接服务器会报错，这是由于我们没有使用加密连接，直接忽略此消息，并单击"下一步"按钮即可，如图 17.19 和图 17.20 所示。

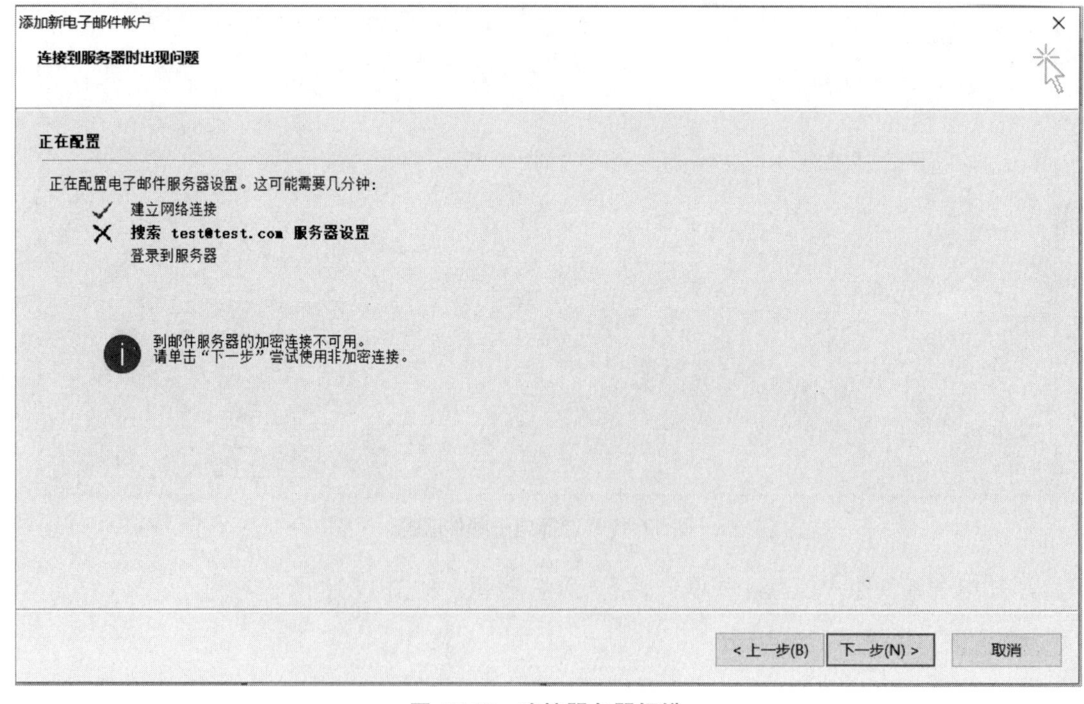

图 17.19　连接服务器报错

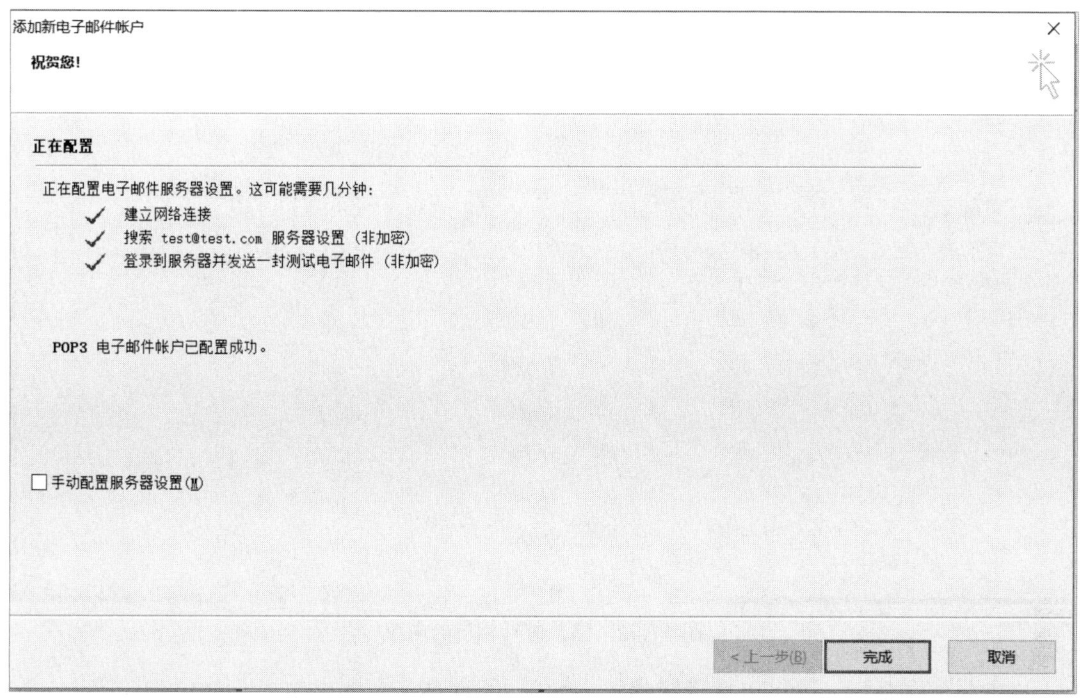

图 17.20　成功添加电子邮件账户

在 Outlook 中新建一封邮件并输入相应的内容，如图 17.21 和图 17.22 所示。

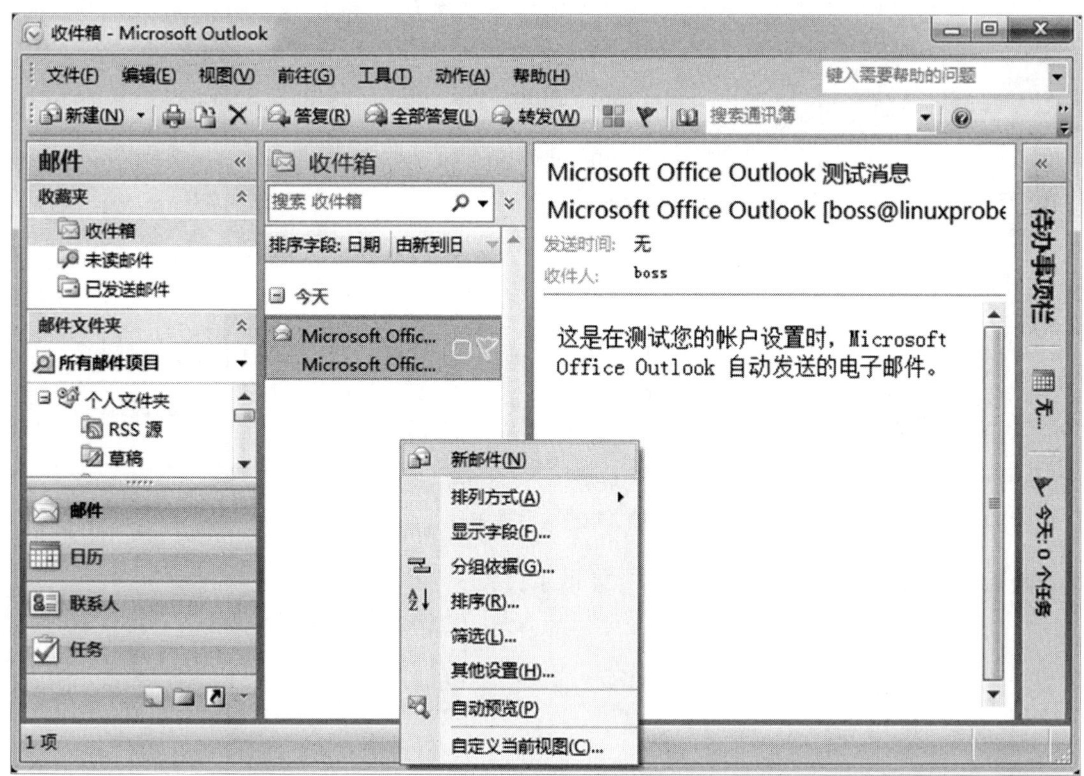

图 17.21　新建一封邮件

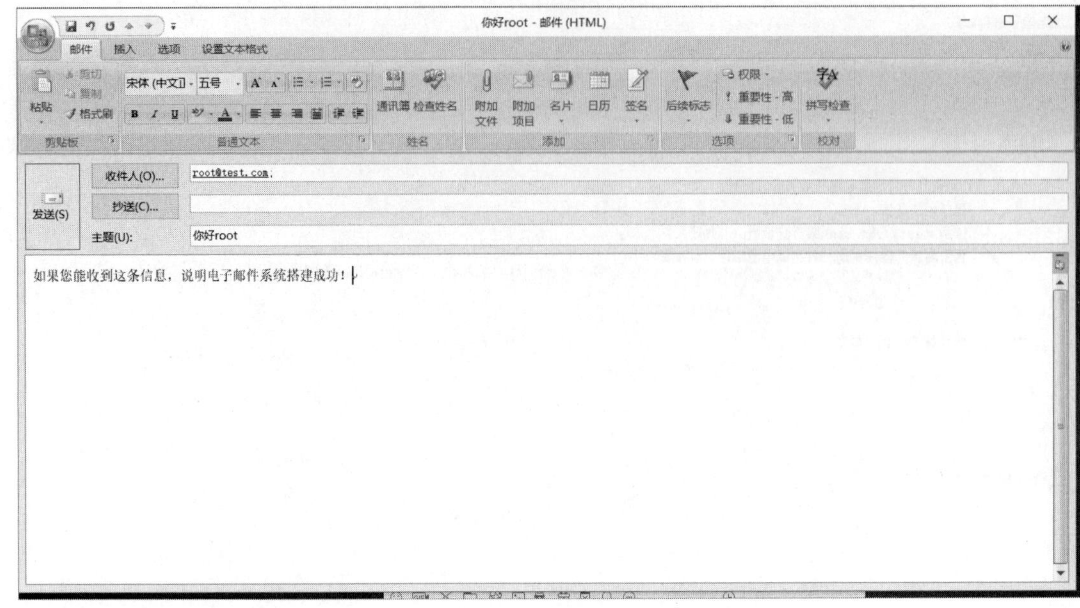

图 17.22　输入邮件相应的内容

在编辑好邮件后，就可以发送邮件了，如图 17.23 所示。

图 17.23　发送邮件

最后验证邮件的发送结果，如图 17.24 所示。

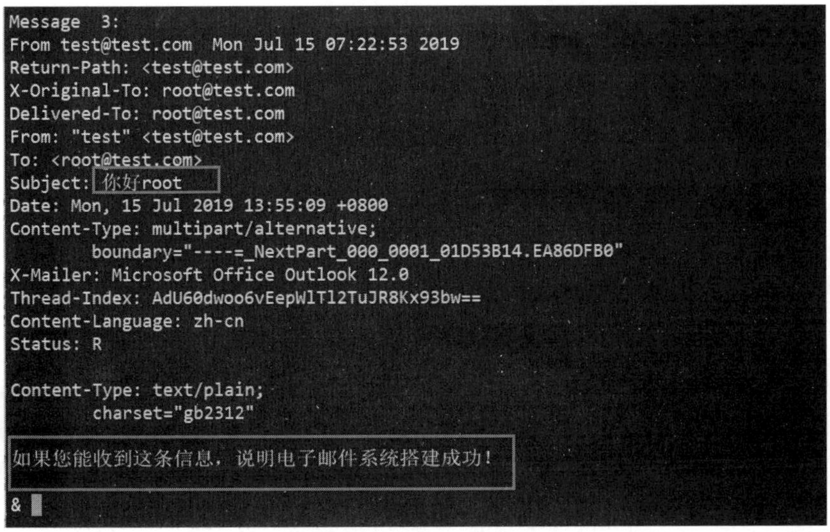

```
Message  3:
From test@test.com  Mon Jul 15 07:22:53 2019
Return-Path: <test@test.com>
X-Original-To: root@test.com
Delivered-To: root@test.com
From: "test" <test@test.com>
To: <root@test.com>
Subject: 你好root
Date: Mon, 15 Jul 2019 13:55:09 +0800
Content-Type: multipart/alternative;
        boundary="----=_NextPart_000_0001_01D53B14.EA86DFB0"
X-Mailer: Microsoft Office Outlook 12.0
Thread-Index: AdU60dwoo6vEepWlTl2TuJR8Kx93bw==
Content-Language: zh-cn
Status: R

Content-Type: text/plain;
        charset="gb2312"

如果您能收到这条信息，说明电子邮件系统搭建成功！

& 
```

图 17.24　验证邮件的发送结果

第 18 章　NAT 服务器配置

今天，无数互联网用户可以尽情享受 Internet 带来的乐趣。通过互联网，个人用户可以浏览新闻、搜索资料、下载软件、广交新朋、分享信息，甚至足不出户就可以获取一切日常生活所需要的物品；企业用户可以利用互联网发布信息，传递资料和订单，提供技术支持，完成日常办公。然而，Internet 在给亿万用户带来便利的同时，自身却面临一个致命的问题：构建这个无所不能的 Internet 的基础——IPv4 协议已经不能再提供新的网络地址了。于是，人们开始考虑 IPv4 的替代方案，同时采取一系列的措施来减缓 IPv4 地址的消耗。正是在这样一个背景下，网络地址转换——NAT“闪亮登场”。

18.1　NAT 简介

NAT（Network Address Translation，网络地址转换）是一个 IETF（Internet Engineering Task Force，Internet 工程任务组）标准，允许一个整体机构以一个公用 IP（Internet Protocol）地址出现在 Internet 上。顾名思义，它是一种把内部私有网络地址（IP 地址）翻译成合法网络 IP 地址的技术。因此我们可以认为，NAT 可以在一定程度上有效地解决公网地址不足的问题。

NAT 地址转换方式有以下 3 种类型。

- 静态转换（Static NAT）。
- 动态转换（Dynamic NAT）。
- 端口多路复用（OverLoad）。

1. 静态转换

静态转换是指将内部网络的私有 IP 地址转换为公有 IP 地址时，IP 地址对是一对一的，是一成不变的，某个私有 IP 地址只能转换为某个公有 IP 地址。借助于静态转换，可以实现外部网络对内部网络中某些特定设备（如服务器）的访问。

2. 动态转换

动态转换是指将内部网络的私有 IP 地址转换为公有 IP 地址时，IP 地址是不确定的，是随机的，所有被授权访问 Internet 的私有 IP 地址可随机转换为任何指定的合法 IP 地址。也就是说，只要指定哪些内部地址可以进行转换，以及用哪些合法地址作为外部地址，就可以进行动态转换。动态转换可以使用多个合法外部地址集。当 ISP 提供的合法 IP 地址略少于网络内部的计算机数量时，就可以采用动态转换的方式。

3. 端口多路复用

端口多路复用是指改变外出数据包的源端口并进行端口转换，即 PAT（Port Address Translation，端口地址转换）。在采用端口多路复用方式时，内部网络的所有主机均可共享一个合法外部 IP 地址以实现对 Internet 的访问，从而最大限度地节约 IP 地址资源；同时，可隐藏网络内部的所有主机，有效避免来自 Internet 的攻击。因此，目前网络中应用较多的就是端口多路复用方式。

18.2 NAT 服务器的配置及应用

18.2.1 iptables 简介

iptables 不是真正的防火墙，只是用来定义防火墙规则功能的“防火墙管理工具”，其将定义好的规则交由内核中的 netfilter（即网络过滤器）来读取，从而真正实现防火墙功能。

iptables 抵挡封包的方式如下所述。

- 拒绝让 Internet 的封包进入 Linux 主机的某些端口。
- 拒绝让某些来源 IP 地址的封包进入。
- 拒绝让带有某些特殊标志（flag）的封包进入。
- 分析硬件地址（MAC）来提供服务。

iptables 命令中设置数据过滤或处理数据包的策略叫作规则，将多个规则合成一个链叫作规则链。规则链依据处理数据包的位置不同而有以下分类。

- PREROUTING：在进行路由判断之前所要进行的规则（DNAT/REDIRECT）。
- INPUT：处理入站的数据包。
- OUTPUT：处理出站的数据包。
- FORWARD：处理转发的数据包。
- POSTROUTING：在进行路由判断之后所要进行的规则（SNAT/MASQUERADE）。

iptables 中的规则表是用于容纳规则链的，规则表默认是允许状态的，此时规则链设置被禁止的规则，如果规则表是禁止状态的，那么规则链设置被允许的规则。

iptables 命令的语法格式如下：

```
"iptables [-t 表名] 选项 [链名] [条件] [-j 控制类型]
```

也可以写为如下语法格式：

```
"iptables –[A|I 链] [-i|o 网络接口] [-p 协议] [-s 来源 ip/网域] [-d 目标 ip/网域] –j[ACCEPT|DROP]"
```

iptables 常用参数及其作用如表 18.1 所示。

表 18.1　iptables 常用参数及其作用

参　　数	作　　用
-P	设置默认策略，如“iptables -P INPUT (DROP|ACCEPT)”
-F	清空规则链
-L	查看规则链
-A	在规则链的末尾加入新规则
-I num	在规则链的头部加入新规则
-D num	删除某一条规则
-s	匹配来源地址 IP/MASK，加叹号（!）表示除这个 IP 地址以外
-d	匹配目标地址
-i 网卡名称	匹配从该网卡流入的数据
-o 网卡名称	匹配从该网卡流出的数据
-p	匹配协议，如 TCP、UDP、ICMP
--dport num	匹配目标端口号
--sport num	匹配来源端口号

18.2.2　使用 iptables 实现 NAT 网络地址转换

首先，了解一下局域网内封包的传送过程。

- 先经过 NAT table 的 PREROUTING 链。
- 经由路由判断确定这个封包是否要进入本机，若不进入本机，则进行下一步。
- 经过 Filter table 的 FORWARD 链。
- 通过 NAT table 的 POSTROUTING 链，最后传送出去。

NAT 主机的重点在于上面流程的第 1 步和第 4 步，也就是 NAT table 的两条重要的链，即 PREROUTING 与 POSTROUTING。这两条链的重要功能在于修改 IP 地址，而这两条链修改的 IP 地址是不一样的，PREROUTING 修改目标 IP 地址，POSTROUTING 则修改来源 IP 地址。由于修改的 IP 地址不一样，因此 NAT 又分为来源 NAT（Source NAT，SNAT）和目标 NAT（Destination NAT，DNAT）。

SNAT 即源地址转换，能够让多个内网用户通过一个外网地址上网，解决了 IP 地址资源匮乏的问题，生活中所用到的无线路由器就使用了此技术，如图 18.1 所示。

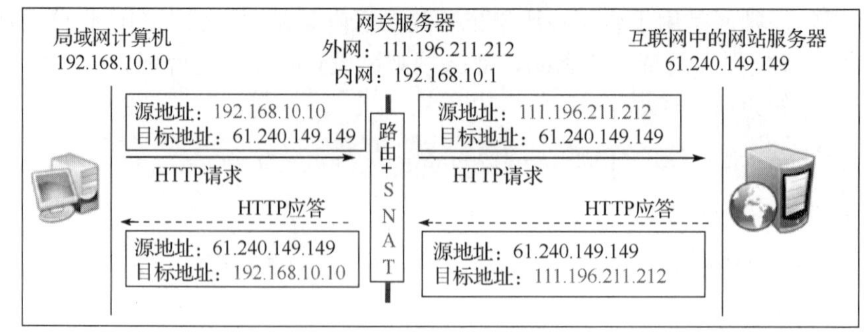

图 18.1　SNAT 拓扑案例

由图 18.1 可知，需要将 192.168.10.10 转换为 111.196.211.212，iptables 命令如下：

```
[root@localhost ~]# iptables -t nat -A POSTROUTING -s 192.168.10.0/24 -j MASQUERADE
```

DNAT 即目地地址转换，能够让外网用户访问局域网内不同的服务器（相当于 SNAT 的反向代理），如图 18.2 所示。

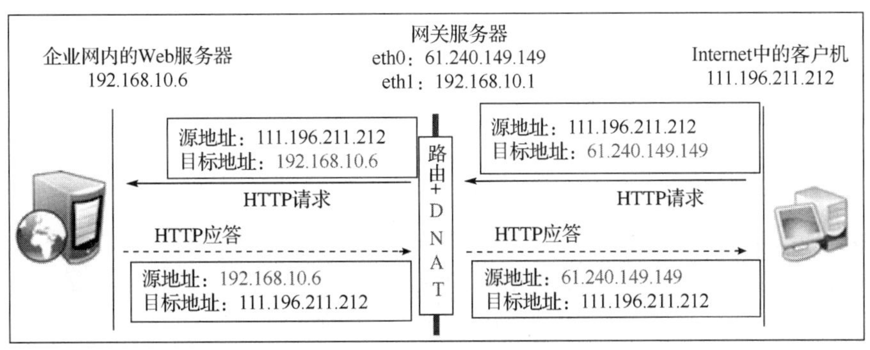

图 18.2 DNAT 拓扑案例

由图 18.2 可知，目标地址 192.168.10.6 在路由前就转换成了 61.240.149.149，需在网关上运行 iptables 命令，命令如下：

```
[root@localhost ~]# iptables -t nat -A PREROUTING -i eth1 -d 61.240.149.149 -p tcp -dport 80 -j DNAT --
to-destination 192.168.10.6:80
```

在从 eth1 网口传入，并且想要使用 80 端口的服务时，将该封包重新传导到 192.168.10.6:80 的 IP 地址及端口上，可以同时修改 IP 地址与端口。这就是地址映射与端口转换。

18.3 任务实战

18.3.1 任务描述

1. 环境描述

现有一台 CentOS 7 虚拟机，该虚拟机使用两张网卡，分别为外网网卡和内网网卡，外网网卡可以访问网络，内网网卡则不能访问。另有一台 Windows 7 虚拟机，该虚拟机使用一张网卡，连接的网卡为内网网卡。Windows 7 虚拟机不能上网，下面为 CentOS 7 虚拟机配置 NAT 服务，从而使 Windows 7 虚拟机实现上网功能。

2. IP 地址规划

1）CentOS 7 虚拟机

外网网卡：192.168.23.102　　掩码：255.255.255.0　　网关：192.168.23.254
内网网卡：192.168.1.1　　掩码：255.255.255.0　　不设置网关

2）Windows 7 虚拟机

内网网卡：192.168.1.10　　掩码：255.255.255.0　　网关：192.168.1.1

18.3.2 任务实施

1. CentOS 7 虚拟机配置 IP 地址

通过修改配置文件来配置外网网卡，可以直接修改网卡配置文件/etc/sysconfig/network-scripts/ifcfg-ens192，修改的部分内容如下：

```
[root@localhost ~]# vim /etc/sysconfig/network-scripts/ifcfg-ens192
BOOTPROTO=static              //获取 IP 地址的方式为静态配置
ONBOOT=yes                    //当系统启动时，网络接口跟随系统启动
IPADDR=192.168.23.102         //配置 IP 地址为 192.168.23.102
NETMASK=255.255.255.0         //子网掩码为 255.255.255.0
GATEWAY=192.168.23.254        //网关地址为 192.168.23.254
DNS1=114.114.114.114          //DNS 地址为 114.114.114.114
```

通过修改配置文件来配置内网网卡，可以直接修改网卡配置文件/etc/sysconfig/network-scripts/ifcfg-ens224，修改的部分内容如下：

```
[root@localhost ~]# vim /etc/sysconfig/network-scripts/ifcfg-ens224
BOOTPROTO=static              //获取 IP 地址的方式为静态配置
ONBOOT=yes                    //当系统启动时，网络接口跟随系统启动
IPADDR=192.168.1.1            //配置 IP 地址为 192.168.23.102
NETMASK=255.255.255.0         //子网掩码为 255.255.255.0
```

在配置完成后，即可重启网络服务，让配置生效，命令如下：

```
[root@localhost ~]# systemctl restart network
[root@localhost ~]# ifconfig
ens192: flags=4163<UP,BROADCAST,RUNNING,MULTICAST>  mtu 1500
        inet 192.168.23.102  netmask 255.255.255.0  broadcast 192.168.23.255
        inet6 fe80::8b00:125d:7b78:5be6  prefixlen 64  scopeid 0x20<link>
        ether 00:0c:29:dc:84:32  txqueuelen 1000  (Ethernet)
        RX packets 378  bytes 27689 (27.0 KiB)
        RX errors 0  dropped 0  overruns 0  frame 0
        TX packets 133  bytes 16136 (15.7 KiB)
        TX errors 0  dropped 0 overruns 0  carrier 0  collisions 0

ens224: flags=4163<UP,BROADCAST,RUNNING,MULTICAST>  mtu 1500
        inet 192.168.1.1  netmask 255.255.255.0  broadcast 192.168.1.255
        inet6 fe80::776f:e9cd:33df:c0f6  prefixlen 64  scopeid 0x20<link>
        ether 00:0c:29:dc:84:3c  txqueuelen 1000  (Ethernet)
        RX packets 3  bytes 746 (746.0 B)
        RX errors 0  dropped 0  overruns 0  frame 0
        TX packets 32  bytes 5142 (5.0 KiB)
        TX errors 0  dropped 0 overruns 0  carrier 0  collisions 0
```

2. Windows 7 虚拟机配置 IP 地址

对于 Windows 用户来说，Windows 本身的图形化操作界面降低了对客户端的操作要求，设置 NAT 客户端的 IP 地址也是如此。

选择“开始”→“控制面板”→“网络和 Internet”→“网络和共享中心”→“更改适配器设置”命令，就可以看到本地连接了，如图 18.3 所示。

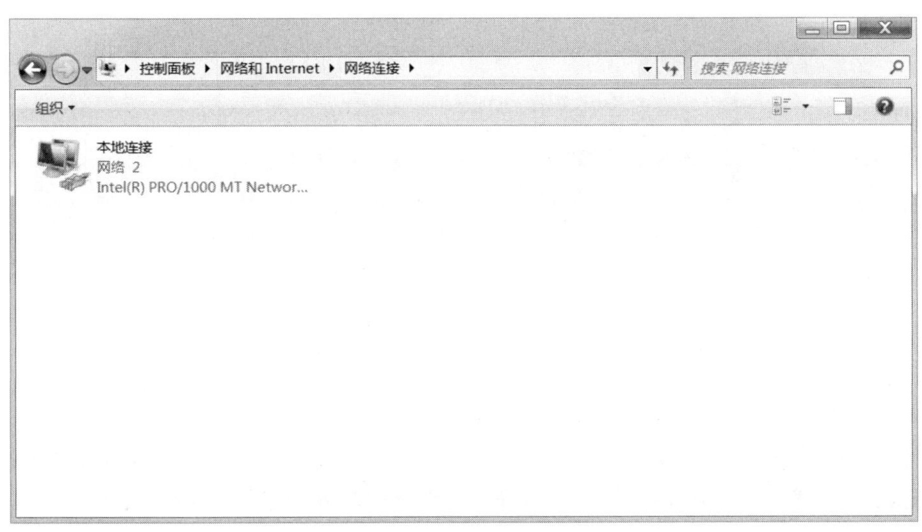

图 18.3 查看本地连接

右击“本地连接”，选择“属性”命令，打开“本地连接 属性”对话框，如图 18.4 所示，在这里设置 Windows 客户端的 IP 地址和 DNS 信息。

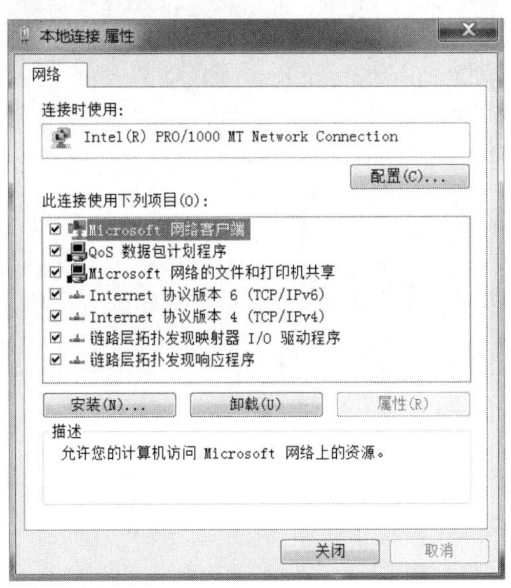

图 18.4 “本地连接 属性”对话框

双击“此连接使用下列项目”选项框中的“Internet 协议版本 4 (TCP/IPv4)”，打开“Internet 协议版本 4 (TCP/IPv4) 属性”对话框，填入规划的 IP 地址即可，如图 18.5 所示。

Internet 协议版本 4 (TCP/IPv4) 属性

常规

如果网络支持此功能，则可以获取自动指派的 IP 设置。否则，您需要从网络系统管理员处获得适当的 IP 设置。

○ 自动获得 IP 地址(O)
◉ 使用下面的 IP 地址(S):
IP 地址(I): 192 .168 . 1 . 10
子网掩码(U): 255 .255 .255 . 0
默认网关(D): 192 .168 . 1 . 1

○ 自动获得 DNS 服务器地址(B)
◉ 使用下面的 DNS 服务器地址(E):
首选 DNS 服务器(P): 114 .114 .114 .114
备用 DNS 服务器(A): . . .

☐ 退出时验证设置(L) 高级(V)...

确定 取消

图 18.5 “Internet 协议版本 4 (TCP/IPv4) 属性”对话框

在填写完 IP 地址后，不要忘记单击“确定”按钮以保存配置。

此时，可以检查一下 IP 地址的配置情况，单击“开始”并在搜索框中输入“cmd.exe”，然后按 Enter 键并输入“ipconfig”，查看当前 IP 地址的配置情况，如图 18.6 所示。

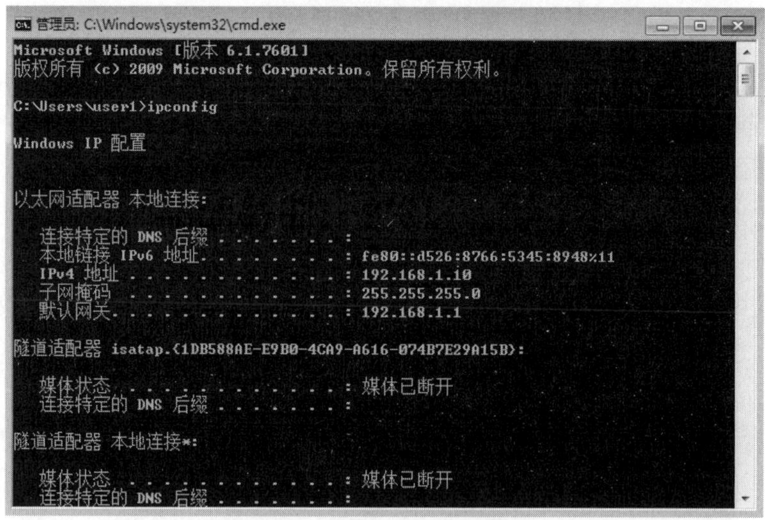

```
管理员: C:\Windows\system32\cmd.exe
Microsoft Windows [版本 6.1.7601]
版权所有 (c) 2009 Microsoft Corporation。保留所有权利。

C:\Users\user1>ipconfig

Windows IP 配置


以太网适配器 本地连接:

   连接特定的 DNS 后缀 . . . . . . . :
   本地链接 IPv6 地址. . . . . . . . : fe80::d526:8766:5345:8948%11
   IPv4 地址 . . . . . . . . . . . . : 192.168.1.10
   子网掩码  . . . . . . . . . . . . : 255.255.255.0
   默认网关. . . . . . . . . . . . . : 192.168.1.1

隧道适配器 isatap.{1DB588AE-E9B0-4CA9-A616-074B7E29A15B}:

   媒体状态  . . . . . . . . . . . . : 媒体已断开
   连接特定的 DNS 后缀 . . . . . . . :

隧道适配器 本地连接*:

   媒体状态  . . . . . . . . . . . . : 媒体已断开
   连接特定的 DNS 后缀 . . . . . . . :
```

图 18.6 IP 地址的配置情况

此时的 Windows 7 虚拟机是无法访问互联网的，因为还未进行 NAT 服务的配置，如图 18.7 所示。

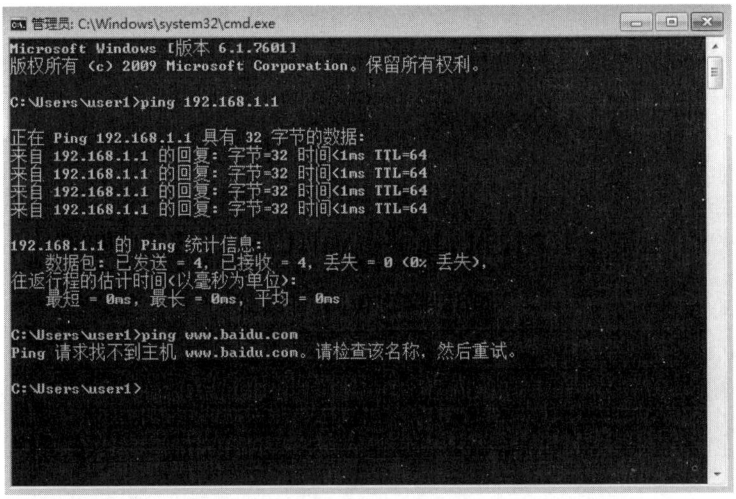

```
管理员: C:\Windows\system32\cmd.exe
Microsoft Windows [版本 6.1.7601]
版权所有 (c) 2009 Microsoft Corporation。保留所有权利。

C:\Users\user1>ping 192.168.1.1

正在 Ping 192.168.1.1 具有 32 字节的数据:
来自 192.168.1.1 的回复: 字节=32 时间<1ms TTL=64
来自 192.168.1.1 的回复: 字节=32 时间<1ms TTL=64
来自 192.168.1.1 的回复: 字节=32 时间<1ms TTL=64
来自 192.168.1.1 的回复: 字节=32 时间<1ms TTL=64

192.168.1.1 的 Ping 统计信息:
    数据包: 已发送 = 4, 已接收 = 4, 丢失 = 0 (0% 丢失),
往返行程的估计时间(以毫秒为单位):
    最短 = 0ms, 最长 = 0ms, 平均 = 0ms

C:\Users\user1>ping www.baidu.com
Ping 请求找不到主机 www.baidu.com。请检查该名称, 然后重试。

C:\Users\user1>
```

图 18.7　Windows 7 虚拟机无法 ping 通 www.baidu.com

3. 开启 CentOS 7 路由功能

首先，需要在 CentOS 7 虚拟机上开启路由功能，从而实现 Windows 7 虚拟机的上网功能。通过 iptables 配置防火墙，可以实现如下规则，其中 ens192 为外网网卡，ens224 为内网网卡。

1）让发送至内网网卡的数据全部通过

```
[root@localhost ~]# iptables -A FORWARD -i ens224 -j ACCEPT
```

2）修改数据报头信息

```
[root@localhost ~]# iptables -t nat -A POSTROUTING -s 192.168.1.0/24 -o ens192 -j MASQUERADE
```

3）开启路由功能

```
[root@localhost ~]# echo 1 > /proc/sys/net/ipv4/ip_forward
```

4）查看是否启用了路由功能，1 代表启用，0 代表禁用

```
[root@localhost ~]# cat /proc/sys/net/ipv4/ip_forward
```

5）设置开机自动配置 Linux 路由功能

```
[root@localhost ~]# echo -e "
> iptables -A FORWARD -i ens224 -j ACCEPT
> iptables -t nat -A POSTROUTING -s 192.168.1.0/24 -o ens192 -j MASQUERADE
> echo 1 > /proc/sys/net/ipv4/ip_forward
> " >> /etc/rc.local
[root@localhost ~]# chmod +x /etc/rc.local
```

6）关闭防火墙

```
[root@localhost ~]# systemctl stop firewalld
[root@localhost ~]# systemctl disable firewalld
```

4. 上网测试

至此，关于 CentOS 7 虚拟机上的 iptables 支持 NAT 服务配置完成，我们需要在 Windows 7 虚拟机上进行上网测试，测试效果如图 18.8 所示。

```
管理员: C:\Windows\system32\cmd.exe
Microsoft Windows [版本 6.1.7601]
版权所有 (c) 2009 Microsoft Corporation。保留所有权利。

C:\Users\user1>ping 192.168.1.1

正在 Ping 192.168.1.1 具有 32 字节的数据:
来自 192.168.1.1 的回复: 字节=32 时间<1ms TTL=64
来自 192.168.1.1 的回复: 字节=32 时间<1ms TTL=64
来自 192.168.1.1 的回复: 字节=32 时间<1ms TTL=64
来自 192.168.1.1 的回复: 字节=32 时间<1ms TTL=64

192.168.1.1 的 Ping 统计信息:
    数据包: 已发送 = 4，已接收 = 4，丢失 = 0 (0% 丢失)，
往返行程的估计时间(以毫秒为单位):
    最短 = 0ms，最长 = 0ms，平均 = 0ms

C:\Users\user1>ping www.baidu.com

正在 Ping www.a.shifen.com [39.156.66.14] 具有 32 字节的数据:
来自 39.156.66.14 的回复: 字节=32 时间=40ms TTL=128
来自 39.156.66.14 的回复: 字节=32 时间=40ms TTL=128
来自 39.156.66.14 的回复: 字节=32 时间=40ms TTL=128
来自 39.156.66.14 的回复: 字节=32 时间=40ms TTL=128

39.156.66.14 的 Ping 统计信息:
    数据包: 已发送 = 4，已接收 = 4，丢失 = 0 (0% 丢失)，
往返行程的估计时间(以毫秒为单位):
    最短 = 40ms，最长 = 40ms，平均 = 40ms

C:\Users\user1>
```

图 18.8　Windows 7 虚拟机的上网测试效果

第 19 章　VPN 服务器配置

扫一扫，
获取微课

随着 Internet 和电子商务的蓬勃发展，经济全球化的最佳途径是发展基于 Internet 的商务应用。随着商务活动的日益频繁，各企业开始允许其生意伙伴、供应商访问本企业的局域网，从而大大简化了信息交流的过程，提高了信息交换速度。这些合作和联系是动态的，并依靠网络来维持和加强，于是各企业发现，这样的信息交流不但引发了网络的复杂性问题，还引发了管理和安全性的问题，因为 Internet 是一个全球性和开放性的、基于 TCP/IP 技术的、不可管理的国际互联网络，所以基于 Internet 的商务活动就面临着非善意的信息威胁和安全隐患，而 VPN 技术可以解决上述问题。

19.1　VPN 概述

VPN（Virtual Private Network，虚拟专用网络）可以通过一个公用网络（如 Internet）建立一个临时的、安全的、模拟的点对点连接。这是一条跨越公用网络的信息隧道，数据可以通过这条隧道在公用网络中安全地传输。借助 VPN，企业外出人员或者不同地区的合作公司等都可以随时连接到企业的 VPN 服务器，进而连接到企业的内部网络。

19.1.1　VPN 简介

VPN 属于远程访问技术，也就是利用公用链路架设私有网络的技术。假如公司员工在外出差，但想访问企业的内网资源，这种就属于远程访问。怎样才能让出差员工访问内网资源呢？VPN 就是一个很好的解决办法，可以在公司内网增加一台 VPN 服务器，VPN 服务器一般有两块网卡，一块连接公网，一块连接内网。出差员工在外地连接到公网后，通过互联网找到 VPN 服务器，然后利用 VPN 服务器连接到公司内网，就可以认为数据是在一条专用的数据链路上进行的安全传输。但实际上 VPN 使用的是互联网上的公用链路，因此也称为虚拟专用网。VPN 实质上就是利用加密技术在公用链路上封装出一个数据通信隧道。有了 VPN 技术，用户无论是在外地出差还是在家办公，只要能连接到互联网就能利用 VPN 访问一些特定的内网资源。在企业的网络配置中，要进行异地局域网之间的连接，传统的方法是租用专线或者帧中继，但这样的通信方法会产生昂贵的网络通信/维护费用，而 VPN 技术的出现，降低了成本，也通过加密技术使得数据的传输更加安全。

19.1.2 功能与特点

1. 功能

在网络中，服务质量（QoS）是指所能提供的带宽级别。将 QoS 融入一个 VPN，可以使管理员在网络中完全控制数据流。信息包分类和带宽管理是两种可以实现控制的方法。

1）信息包分类

信息包分类按重要性将数据分组。数据越重要，它的级别就越高，它的操作也会优先于同网络中相对次要的数据。

2）带宽管理

通过带宽管理，一个 VPN 管理员可以监控网络中所有输入、输出的数据流，可以允许不同的数据包类获得不同的带宽。

- 通信量管理：通信量管理方法是一个服务提供商在 Internet 通信拥塞中发现的。大量的输入、输出数据流排队通过，会使带宽得不到合理使用。
- 公平带宽：公平带宽允许网络中的所有用户机会均等地利用带宽访问 Internet。借助于公平带宽，当应用程序需要用更大的数据流时，它将减少所用带宽以便给其他人访问的机会。
- 传输保证：传输保证可以为网络中特殊的服务预留出一部分带宽，例如视频会议、IP 电话、网络视频。它可以判断哪个服务有更高的优先级并分配相应带宽。

2. 特点

在实际应用中，用户需要的是什么样的 VPN 呢？在一般情况下，一个高效、成功的 VPN 应具备以下几个特点。

- 安全保障：VPN 通过建立一个隧道，利用加密技术对传输数据进行加密，可以保证数据的私有性和安全性。
- 服务质量保证：VPN 可以为不同用户提供不同等级的服务质量保证。
- 可扩充、灵活性：VPN 支持通过 Internet 和 Extranet 的任何类型的数据流。
- 可管理性：VPN 可以从用户和运营商的角度进行管理。

19.1.3 分类及实现方式

1. 分类

根据不同的划分标准，VPN 可以按以下几个标准进行分类。

1）按 VPN 的协议分类

VPN 的隧道协议主要有 3 种，即 PPTP、L2TP、IPSec，其中 PPTP 和 L2TP 工作在 OSI 模型的第二层，又称为二层隧道协议；而 IPSec 是三层隧道协议，也是非常常见的协议。目前应用较广泛的是 L2TP 与 IPSec。

2）按 VPN 的应用分类

- Access VPN（远程接入 VPN）：客户端到网关，使用公网作为骨干网在设备之间传输 VPN 的数据流量。
- Intranet VPN（内联网 VPN）：网关到网关，通过公司的网络架构连接来自同公司的资源。
- Extranet VPN（外联网 VPN）：与合作伙伴企业网构成 Extranet，将一个公司与另一个公司的资源进行连接。

3）按所用的设备类型分类

网络设备提供商针对不同客户的需求，开发出了不同的 VPN 网络设备，主要包括交换机、路由器、防火墙。

- 路由器式 VPN：路由器式 VPN 的部署比较简单，只要在路由器上添加 VPN 服务即可。
- 交换机式 VPN：主要应用于连接用户较少的 VPN 网络。
- 防火墙式 VPN：防火墙式 VPN 是最常见的一种 VPN 的实现方式。

4）按实现原理分类

- 重叠 VPN：此 VPN 需要用户自己建立端节点之间的 VPN 链路，主要包括 GRE、L2TP、IPSec 等技术。
- 对等 VPN：由网络运营商在主干网上完成 VPN 隧道的建立，主要包括 MPLS、VPN 技术。

2. 实现方式

- VPN 服务器：在大型局域网中，可以在网络中心通过搭建 VPN 服务器的方法来实现。
- 软件 VPN：通过专用的软件来实现 VPN。
- 硬件 VPN：可以通过专用的硬件来实现 VPN。
- 集成 VPN：很多的硬件设备，如路由器、防火墙等，都含有 VPN 功能，但是拥有 VPN 功能的硬件设备通常会比没有这一功能的要贵。

19.1.4 隧道协议

- PPTP（点到点隧道协议）：是一种让远程用户拨号连接到本地的 ISP，并通过 Internet 安全远程访问公司资源的网络协议。它能将 PPP（点到点协议）帧封装成 IP 数据包，以便在基于 IP 地址的互联网上进行传输。PPTP 使用 TCP 连接来创建、维护与终止隧道，并使用 GRE（通用路由封装）将 PPP 帧封装成隧道数据。被封装后的 PPP 帧的有效载荷可以被加密或压缩，或者同时被加密与压缩。
- L2TP：L2TP 是 PPTP 与 L2F（第二层转发）的一种综合。
- IPSec：是一个标准的第三层安全协议，它是在隧道外面进行再封装的，保证了传输过程的安全性。IPSec 的主要特征在于它可以对所有 IP 级的通信进行加密。

19.2 VPN 服务器的配置与管理

19.2.1 PPTP VPN 服务器配置

PPTP（Point to Point Tunneling Protocol，点到点隧道协议）是在 PPP 协议的基础上开发的一种新的增强型安全协议，支持多协议虚拟专用网络（VPN），可以通过密码验证协议（PAP）、可扩展认证协议（EAP）等方法增强安全性，可以使远程用户通过拨入 ISP、通过直接连接 Internet 或其他网络安全地访问企业网。

1. 安装 ppp 和 pptpd

使用 Yum 安装 ppp 和 pptpd，命令如下：

```
[root@PPTP ~]#yum –y install ppp pptpd
```

然后配置 pptpd 相关参数，在 PPTP 配置文件中添加 ms-dns，它们指定 VPN 使用的 DNS 服务器，可以根据实际情况修改，命令如下：

```
[root@PPTP ~]#vim /etc/ppp/options.pptpd
# If pppd is acting as a server for Microsoft Windows clients, this
# option allows pppd to supply one or two DNS (Domain Name Server)
# addresses to the clients.   The first instance of this option
# specifies the primary DNS address; the second instance (if given)
# specifies the secondary DNS address.
ms-dns 8.8.8.8
ms-dns 8.8.4.4
```

编辑配置文件/etc/pptpd.conf，命令如下：

```
[root@PPTP ~]#vim /etc/pptpd.conf
# (Recommended)
localip 192.168.1.4
remoteip 192.168.1.200-240
# or
#localip 192.168.0.234-238,192.168.0.245
#remoteip 192.168.1.234-238,192.168.1.245
```

其中，“localip”是 VPN Server（pptpd 服务器）的地址；“remoteip”是指可分配给 VPN 客户端的地址或者地址段。

配置用户认证文件/etc/ppp/chap-secrets，命令如下：

```
[root@PPTP ~]#vim /etc/ppp/chap-secrets
# Secrets for authentication using CHAP
# client          server    secret                        IP addresses
zdhpptp * pptpmm *
```

其中，zdhpptp 为 VPN 登录用户名，pptpmm 为密码。

开启 IP 转发功能，将/etc/sysctl.conf 文件中的“net.ipv4.ip_forward”设置为 1，同时在“net.ipv4.tcp_syncookies=1”前面加上“#”，命令如下：

```
[root@PPTP ~]#vim /etc/sysctl.conf
net.ipv4.ip_forward = 1
#net.ipv4.tcp_syncookies = 1
```

使配置生效，命令如下：

```
[root@PPTP ~]#/sbin/sysctl –p
```

关闭防火墙，命令如下：

```
[root@PPTP ~]#systemctl stop firewalld
```

启动 PPTP 服务，命令如下：

```
[root@PPTP ~]#systemctl start pptpd
```

查看 1723 端口是否监听，命令如下：

```
[root@PPTP ~]#netstat -ano | grep 1723
```

2. PPTP 三大配置文件说明

1）/etc/pptpd.conf 主配置文件

- debug：把所有的 debug 信息写入系统日志/var/log/messages。
- option：/etc/ppp/options.pptpd，选项配置文件的位置。
- localip：192.168.x.x，本地 VPN 服务器的 IP 地址。
- logwtmp：使用/var/log/wtmp 记录客户连接和断开。
- remoteip：192.168.x.x-x，客户端被分配的 IP 地址范围。

2）/etc/ppp/options.pptpd 配置文件

- auth：需要使用/etc/ppp/chap-secrets 配置文件来验证。
- lock：锁定 PTY 设备文件。
- debug：把所有的 debug 信息写入系统日志/var/log/messages。
- proxyarp：启动 ARP 代理，如果分配给客户端的 IP 地址与内网网卡在一个子网，就需要启用 ARP 代理。
- name pptpd：VPN 服务器的名称。
- multilink：PPP 协议的扩展。
- refuse-pap：拒绝 PAP 身份验证。
- refuse-chap：拒绝 CHAP 身份验证。
- refuse-mschap：拒绝 MSCHAP 身份验证。
- refuse-mschap-v2：注意在采用 MSCHAPv2 身份验证方式时可以同时使用 MPPE 进行加密。
- require-mppe-128：使用 128-bit MPPE 加密。
- ms-wins：IP 地址，用于网络发现机器 IP 地址。
- ms-dns：IP 地址，DNS 服务器地址。

- logfile：/var/log/pptpd.log，日志存放的路径。
- PAP：PAP（Password Authentication Protocol 口令验证协议）是一种简单的明文验证方式。NAS 要求用户提供用户名和口令，PAP 会以明文方式返回用户信息。很明显，这种验证方式的安全性较差，第三方可以很容易地获取被传送的用户名和口令，并利用这些信息与 NAS 建立连接，获取 NAS 提供的所有资源。所以，一旦用户密码被第三方窃取，PAP 就无法提供避免受到第三方攻击的保障措施。
- CHAP：CHAP（Challenge Handshake Authentication Protocol，挑战握手身份认证协议）是一种加密的验证方式，能够避免在建立连接时传送用户的真实密码。NAS 向远程用户发送一个挑战口令，其中包括会话 ID 和一个任意生成的挑战字符串。远程客户必须使用 MD5 单向哈希算法返回用户名和加密的挑战口令，以及会话 ID 和用户口令，其中用户名以非哈希方式发送。CHAP 对 PAP 进行了改进，不再直接通过链路发送明文口令，而是使用挑战口令以哈希算法对口令进行了加密。因为服务器端存有客户的明文口令，所以服务器可以重复客户端进行的操作，并将结果与用户返回的口令进行对照。CHAP 为每一次验证任意生成一个挑战字符串来防止受到重放攻击。在整个连接过程中，CHAP 将不定时地向客户端重复发送挑战口令，从而避免第三方冒充远程客户进行攻击。如果已经使用 CHAP 验证连接，则不能使用 MPPE（Microsoft Point-to-Point Encryption，微软点对点加密术）。
- mschap：MSchAP（Microsoft Challenge Handshake Authentication Protocol，微软挑战握手身份认证协议）是为了对远程 Windows 工作站进行身份验证，同时集成 LAN 用户所熟悉的功能，以及用于 Windows 网络的散列算法。
- MSCHAP v2：MSCHAP v2（微软挑战握手身份认证协议版本 2）MS-CHAP v2 可以提供交互身份验证、生成 MPPE 的更强的初始数据加密密钥，以及在发送和接收数据时使用不同的加密密钥。为降低更改密码时密码泄露的风险，将不再支持较旧的 MSCHAP 密码更改方法。因为 MSCHAP v2 比 MSCHAP 更加安全，所以对于所有连接，它将优先于 MSCHAP（如果已启用）使用。

3）chap-secrets 用户验证文件

```
# client        server          secret          IP addresses
  user             *            pass               *
```

“user”是 client 端的 VPN 用户名；“server”对应的是 VPN 服务器的名称，该名称必须和/etc/ppp/options.pptpd 文件中指明的一样，或者设置成“*”来表示自动识别服务器；“secret”对应的是登录密码；“IP addresses”对应的是可以拨入的客户端 IP 地址，如果不需要做特别限制，则可以将其设置为“*”。

19.2.2 OpenVPN 服务器配置

OpenVPN 是 Linux 下开源 VPN 的先锋，提供了良好的性能和友好的 GUI。OpenVPN 大量使用了 OpenSSL 库加密数据与控制信息，并使用了 OpenSSL 的加密以及验证功能，这意味着，它能够使用任何 OpenSSL 支持的算法。OpenVPN 提供了可选的数据包 HMAC 功能以提高连接的安全性。此外，OpenSSL 的硬件加速也能提高它的性能。

1. 安装相关软件 OpenVPN、easy-rsa 等

使用 Yum 安装 OpenVPN、easy-rsa，命令如下：

```
[root@openvpn ~]#yum –y install openvpn easy-rsa
```

复制相关配置文件，命令如下：

```
[root@openvpn ~]#mkdir -p /etc/openvpn/easy-rsa
[root@openvpn ~]#cp /usr/share/doc/easy-rsa-3.0.3/vars.example /etc/openvpn/easy-rsa/vars
[root@openvpn ~]#cp –r /usr/share/easy-rsa/3.0.3/* /etc/openvpn/easy-rsa/    //复制 easyrsa、openssl-1.0.cnf、x509-types
[root@openvpn ~]#cp /usr/share/doc/openvpn-2.4.7/sample/sample-config-files/server.conf /etc/openvpn/
```

编制 vars 文件，修改参数，命令如下：

```
[root@openvpn ~]#vim /etc/openvpn/easy-rsa/vars
set_var EASYRSA_REQ_COUNTRY      "CN"
set_var EASYRSA_REQ_PROVINCE     "GD"
set_var EASYRSA_REQ_CITY         "GZ"
set_var EASYRSA_REQ_ORG "openvpn zdh"
set_var EASYRSA_REQ_EMAIL        "12345678@qq.com"
set_var EASYRSA_REQ_OU           "this is the openvpn"
```

2. 创建根证书和密钥等文件

初始化目录，命令如下：

```
[root@openvpn easy-rsa]#cd /etc/openvpn/easy-rsa/
[root@openvpn easy-rsa]#./easyrsa init-pki
```

创建根证书，命令如下：

```
[root@openvpn easy-rsa]#./easyrsa build-ca
Note: using Easy-RSA configuration from: ./vars
Generating a 2048 bit RSA private key
..........................................................................................+++
.................................+++
writing new private key to '/etc/openvpn/easy-rsa/pki/private/ca.key.toMnMUstG1'
Enter PEM pass phrase:vpnmm     //输入根证书密码
ommon Name (eg: your user, host, or server name) [Easy-RSA CA]:openvpn-ca    //输入名称
CA creation complete and you may now import and sign cert requests.
Your new CA certificate file for publishing is at:
/etc/openvpn/easy-rsa/pki/ca.crt
```

创建服务器端密钥，命令如下：

```
[root@openvpn easy-rsa]#./easyrsa gen-req server nopass
-----
Common Name (eg: your user, host, or server name) [server]:server10    //输入服务端名称
Keypair and certificate request completed. Your files are:
req: /etc/openvpn/easy-rsa/pki/reqs/server.req
```

```
key: /etc/openvpn/easy-rsa/pki/private/server.key
```

签服务器端证书，命令如下：

```
[root@openvpn easy-rsa]#./easyrsa sign server server
Type the word 'yes' to continue, or any other input to abort.
Confirm request details: yes
Using configuration from ./openssl-1.0.cnf
Enter pass phrase for /etc/openvpn/easy-rsa/pki/private/ca.key:vpnmm        //根证书密码
Check that the request matches the signature
Signature ok
The Subject's Distinguished Name is as follows
commonName                :ASN.1 12:'server10'
Certificate is to be certified until Jul   1 08:35:34 2029 GMT (3650 days)
Write out database with 1 new entries
Data Base Updated
Certificate created at: /etc/openvpn/easy-rsa/pki/issued/server.crt
```

创建 DH 密钥，并确保密钥的安全性，命令如下：

```
[root@openvpn easy-rsa]#./easyrsa gen-dh
DH parameters of size 2048 created at /etc/openvpn/easy-rsa/pki/dh.pem
```

生成 ta 文件，命令如下：

```
[root@openvpn easy-rsa]#openvpn --genkey --secret /etc/openvpn/easy-rsa/ta.key
```

创建客户端证书和密钥，命令如下：

```
[root@openvpn easy-rsa]#cd /etc/openvpn/client
[root@openvpn client]#cp –r /usr/share/easy-rsa/3.0.3/* /etc/openvpn/client/
[root@openvpn client]#./easyrsa init-pki
[root@openvpn client]#./easyrsa gen-req vpnuser
writing new private key to '/etc/openvpn/client/pki/private/vpnuser.key.uJFgrvqfus'
Enter PEM pass phrase:vpnuser                                           //客户端密码
Common Name (eg: your user, host, or server name) [vpnuser]:回车          //默认
Keypair and certificate request completed. Your files are:
req: /etc/openvpn/client/pki/reqs/vpnuser.req
key: /etc/openvpn/client/pki/private/vpnuser.key
```

导入 req 文件及签客户端证书，命令如下：

```
[root@openvpn client]#cd /etc/openvpn/easy-rsa/
[root@openvpn easy-rsa]#./easyrsa import-req /etc/openvpn/client/pki/reqs/vpnuser.req vpnuser
Note: using Easy-RSA configuration from: ./vars
The request has been successfully imported with a short name of: vpnuser
You may now use this name to perform signing operations on this request.
[root@openvpn easy-rsa]#./easyrsa sign client vpnuser
Request subject, to be signed as a client certificate for 3650 days:
subject=
```

```
commonName                    = vpnuser
Type the word 'yes' to continue, or any other input to abort.
Confirm request details:yes
Using configuration from ./openssl-1.0.cnf
Enter pass phrase for /etc/openvpn/easy-rsa/pki/private/ca.key:     //输入根证书密码
Check that the request matches the signature
Signature ok
The Subject's Distinguished Name is as follows
commonName                :ASN.1 12:'vpnuser'
Certificate is to be certified until Jul  1 15:20:34 2029 GMT (3650 days)
Write out database with 1 new entries
Data Base Updated
Certificate created at: /etc/openvpn/easy-rsa/pki/issued/vpnuser.crt
```

3. 整理服务器端与客户端文件

存放服务器端文件，命令如下：

```
[root@openvpn client]#cp /etc/openvpn/easy-rsa/pki/ca.crt /etc/openvpn/
[root@openvpn client]#cp /etc/openvpn/easy-rsa/pki/private/server.key /etc/openvpn/
[root@openvpn client]#cp /etc/openvpn/easy-rsa/pki/issued/server.crt /etc/openvpn/
[root@openvpn client]#cp /etc/openvpn/easy-rsa/pki/dh.pem /etc/openvpn/
[root@openvpn client]#cp /etc/openvpn/easy-rsa/ta.key /etc/openvpn/
```

存放客户端文件，命令如下：

```
[root@openvpn client]#cp /etc/openvpn/easy-rsa/pki/ca.crt /etc/openvpn/client/
[root@openvpn client]#cp /etc/openvpn/easy-rsa/pki/issued/vpnuser.crt /etc/openvpn/client/
[root@openvpn client]#cp /etc/openvpn/client/pki/private/vpnuser.key /etc/openvpn/client/
[root@openvpn client]#cp /etc/openvpn/easy-rsa/ta.key /etc/openvpn/client/
```

修改VPN配置文件，命令如下：

```
[root@openvpn client]#vim /etc/openvpn/server.conf
port 1194
proto udp
dev tun
ca /etc/openvpn/ca.crt
cert /etc/openvpn/server.crt
key /etc/openvpn/server.key
dh /etc/openvpn/dh.pem
server 10.10.100.0 255.255.255.0
ifconfig-pool-persist ipp.txt
push "route 192.168.1.0 255.255.255.0"
push "redirect-gateway def1 bypass-dhcp"
push "dhcp-option DNS 8.8.8.8"
push "dhcp-option DNS 8.8.4.4"
client-to-client
```

```
keepalive 10 120
tls-auth ta.key 0
cipher AES-256-CBC
comp-lzo
max-clients 100
persist-key
persist-tun
status openvpn-status.log
verb 3
explicit-exit-notify 1
```

关闭防火墙、启动 OpenVPN 服务，命令如下：

```
[root@openvpn client]#systemctl stop firewalld
[root@openvpn client]#setenforce 0
[root@openvpn client]#systemctl –f enable openvpn@server.service
[root@openvpn client]#systemctl start openvpn@server
```

4. OpenVPN 三大配置文件说明

1）vars 配置文件

- KEY_DIR：定义 key 生成的目录。
- KEY_SIZE：定义生成私钥的大小，一般为 1024 位或 2048 位，默认为 2048 位。这就是执行 build-dh 命令生成 dh2048 文件的依据。
- CA_EXPIRE：定义 CA 证书的有效期，默认是 3650 天，即 10 年。
- KEY_EXPIRE：定义密钥的有效期，默认是 3650 天，即 10 年。
- KEY_COUNTRY：定义所在的国家。
- KEY_PROVINCE：定义所在的省份。
- KEY_CITY：定义所在的城市。
- KEY_ORG：定义所在的组织。
- KEY_EMAIL：定义邮箱地址。
- KEY_OU：定义所在的单位。
- KEY_NAME：定义 OpenVPN 服务器的名称。

2）server.conf 服务器配置文件

- local a.b.c.d：定义 OpenVPN 监听的 IP 地址，如果服务器是单网卡的也可以不注明，但如果服务器是多网卡的，建议注明。
- port 1194：定义 OpenVPN 监听的端口，默认为 1194 端口。
- proto tcp、proto udp：定义 OpenVPN 使用的协议，默认使用 UDP 协议。如果是生产环境的话，建议使用 TCP 协议。
- dev tun、dev tap：定义 OpenVPN 运行时使用哪一种模式。OpenVPN 有两种运行模式：一种是 tap 模式，一种是 tun 模式。tap 模式也就是桥接模式，可以通过软件在系统中模拟出一个 tap 设备，该设备是一个二层设备，同时支持链路层协议。tun 模式也就是路由模式，可以通过软件在系统中模拟出一个 tun 路由，tun 是 IP 层的点对点协议。

- ca ca.crt：定义 OpenVPN 使用的 CA 证书文件，该文件通过 build-ca 命令生成，CA 证书主要用于验证客户证书的合法性。
- cert vpnilanni.crt：定义 OpenVPN 服务器端使用的证书文件。
- key vpnilanni.key：定义 OpenVPN 服务器端使用的秘钥文件，该文件必须严格控制其安全性。
- dh dh2048.pem：定义 Diffie hellman 文件。
- server 10.8.0.0 255.255.255.0：定义 OpenVPN 在使用 tun 路由模式时，分配给客户端的 IP 地址段。
- ifconfig-pool-persist ipp.txt：定义客户端和虚拟 IP 地址之间的关系。
- server-bridge 10.8.0.4 255.255.255.0 10.8.0.50 10.8.0.100：定义 OpenVPN 在使用 tap 桥接模式时，分配给客户端的 IP 地址段。
- push "route 192.168.10.0 255.255.255.0"：向客户端推送的路由信息。
- client-config-dir ccd：这条命令可以指定客户端 IP 地址。
- push "redirect-gateway def1 bypass-dhcp"：重定向客户端的网关。
- push "dhcp-option DNS 208.67.222.222"：向客户端推送的 DNS 信息。
- client-to-client：这条命令可以使客户端与客户端进行相互访问，默认设置下客户端与客户端是不能相互访问的。
- duplicate-cn：定义 OpenVPN 证书在同一时刻是否允许多个客户端接入，默认没有启用。
- keepalive 10 120：定义活动连接保时期限。
- comp-lzo：启用允许数据压缩，客户端配置文件也需要有这项。
- max-clients 100：定义最大客户端并发连接数量。
- user nobody、group nogroup：定义 OpenVPN 运行时使用的用户及用户组。
- persist-key：通过 keepalive 检测超时后，重新启动 VPN，不重新读取 keys，保留第一次使用的 keys。
- persist-tun：通过 keepalive 检测超时后，重新启动 VPN，需要一直保持 tun 模式或者 tap 模式是连接的，否则网络连接会先断开再连接。
- status openvpn-status.log：把 OpenVPN 的一些状态信息写到文件中，比如客户端获得的 IP 地址。
- log openvpn.log：记录日志，每次重新启动 OpenVPN 后会删除原有的 log 信息，也可以自定义 log 的位置。默认在/etc/openvpn/目录下。
- log-append openvpn.log：记录日志，每次重新启动 OpenVPN 后追加原有的 log 信息。
- verb 3：设置日志记录冗长级别。
- mute 20：重复日志记录限额。

3）client.conf 服务器配置文件

- client：定义这是一个客户端，其配置从服务器端使用 pull 指令拉取过来，如 IP 地址、路由信息等，或者服务器使用 push 指令推送过来。
- dev tun：定义 OpenVPN 运行的模式，需要严格和服务器端保持一致。
- proto tcp：定义 OpenVPN 使用的协议，需要严格和服务器端保持一致。

- remote 192.168.1.4 1194：设置 Server 的 IP 地址和端口，需要严格和服务器端保持一致。
- remote-random：随机选择一个 Server 连接，否则按照顺序从上到下依次连接。该选项默认不启用。
- resolv-retry infinite：始终重新解析 Server 的 IP 地址。
- nobind：定义在本机不绑定任何端口监听 incoming 数据。
- ca ca.crt：定义 CA 证书的文件名，用于验证 Server CA 证书合法性，该文件一定要与服务器端 ca.crt 是同一个文件。
- cert laptop.crt：定义客户端的证书文件。
- key laptop.key：定义客户端的密钥文件。
- ns-cert-type server：Server 是使用 build-key-server 脚本生成的，在 x509 v3 扩展中加入了 ns-cert-type 选项。
- comp-lzo：启用允许数据压缩，这个地方需要严格和服务器端保持一致。
- verb 3：设置日志记录冗长级别。

19.3 任务实战

19.3.1 任务描述

本任务将在 CentOS 7 上搭建 OpenVPN 服务器，并使用客户端成功拨号连服 VPN 服务器。具体要求如下：

- VPN 所处国家为中国，省份为山东，城市为济南，组织为 WH。
- OpenVPN 端口为 1988，协议为 UDP，使用路由模式。
- 将服务器端相关文件放于/root/server 目录下。
- 启用 IPP、重定向网关及路由推送功能，路由信息为 192.168.25.0/24，分配客户端 IP 地址为 192.168.25.0/24，推送 DNS 地址为 114.114.114.114。

19.3.2 任务实施

1. 使用 Yum 安装 OpenVPN、easy-rsa

使用 Yum 安装 OpenVPN、easy-rsa，命令如下：

```
[root@vpn ~]#yum –y install openvpn easy-rsa
```

复制相关设置文件，命令如下：

```
[root@vpn ~]#mkdir -p /etc/openvpn/easy-rsa
[root@vpn ~]#cp /usr/share/doc/easy-rsa-3.0.3/vars.example /etc/openvpn/easy-rsa/vars
[root@vpn ~]#cp -r /usr/share/easy-rsa/3.0.3/* /etc/openvpn/easy-rsa/
[root@vpn ~]#cp /usr/share/doc/openvpn-2.4.7/sample/sample-config-files/server.conf /etc/openvpn/
```

配置 vars 文件，命令如下：

```
[root@vpn ~]#vim /etc/openvpn/easy-rsa/vars
set_var EASYRSA_REQ_COUNTRY        "CN"
set_var EASYRSA_REQ_PROVINCE      "SHandDong"
set_var EASYRSA_REQ_CITY            "JiNan"
set_var EASYRSA_REQ_ORG "WH"
set_var EASYRSA_REQ_EMAIL          "356986@qq.com"
set_var EASYRSA_REQ_OU             "My Organizational Unit"
```

2. 创建根证书和密钥等文件

初始化目录，命令如下：

```
[root@vpn ~]#cd /etc/openvpn/easy-rsa/
[root@vpn easy-rsa]#./easyrsa init-pki
```

创建根证书，命令如下：

```
[root@vpn easy-rsa]#./easyrsa build-ca
Enter PEM pass phrase:abc1234
ommon Name (eg: your user, host, or server name) [Easy-RSA CA]:35-ca
/etc/openvpn/easy-rsa/pki/ca.crt
```

创建服务器端密钥，命令如下：

```
[root@vpn easy-rsa]#./easyrsa gen-req server nopass
Common Name (eg: your user, host, or server name) [server]:openserver
req: /etc/openvpn/easy-rsa/pki/reqs/server.req
key: /etc/openvpn/easy-rsa/pki/private/server.key
```

签服务器端证书，命令如下：

```
[root@vpn easy-rsa]# ./easyrsa sign server server
Type the word 'yes' to continue, or any other input to abort.
Confirm request details: yes
Using configuration from ./openssl-1.0.cnf
Enter pass phrase for /etc/openvpn/easy-rsa/pki/private/ca.key:abc1234
Certificate created at: /etc/openvpn/easy-rsa/pki/issued/server.crt
```

创建 DH 密钥，命令如下：

```
[root@vpn easy-rsa]#./easyrsa gen-dh
DH parameters of size 2048 created at /etc/openvpn/easy-rsa/pki/dh.pem
```

生成 ta 文件，命令如下：

```
[root@vpn easy-rsa]#openvpn --genkey --secret /etc/openvpn/easy-rsa/ta.key
```

创建客户端证书和密钥，命令如下：

```
[root@vpn easy-rsa]#cd /etc/openvpn/client
[root@vpn client]#cp -r /usr/share/easy-rsa/3.0.3/* /etc/openvpn/client/
[root@vpn client]#./easyrsa init-pki
```

```
[root@vpn client]#./easyrsa gen-req openclient
writing new private key to '/etc/openvpn/client/pki/private/openclient.key.YD9NR6uStT'
Enter PEM pass phrase:openclient
Common Name (eg: your user, host, or server name) [openclient]:
Keypair and certificate request completed. Your files are:
req: /etc/openvpn/client/pki/reqs/openclient.req
key: /etc/openvpn/client/pki/private/openclient.key
```

导入 req 文件及签客户端证书，命令如下：

```
[root@vpn client]#cd /etc/openvpn/easy-rsa/
[root@vpn easy-rsa]# ./easyrsa import-req /etc/openvpn/client/pki/reqs/openclient.req openclient
Note: using Easy-RSA configuration from: ./vars
The request has been successfully imported with a short name of: openclient
You may now use this name to perform signing operations on this request.
[root@vpn easy-rsa]#./easyrsa sign client openclient
subject=
commonName                    = openclient
Type the word 'yes' to continue, or any other input to abort.
Confirm request details: yes
Using configuration from ./openssl-1.0.cnf
Enter pass phrase for /etc/openvpn/easy-rsa/pki/private/ca.key:abc1234
Certificate created at: /etc/openvpn/easy-rsa/pki/issued/openclient.crt
```

3. 整理服务器端与客户端文件

存放服务器端文件，命令如下：

```
[root@vpn easy-rsa]#mkdir /root/server/
[root@vpn easy-rsa]#cp /etc/openvpn/easy-rsa/pki/ca.crt /root/server/
[root@vpn easy-rsa]#cp /etc/openvpn/easy-rsa/pki/private/server.key /root/server/
[root@vpn easy-rsa]#cp /etc/openvpn/easy-rsa/pki/issued/server.crt /root/server/
[root@vpn easy-rsa]#cp /etc/openvpn/easy-rsa/pki/dh.pem /root/server/
[root@vpn easy-rsa]#cp /etc/openvpn/easy-rsa/ta.key /root/server/
```

存放客户端文件，命令如下：

```
[root@vpn easy-rsa]#cp /etc/openvpn/easy-rsa/pki/ca.crt /etc/openvpn/client/
[root@vpn easy-rsa]#cp /etc/openvpn/easy-rsa/pki/issued/openclient.crt /etc/openvpn/client/
[root@vpn easy-rsa]#cp /etc/openvpn/client/pki/private/openclient.key /etc/openvpn/client/
[root@vpn easy-rsa]#cp /etc/openvpn/easy-rsa/ta.key /etc/openvpn/client/
```

修改 VPN 配置文件，命令如下：

```
[root@vpn easy-rsa]#vim /etc/openvpn/server.conf
port 1988
proto udp
dev tun
ca /root/server/ca.crt
```

```
cert /root/server/server.crt
key /root/server/server.key
dh /root/server/dh.pem
server 192.168.25.0 255.255.255.0
ifconfig-pool-persist ipp.txt
push "route 192.168.25.0 255.255.255.0"
push "redirect-gateway def1 bypass-dhcp"
push "dhcp-option DNS 114.114.114.114"
tls-auth /root/server/ta.key 0
```

关闭防火墙、启动 OpenVPN 服务，命令如下：

```
[root@vpn easy-rsa]#systemctl stop firewalld
[root@vpn easy-rsa]#setenforce 0
[root@vpn easy-rsa]#systemctl –f enable openvpn@server.service
[root@vpn easy-rsa]#systemctl start openvpn@server
```

复制/usr/share/doc/openvpn-2.4.7/sample/sample-config-files/client.conf 文件及之前准备的客户端文件（包括 ta.key、openclient.key、openclient.crt、ca.crt）至客户端安装目录 config 中，将 client.conf 的后缀修改为 ovpn，并修改 client.ovpn 客户端配置文件如下：

```
remote 192.168.1.4 1988     //修改为服务器 IP 地址并设置端口
ca ca.crt
cert openclient.crt
key openclient.key
```

启动客户端进行拨号连接，登录界面如图 19.1 所示。

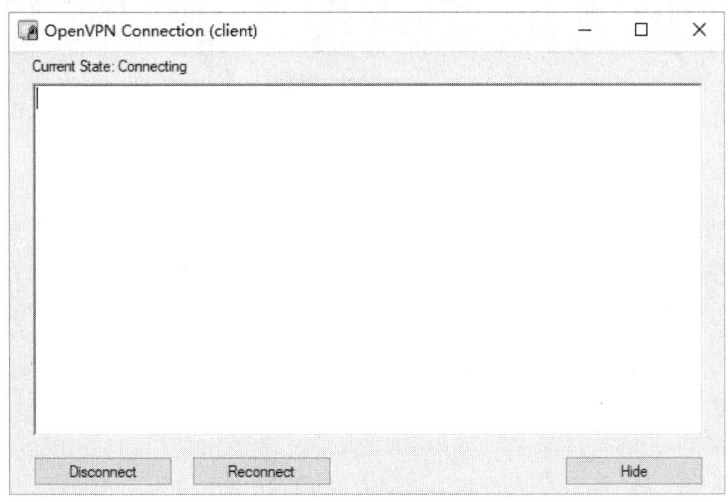

图 19.1 登录界面

输入密码登录 VPN，密码为客户端密钥，即 openclient，如图 19.2 所示。

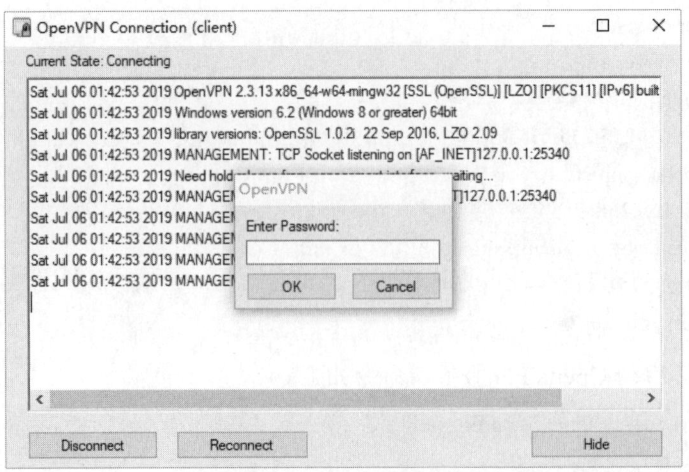

图 19.2 登录 VPN

查看网卡状态，可以看到新的网卡信息，登录情况如图 19.3 所示。

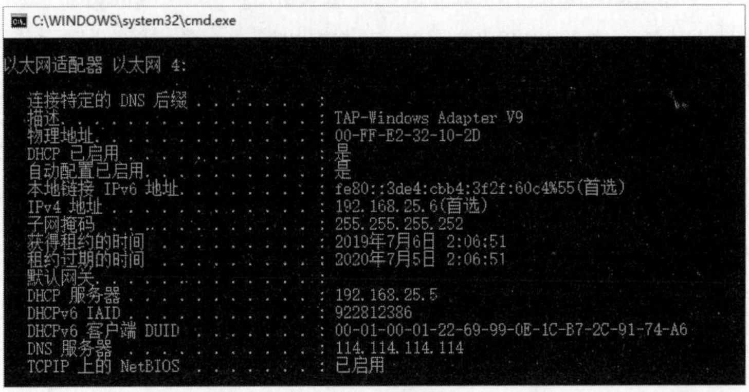

```
C:\WINDOWS\system32\cmd.exe

以太网适配器 以太网 4:

   连接特定的 DNS 后缀 . . . . . . . :
   描述. . . . . . . . . . . . . . . : TAP-Windows Adapter V9
   物理地址. . . . . . . . . . . . . : 00-FF-E2-32-10-2D
   DHCP 已启用 . . . . . . . . . . . : 是
   自动配置已启用. . . . . . . . . . : 是
   本地链接 IPv6 地址. . . . . . . . : fe80::3de4:cbb4:3f2f:60c4%55(首选)
   IPv4 地址 . . . . . . . . . . . . : 192.168.25.6(首选)
   子网掩码 . . . . . . . . . . . . : 255.255.255.252
   获得租约的时间 . . . . . . . . . : 2019年7月6日 2:06:51
   租约过期的时间 . . . . . . . . . : 2020年7月5日 2:06:51
   默认网关. . . . . . . . . . . . . :
   DHCP 服务器 . . . . . . . . . . . : 192.168.25.5
   DHCPv6 IAID . . . . . . . . . . . : 922812386
   DHCPv6 客户端 DUID . . . . . . . : 00-01-00-01-22-69-99-0E-1C-B7-2C-91-74-A6
   DNS 服务器 . . . . . . . . . . . : 114.114.114.114
   TCPIP 上的 NetBIOS . . . . . . . : 已启用
```

图 19.3 登录情况

第 20 章　防火墙

扫一扫，
获取微课

在现实生活中，安全一直是人们所重视的问题，无论何时何地，安全问题都是不能够忽视的。在网络生活中其实也是一样的，随着互联网的迅速发展，网络带给人们的便利日益增多，极大地丰富了人们的生活；与此同时，网络安全问题也随之出现，比如近些年来病毒的一代代演变，个人信息在网络被窃取并利用等。网络安全问题成了人们关注的焦点之一。为了稳定网络的运行，保证人们的信息安全且不被窃取利用，出现了众多的网络安全设备，它们分工明确，各自负责不同方面的安全问题。比如防火墙、入侵检测、入侵防御、隔离装置、杀毒软件、安全网关等。在网络世界中这些网络安全设备如何保证网络安全运行，保护个人信息不被窃取，也成了众多网络工作者的研究方向。防火墙作为大家非常熟悉的网络安全设备之一，它是如何保护我们的网络的呢？防火墙的工作原理又是怎样的？本章就来介绍何为防火墙，在日常使用的服务器中，应该如何配置防火墙以保证网络安全。

20.1　项目背景分析

防火墙作为大众非常熟悉的网络安全设备之一，在引入了防火墙的网络中，其网络拓扑如图 20.1 所示，防火墙会将网络分为 3 部分，分别为外部网络、内部网络和 DMZ 区域。防火墙一般部署于内网对外的边界处，用于保护内网不受外界网络入侵。防火墙的安全设置功能一般可以设置为禁止某些网络协议运行、进行 IP 地址转换、禁用端口等。

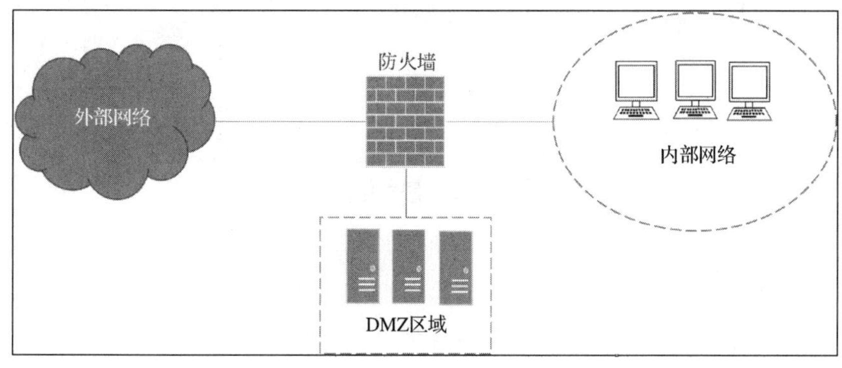

图 20.1　防火墙网络拓扑

20.2 防火墙相关知识

20.2.1 防火墙介绍

防火墙是指设置在不同网络（如可信任的企业内部网和不可信的公共网）或网络安全域之间的一系列部件的组合。它可以通过检测、限制、更改跨越防火墙的数据流，尽可能对外部屏蔽网络内部的信息、结构和运行状况，以此来实现网络的安全保护。在逻辑上，防火墙是一个分离器、一个限制器，也是一个分析器，可以有效地监控内部网络和外部网络之间的任何活动，保证了内部网络的安全。

防火墙，是一种硬件设备或软件系统，主要架设在内部网络和外部网络之间，目的是防止外界恶意程序对内部系统的破坏，或者阻止内部重要资讯向外流出，具有双向监督的功能。防火墙管理员通过设定可以弹性地调整安全性的等级。

- 一种位于内部网络与外部网络之间的网络安全系统。
- 一种维护信息安全的防护系统，依照访问控制策略，允许或是限制传输的数据通过。

20.2.2 防火墙的组网方式

1. 路由模式

当防火墙位于内部网络和外部网络之间时，需要将防火墙与内部网络、外部网络和 DMZ 区域相连的接口分别配置成不同网段的 IP 地址，重新规划原有的网络拓扑，此时防火墙相当于一台路由器。在采用路由模式时，防火墙可以实现 ACL 规则检查、ASPF 动态过滤、NAT 转换等功能。然而，路由模式需要对网络拓扑进行修改（内部网络用户需要更改网关、路由器需要更改路由配置）。路由模式如图 20.2 所示。

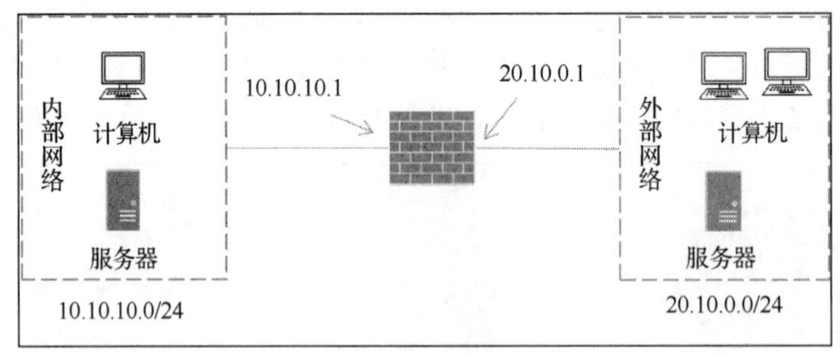

图 20.2 路由模式

- 所有接口都配置 IP 地址。
- 各接口所在的安全区域是三层区域，接口连接的外部用户属于不同的子网。
- 报文在三层区域的接口间进行转发时，根据报文的 IP 地址来查找路由表。

2. 透明模式

当防火墙采用透明模式进行工作时，可以避免改变拓扑结构造成的麻烦，此时防火墙对于子网用户和路由器来说是完全透明的。也就是说，用户完全感觉不到防火墙的存在。在采用透明模式时，只需在网络中像放置网桥一样插入该防火墙设备即可，无须修改任何已有的配置。与路由模式相同，IP 报文同样经过相关的过滤检查（但 IP 报文中的源地址或目的地址不会改变），内部网络用户依旧受到防火墙的保护。透明模式如图 20.3 所示。

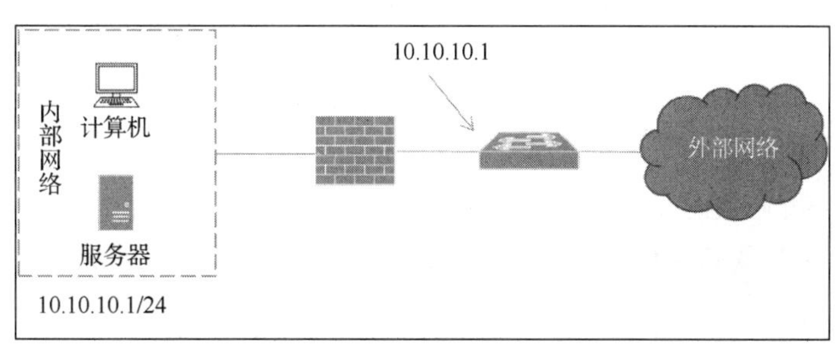

图 20.3 透明模式

- 接口都不能配置 IP 地址。
- 防火墙两端的 IP 地址同属一个子网。
- 在报文进行转发时，需要根据报文的 MAC 地址来找出接口表。

3. 混合模式

当防火墙既存在工作在路由模式的接口（接口具有 IP 地址），又存在工作在透明模式的接口（接口无 IP 地址）时，防火墙就工作在混合模式下。混合模式主要用于双机备份的情况，此时启动 VRRP（Virtual Router Redundancy Protocol，虚拟路由冗余协议）功能的接口需要配置 IP 地址，其他接口无须配置 IP 地址。混合模式如图 20.4 所示。

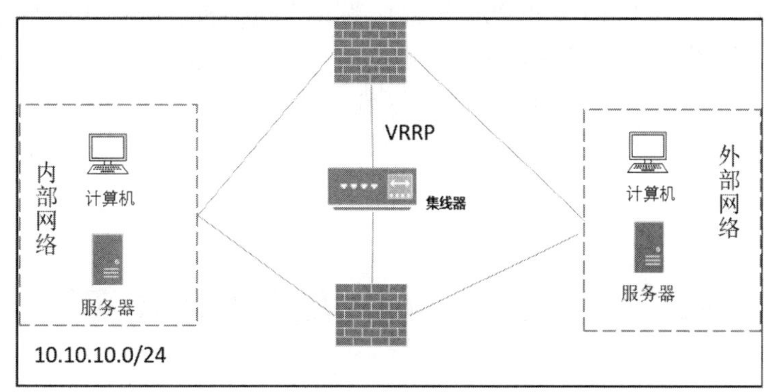

图 20.4 混合模式

- 介于路由模式和透明模式。
- 既可以配置接口工作在路由模式（接口具有 IP 地址），又可以配置接口工作在透明模式（接口无 IP 地址）。

20.2.3 防火墙的工作过程

1. 路由模式工作过程

防火墙工作在路由模式下，此时所有接口都配置 IP 地址，各接口所在的安全区域是三层区域，不同三层区域相关的接口连接的外部用户属于不同的子网。当报文在三层区域的接口间进行转发时，可以根据报文的 IP 地址来查找路由表，此时，防火墙表现为一个路由器。但是，防火墙与路由器的存在形式不同，防火墙中的 IP 报文还需要送到上层进行相关过滤等处理，通过检查会话表或 ACL 规则以确定是否允许该报文通过。此外，还要完成其他防攻击检查。路由模式的防火墙支持 ACL 规则检查、ASPF 动态过滤、防攻击检查、流量监控等功能。

2. 透明模式工作过程

防火墙工作在透明模式（也可以称为桥模式）下，此时所有接口都不能配置 IP 地址，接口所在的安全区域是二层区域，和二层区域相关的接口连接的外部用户同属一个子网。当报文在二层区域的接口间进行转发时，需要根据报文的 MAC 地址来寻找出接口，此时防火墙表现为一个透明网桥。但是，防火墙与网桥的存在形式不同，防火墙中的 IP 报文还需要送到上层进行相关过滤等处理，通过检查会话表或 ACL 规则以确认是否允许该报文通过。此外，还要完成其他防攻击检查。透明模式的防火墙支持 ACL 规则检查、ASPF 动态过滤、防攻击检查、流量监控等功能。工作在透明模式下的防火墙在数据链路层连接局域网（LAN），网络终端用户无须为连接网络而对设备进行特别配置，就像 LAN Switch 进行网络连接一样。

3. 混合模式工作过程

防火墙工作在混合模式下，此时部分接口配置 IP 地址，部分接口不能配置 IP 地址。配置 IP 地址的接口所在的安全区域是三层区域，接口需要启动 VRRP 功能，用于双机热备份，而未配置 IP 地址的接口所在的安全区域是二层区域，和二层区域相关的接口连接的外部用户同属一个子网。当报文在二层区域的接口间进行转发时，转发过程与透明模式的工作过程完全相同。

20.3 防火墙的配置及实践

20.3.1 Linux 防火墙——iptables

人们常提到的 Linux 防火墙——iptables，其实并不是真正的防火墙，而是一个“代理”，用户可以通过 iptables 这个代理将安全设置执行到对应的安全框架中，这个安全框架叫作 netfilter，是真正的防火墙。netfilter/iptables 组成了 Linux 平台下的包过滤防火墙，与大多数的 Linux 软件一样，这个包过滤防火墙是免费的，它可以代替昂贵的商业防火墙解决方案，完成封包过滤、封包重定向和网络地址转换（NAT）等功能。netfilter 是 Linux 的一个核心通用架构，它提供了一系列的表（tables），每个表由若干链（chains）组成，而每条链可以由一条或数条规则（rule）组成。可以这样理解，netfilter 是表的容器，表是链的容器，链是规则的容器。

系统默认的表为filter，该表中包含了INPUT链、FORWARD链和OUTPUT链。每一条链中可以有一条或数条规则，每一条规则都是这样定义的：如果数据包头符合这样的条件，就这样处理这个数据包。当一个数据包到达一条链时，系统就会从第1条规则开始检查，判断其是否符合该规则所定义的条件，如果满足，则系统会根据该条规则所定义的方法处理该数据包；如果不满足，则继续检查下一条规则；最后，如果数据包不符合该条链中的任何一条规则，则系统会根据该条链预先定义的策略（policy）来处理该数据包。

1. iptables知识及使用情况

1）iptables传输数据包的过程

当数据包进入系统时，系统会根据路由表决定将数据包发给哪一条链，可能有以下3种情况。

- 数据包的目的地址是本地主机，系统会将数据包送往INPUT链，如果通过了规则检查，则该数据包会被发送给相应的本地进程处理；如果没有通过规则检查，则系统会丢弃该数据包。
- 数据包的目的地址不是本地主机，也就是说这个数据包会被转发，系统会将数据包送往FORWARD链，如果通过了规则检查，该数据包会被发送给相应的本地进程处理；如果没有通过规则检查，则系统会丢弃该数据包。
- 数据包是由本地系统进程产生的，系统会将其送往OUTPUT链，如果通过了规则检查，则该数据包会被发送给相应的本地进程处理；如果没有通过规则检查，则系统会丢弃该数据包。

用户可以给各链定义规则，当数据包到达其中的一条链时，iptables就会根据该链中定义的规则来处理这个数据包。iptables将数据包的头信息与它所传递到的链中的每条规则进行比较，看它是否和每条规则完全匹配。如果数据包与某条规则匹配，iptables就对该数据包执行由该规则指定的操作。例如，某条链中的规则决定要丢弃（DROP）数据包，数据包就会在该条链处被丢弃；某条链中的规则接受（ACCEPT）数据包，数据包就可以继续前进；但是，如果数据包与这条规则不匹配，那么该数据包将与该条链中的下一条规则进行比较；如果该数据包不符合该条链中的任何一条规则，那么iptables会根据该条链预先定义的默认策略来决定如何处理该数据包，默认策略为告诉iptables丢弃（DROP）该数据包。

2）iptables基础知识

（1）规则（rule）。

规则（rule）是网络管理员预定的条件，规则一般定义为：如果数据包头符合这样的条件，就这样处理这个数据包。规则存储在内核空间的信息包过滤表中，这些规则分别指定了源地址、目的地址、传输协议（如TCP、UDP、ICMP）和服务类型（如HTTP、FTP、SMTP）。当数据包与规则匹配时，iptables就根据规则所定义的方法来处理这些数据包，如接受（ACCEPT）、拒绝（REJECT）或丢弃（DROP）等。配置防火墙的主要规则就是添加、修改和删除这些规则。

（2）链（chains）。

链（chains）是数据包传播的路径，每一条链其实就是众多规则中的一个检查清单，每一条链中可以有一条或数条规则。当一个数据包到达一条链时，iptables 就会从该条链中的第 1 条规则开始检查，看该数据包是否满足规则所定义的条件，如果满足，系统就会根据该条规则所定义的方法处理该数据包，否则 iptables 将继续检查下一条规则。如果该数据包不符合该条链中任何一条规则，iptables 就会根据该条链预先定义的默认策略来处理该数据包。

（3）表（tables）。

表（tables）可以提供特定的功能，iptables 内置了 3 个表，即 filter 表、nat 表和 mangle 表，分别用于实现包过滤、网络地址转换和包重构的功能。

- filter 表主要用于过滤数据包，该表根据系统管理员预定义的一组规则来过滤符合条件的数据包。对于防火墙而言，其主要利用 filter 表中指定的一系列规则来实现对数据包进行的过滤操作。filter 表是 iptables 默认的表，如果没有指定使用哪个表，iptables 就会默认使用 filter 表来执行所有的命令。filter 表包含了 INPUT 链（处理进入的数据包）、FORWARD 链（处理转发的数据包）和 OUTPUT 链（处理本地生成的数据包）。在 filter 表中只允许对数据包进行接受或丢弃的操作，而无法对数据包进行更改。
- nat 表主要用于网络地址转换，该表可以实现一对一、一对多和多对多的网络地址转换工作。nat 表包含了 PREROUTING 链（修改即将到来的数据包）、OUTPUT 链（修改在路由之前本地生成的数据包）和 POSTROUTING 链（修改即将出去的数据包）。
- mangle 表。mangle 表主要用于对指定的包进行修改，因为某些特殊应用可能会改写数据包的一些传输特性，例如理性数据包的 TTL 和 TOS 等，不过在实际应用中该表的使用率不高。

（4）从链到表的对应关系。

PREROUTING 链的规则可以存在于 raw 表、mangle 表、nat 表。

INPUT 链的规则可以存在于 mangle 表、filter 表、nat 表。

FORWARD 链的规则可以存在于 mangle 表、filter 表。

OUTPUT 链的规则可以存在于 raw 表、mangle 表、nat 表、filter 表。

POSTROUTING 链的规则可以存在于 mangle 表、nat 表。

（5）从表到链的对应关系。

raw 表中的规则可以被 PREROUTING 链、OUTPUT 链使用。

mangle 表中的规则可以被 PREROUTING 链、INPUT 链、FORWARD 链、OUTPUT 链、POSTROUTING 链使用。

nat 表中的规则可以被 PREROUTING 链、OUTPUT 链、POSTROUTING 链、INPUT 链使用。

filter 表中的规则可以被 INPUT 链、FORWARD 链、OUTPUT 链使用。

3）iptables 命令格式

```
#iptables [-t 表] –命令 匹配 操作
```

注意：

iptables 对所有选项和参数都区分大小写。

（1）表选项用于指定命令应用于哪个 iptables 内置表，如 filter 表、nat 表、mangle 表。

（2）命令选项用于指定 iptables 的执行方式，包括插入规则、删除规则和添加规则等。

- -P 或--policy：定义默认策略。
- -L 或--list：查看 iptables 规则列表。
- -A 或--append：在规则列表的最后增加一条规则。
- -I 或--insert：在指定的位置插入一条规则。
- -D 或--delete：在规则列表中删除一条规则。
- -R 或--replace：替换规则列表中的某条规则。
- -F 或--flush：删除表中的所有规则。
- -Z 或--zero：将表中所有链的计数和流量计数器都清零。

（3）匹配选项用于指定数据包与规则匹配所应具有的特征，包括源地址、目的地址、传输协议（如 TCP、UDP、ICMP）和端口号（如 21、80、443）等。

- -i 或--in-interface：指定数据包从哪个网络接口进入。
- -o 或--out-interface：指定数据包从哪个网络接口输出。
- -p 或--porto：指定数据包匹配的协议，如 TCP、UDP。
- -s 或--source：指定数据包匹配的源地址。
- --sport：指定数据包匹配的源端口号，可以使用"起始端口号：结束端口号"的格式指定一个范围的端口。
- -d 或--destination：指定数据包匹配的目标地址。
- --dport：指定数据包匹配的目标端口号，可以使用"起始端口号：结束端口号"的格式指定一个范围的端口。

（4）动作选项用于指定当数据包与规则匹配时应该进行何种操作，如接受或丢弃等。

- ACCEPT：接受数据包。
- DROP：丢弃数据包。
- REDIRECT：将数据包重新转向本机或另一台主机的某个端口，通常此功能用来实现透明代理或对外开放内网的某些服务。
- SNAT：源地址转换，改变数据包的源地址。
- DNAT：目标地址转换，改变数据包的目的地址。
- MASQUERADE：IP 地址伪装，即 NAT 技术。MASQUERADE 只能用于 ADSL 等拨号上网的 IP 地址伪装，也就是说，主机的 IP 地址是由 ISP 动态分配的；如果主机的 IP 地址是静态固定的，就要使用 SNAT。
- LOG：日志功能，将符合规则的数据包的相关信息记录在日志中，以便管理员进行分析和排错。

4）iptables 命令的使用

（1）查看 iptables 规则。

初始的 iptables 没有规则，如果在安装时选择自动安装防火墙，系统中就会有默认的规则存在，可以先查看默认的防火墙规则，命令如下：

```
#iptables [-t 表名]
```

- [-t 表名]：定义查看哪个表的规则列表，表名可以使用 filter、nat 和 mangle，如果没有确定表名，则默认使用 filter 表。

查看 filter 表中所有链的规则，命令如下：

```
#iptables -L -n
```

查看 nat 表中 OUTPUT 链的规则，命令如下：

```
#iptables -t nat -L OUTPUT
```

（2）定义默认策略。

当数据包不符合某条链中的任何一条规则时，iptables 将根据该条链的默认策略来处理数据包，命令如下：

```
#iptables -P INPUT ACCEPT （将 filter 表中 INPUT 链的默认策略定义为接受）
#iptables -t nat -P OUTPUT DROP （将 nat 表中 OUTPUT 链的默认策略定义为丢弃）
```

（3）增加、插入、删除和替换规则，命令如下：

```
#iptables -A INPUT -i eth0 –j ACCEPT（追加一条规则，接受所有来自 eth0 接口的数据包）
#iptables -A INPUT -s 192.168.1.2 -j ACCEPT （追加一条规则，接受所有来自 192.168.1.2 的数据包）
#iptables -A INPUT -s 192.168.1.2 -j DROP （追加一条规则，丢弃所有来自 192.168.1.2 的数据包）
```

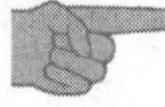

注意：

iptables 是按照顺序读取规则的，如果两条规则冲突，就以排在前面的规则为准。

```
#iptables -I INPUT 3 -s 192.168.10.0/24 -j DROP （在 INPUT 链的第 3 条规则前插入一条规则，丢弃所有来自 192.168.10.0/24 的数据包）
```

注意：

如果“-I”参数没有指定插入的位置，则将插入所有规则的最前面。

```
#iptables -D INPUT 2 （删除 filter 表中 INPUT 链的第 2 条规则）
#iptables -R INPUT 2 -s 192.168.20.0/24 -p tcp --dport 80 –j DROP （替换 filter 表中 INPUT 链的第 2 条规则为禁止 192.168.20.0/24 访问 TCP 的 80 端口）
```

（4）清除规则和计数器，命令如下：

```
#iptables -Z （将 filter 表中数据包计数器和流量计数器清零）
#iptables -F （删除 filter 表中的所有规则）
```

（5）记录和恢复防火墙规则，命令如下：

```
#iptables-save > 文件名 （记录当前防火墙规则）
#iptables-restore > 文件名（将防火墙规则恢复到当前主机环境）
```

2. iptables 安装及使用

查看 iptables 版本，命令如下：

```
[root@192 ~]#rpm -q iptables
```

如果未安装 iptables，则使用如下安装命令：

```
[root@192 ~]#yum -y install iptables-services
```

CentOS 7 默认安装了 firewalld，需要关闭，命令如下：

```
[root@192 ~]#systemctl stop firewalld
```

添加及启动 iptables 服务，命令如下：

```
[root@192 ~]#systemctl enable iptables
[root@192 ~]#systemctl start iptables
```

查看 iptables 运行状态，命令如下：

```
[root@192 ~]#systemctl status iptables
```

查看 iptables 帮助信息，命令如下：

```
[root@192 ~]#iptables --help
```

使用 iptables 命令禁用系统所有 ping 操作，命令如下：

```
[root@192 ~]#iptables -I INPUT -p icmp -j DROP
[root@192 ~]#service iptables save        //保存配置，不输入此行命令，重启 iptables 规则会消失
[root@192 ~]#systemctl restart iptables
```

查看规则是否增加情况，命令如下：

```
[root@192 ~]#iptables -L -n
```

使用 ping 命令验证是否生效。

使用 iptables 命令实现 DOS 攻击防范，命令如下：

```
[root@192 ~]#iptables -A INPUT -p tcp --dport 80 -m limit --limit 25/minute --limit-burst 100 -j ACCEPT
// --limit 25/minute 每分钟限制最大连接数为 25，--litmit-burst 100 表示当总连接数超过 100 时，启动 limit/minute 限制
```

20.3.2 Linux 防火墙——firewalld

firewalld 即 Dynamic Firewall Manager of Linux systems，是 Linux 的动态防火墙管理器，是 iptables 的前端控制器，用于实现持久的网络流量规则。与直接控制 iptables 相比，使用 firewalld 有 3 个主要区别：

- firewalld 使用区域和服务，而不是链式规则。
- firewalld 可以动态修改单条规则，而不需要像 iptables 一样，在修改了规则后必须全部刷新才可以生效。
- firewalld 默认拒绝所有服务，而 iptables 默认允许所有服务。

1. firewalld 知识及使用情况

1）firewalld 基础知识

iptables 将配置存储在/etc/sysconfig/iptables 中，而 firewalld 将配置存储在/usr/lib/firewalld/和/etc/firewalld/中的各种 XML 文件里。在使用 iptables 时，每一个单独更改意味着清除所有旧有的规则和从/etc/sysconfig/iptables 里读取的所有新的规则，而在使用 firewalld 时，不会再创建任何新的规则。因此 firewalld 可以在运行时改变设置而不丢失现行配置规则。

2）firewalld 工作机制

firewalld 通过将网络划分成不同的区域，制定出不同区域之间的访问控制策略来控制不同程序区域间传送的数据流。例如，互联网是不可信任的区域，而内部网络是可高度信任的区域。网络安全模型可以在安装、初次启动和首次建立网络连接时选择初始化。该模型描述了主机所连接的整个网络环境的可信级别，并定义了新连接的处理方式。初始化区域包括以下几种不同的类型。

- 阻塞区域（block）：任何传入的网络数据包都将被阻止。
- 工作区域（work）：相信网络上的其他计算机，不会损害用户的计算机。
- 家庭区域（home）：相信网络上的其他计算机，不会损害用户的计算机。
- 公共区域（public）：不相信网络上的任何计算机，只能选择接受传入的网络连接。
- 隔离区域（DMZ）：隔离区域也称为非军事区域，是在内部和外部网络之间增加的一层网络，具有缓冲作用。对于隔离区域，只能选择接受传入的网络连接。
- 信任区域（trusted）：所有的网络连接都可以接受。
- 丢弃区域（drop）：任何传入的网络连接都被拒绝。
- 内部区域（internal）：信任网络上的其他计算机，不会损害用户的计算机。只能选择接受传入的网络连接。
- 外部区域（external）：不相信网络上的其他计算机，不会损害用户的计算机。只能选择接受传入的网络连接。

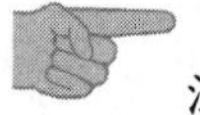

注意：

firewalld 的默认区域是 public。

firewalld 默认提供了 9 个 zone 配置文件：block.xml、dmz.xml、drop.xml、external.xml、home.xml、internal.xml、public.xml、trusted.xml、work.xml。

3）firewalld 命令的使用

firewalld 命令的使用说明如表 20.1 所示。

表 20.1　firewalld 命令的使用说明

参　　数	作　　用
--get-default-zone	查询默认的区域名称
-set-default-zone=<区域名称>	设置默认的区域，永久生效
--get-zones	显示可用的区域
--get-services	显示预先定义的服务
--get-active-zones	显示当前正在使用的区域与网卡名称
--add-source=	将来源于此 IP 地址或子网的流量导向指定的区域
--remove-source=	不再将此 IP 地址或子网的流量导向某个指定区域
--add-interface=<网卡名称>	将来自该网卡的所有流量都导向某个指定区域
--change-interface=<网卡名称>	将某个网卡与区域进行关联
--list-all	显示当前区域的网卡配置参数、资源、端口和服务等信息
--list-all-zones	显示所有区域的网卡配置参数、资源、端口和服务等信息
--add-service=<服务名>	设置默认区域允许该服务的流量

续表

参　　数	作　　用
--add-port=<端口号/协议>	允许默认区域允许该端口的流量
--remove-service=<服务名>	设置默认区域不再允许该服务的流量
--remove-port=<端口号/协议>	允许默认区域不再允许该端口的流量
--reload	让“永久生效”的配置规则立即生效，覆盖当前的配置规则

（1）运行、停止、禁用 firewalld。

- 启动：systemctl start firewalld。
- 查看状态：systemctl status firewalld 或者 firewall-cmd --state。
- 停止：systemctl disable firewalld。
- 禁用：systemctl stop firewalld。

（2）配置 firewalld。

- 查看版本：firewall-cmd --version。
- 查看帮助：firewall-cmd --help。
- 查看区域信息：firewall-cmd --get-active-zones。
- 更新防火墙规则：firewall-cmd --reload 或 firewall-cmd --complete-reload。

注意：

第 1 条规则无须断开连接，就是 firewalld 特性的动态添加规则，第 2 条规则需要断开连接，类似于重启服务。

- 将接口添加到区域，默认接口都在 public：firewall-cmd --zone=public --add-interface=eth0。

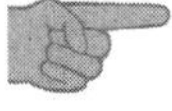

注意：

永久生效需要在后面加上“--permanent”，然后更新防火墙。

2. firewalld 的安装及使用

启动服务，并在系统引导时自启动该服务，命令如下：

```
[root@192 ~]#systemctl start firewalld
[root@192 ~]#systemctl enable firewalld
```

停止或禁用 firewalld 服务，命令如下：

```
[root@192 ~]#systemctl stop firewalld
[root@192 ~]#systemctl disable firewalld
```

查看 firewalld 运行状态，命令如下：

```
[root@192 ~]#firewall-cmd --state
```

将规则同时添加到持久规则集（--permanent）和运行时规则集（firewall-cmd）中，命令如下：

```
[root@192 ~]#firewalld-cmd --zone=public --add-service=http –permanent
[root@192 ~]#firewalld-cmd --zone=public --add-service=http    //立即生效，重启消失
```

检查特定区域的所有配置，命令如下：

```
[root@192 ~]#firewall-cmd --zone=public --list-all
```

firewalld 可以根据特定网络服务的预定义规则来允许相关的流量。用户可以自定义系统规则，并将它们添加到任何区域。默认支持的服务的配置文件位于/usr/lib /firewalld/services 目录中，用户创建的服务文件位于/etc/firewalld/services 目录中。

查看默认的可用服务，命令如下：

```
[root@192 ~]#firewall-cmd --get-services     //这是 firewalld 的一个特性
```

启用或禁用 HTTP 服务，命令如下：

```
[root@192 ~]#firewall-cmd --zone=public --add=service=http --permanent
[root@192 ~]#firewall-cmd --zone=public --remove=service=http --permanent
```

配置端口转发，将 80 端口的流量转到 65545 端口，命令如下：

```
[root@192 ~]#firewall-cmd --zone="public" --add-forward-port=port=80:proto =tcp:toport=65545
```

20.4 任务实战

（1）使用 iptables 防火墙制定策略，将 INPUT 链、OUTPUT 链、FORWARD 链的规则均设置为 ACCEPT，命令如下：

```
iptables -P INPUT ACCEPT
iptables -P OUTPUT ACCEPT
iptables -P FORWARD ACCEPT
```

（2）使用 iptables 防火墙制定源地址访问策略。接受来自 192.168.10.3 的访问，拒绝来自 192.168.20.0/24 网段的访问，网卡为 eth0，命令如下：

```
iptables -A INPUT -i eth0 -s 192.168.10.3 -J ACCEPT
iptables -A INPUT -i eth0 -s 192.168.20.0/24 -J DROP
```

（3）使用 firewalld 防火墙允许来自主机 192.168.10.10 的所有 IPv4 流量，命令如下：

```
firewall-cmd --zone=public --add-rich-rule 'rule family="ipv4" source address=192.168.10.10 accept'
```

（4）使用 firewalld 防火墙允许来自主机 100.100.0.5 到 80 端口的 IPv4 的 TCP 流量，并将流量转发到 2323 端口上，命令如下：

```
firewall-cmd --zone=public --add-rich-rule 'rule family=ipv4 source address=100.100.0.5 forward-port port=80 protocol=tcp to-port=2323'
```

第 21 章　LAMP 部署

扫一扫，
获取微课

目前互联网发展迅速，大家在上网时都会使用网站，而且网站技术的发展越来越成熟，展示出来的效果也越来越好，所以网站已经是互联网不可或缺的一部分了。众多的企业或相关机构一般都会通过网站向用户展示企业的产品或者机构的功能信息。那么为什么他们要用网站来展示信息呢？原因很简单，用户通过一个浏览器就能够访问网站，不仅免去了下载各种 App 的麻烦，还解决了跨平台问题。那么你知道网站是存放在哪里的吗？我们为什么能够访问网站呢？我们是怎么访问到网站的呢？网站上收录的个人信息数据又是如何存储与交互的呢？我们如何搭建自己的网站并向人们展示呢？本章将介绍如何把已经开发好的网站部署到 Web 服务器上并向人们展示。常用的 Web 服务器有很多，比如 Apache、Nginx、Tomcat、Lighttpd、Microsoft IIS 等，本章将基于 Linux，使用 Apache、PHP 和数据库进行 LAMP 环境的联合搭建。

21.1　LAMP 简介

L 代表 Linux，但此处需要注意 Linux 的版本号，如 CentOS 6.9 或 CentOS 7.3。

A 代表 Apache，在传统行业中，一般情况下会采用 Apache 作为服务器，因此我们有必要了解和学习 Apache 的相关知识。

M 代表数据库，通常采用 MySQL 或 MariaDB。

P 代表 PHP、Python、Perl 等编程语言。

LAMP 的工作过程如图 21.1 所示。

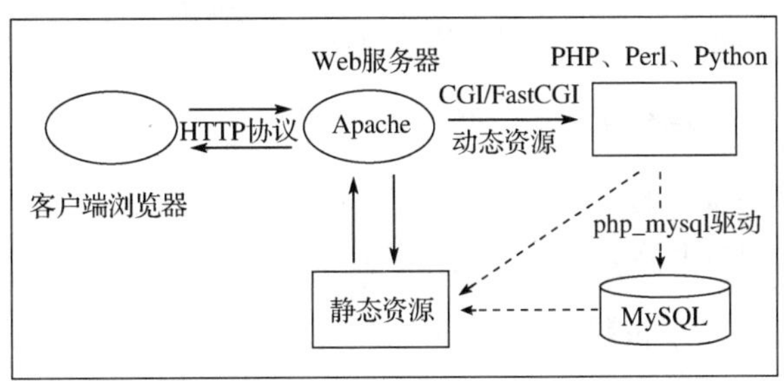

图 21.1　LAMP 的工作过程

- 当客户端请求的是静态资源时，Web 服务器会直接把静态资源返回给客户端。

- 当客户端请求的是动态资源时，HTTP 的 PHP 模块会进行相应的资源运算，如果此过程还需要数据库的数据作为运算参数时，则 PHP 会连接 MySQL，取得数据，然后进行运算，将运算的结果转为静态资源并由 Web 服务返回给客户端。

Apache 主要实现如下功能：

- 处理 HTTP 的请求、构建响应报文等自身服务。
- 配置 Apache 支持 PHP 程序的响应。
- 配置 Apache 具体处理 PHP 程序的方法。

MySQL 主要实现如下功能：

- 提供 PHP 程序对数据的存储。
- 提供 PHP 程序对数据的读取。

PHP 主要实现如下功能：

- 提供 Apache 的访问接口。
- 提供 PHP 程序的解释器。
- 提供 MySQL 数据库的连接函数的基本环境。

21.2 LAMP 动态网站部署

21.2.1 Apache 的安装与配置

1. 配置国内 Yum 源

1）配置 Yum 源指向

配置国内的阿里云 Yum 源以加快下载速度并增加更多安装包资源。注意先备份一下原来的 Yum 源配置文件/etc/yum.repos.d/CentOS-Base.repo，用于修改错误并进行恢复，命令如下：

```
[root@lamp ~]#mv /etc/yum.repos.d/CentOS-Base.repo /etc/yum.repos.d/CentOS-Base. repo.backup
```

2）下载新的 CentOS-Base.repo 文件到/etc/yum.repos.d/目录中

```
[root@lamp ~]# wget -O /etc/yum.repos.d/CentOS-Base.repo http://mirrors.aliyun.com/repo/Centos-7.repo
[root@lamp ~]# yum clean all            //清理软件源
[root@lamp ~]# yum makecache            //把 Yum 源缓存到本地
[root@lamp ~]# yum repolist             //检查 Yum 源是否正常
```

2. Apache 的安装与运行

1）使用 Yum 安装 Apache

```
[root@lamp ~]#yum -y install httpd
```

2）检查 Yum 是否安装了依赖包

```
[root@lamp ~]#rpm -qa | grep httpd
```

3）启动 Apache 服务及配置开机自启动

由于 Web 服务的可访问性、可用性很重要，所以需要把 Apache 服务配置成开机自启动，命令如下：

```
[root@lamp ~]#systemctl enable httpd
```

启动 Apache 服务，命令如下：

```
[root@lamp ~]#systemctl start httpd
```

现在用户就可以通过浏览器在地址栏中输入“localhost”或者“http://<服务器 IP>”进行访问了，如图 21.2 所示。

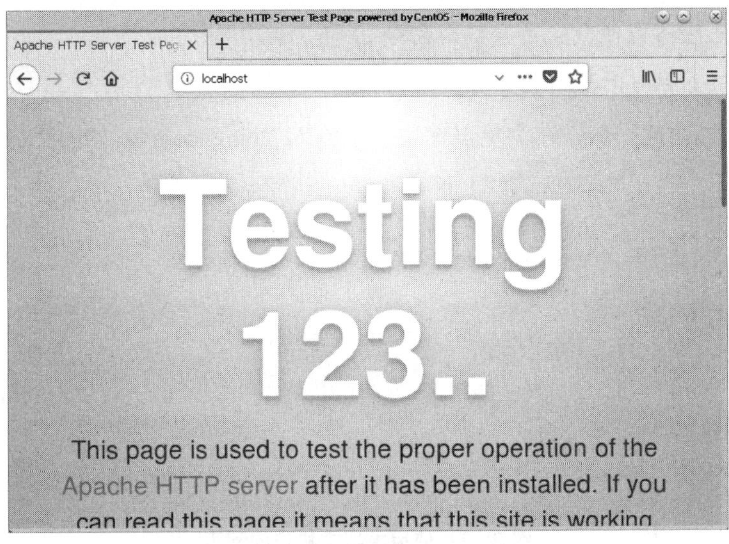

图 21.2　本机成功安装 Apache

4）配置防火墙

在 Apache 服务启动后，为了能让除本地主机以外的用户访问服务器上的 Web 服务，需要对防火墙添加一条规则来开放服务器的 80 端口，命令如下：

```
[root@lamp ~]#firewall-cmd --permanent --add-port=80/tcp          //开放 80 端口
[root@lamp ~]#firewall-cmd --reload                                //重启防火墙
```

除本地主机以外的机器在访问时只需在浏览器地址栏中输入“http://<服务器 IP>”即可。

5）虚拟主机配置

修改 hosts 文件，进行域名解析，命令如下：

```
[root@lamp ~]# echo '192.168.1.4 lamp.com' >> /etc/hosts
[root@lamp ~]#cat /etc/hosts
```

创建域名对应 Web 站点，命令如下：

```
[root@lamp ~]#mkdir /var/www/html/lamp
[root@lamp ~]#echo "<h1>this is lamp page</h1>" > /var/www/html/lamp/index.html
```

配置基于域名的虚拟主机，将/usr/share/doc/httpd-2.4.6/目录下的虚拟主机的配置模板文件

httpd-vhosts.conf 复制到/etc/httpd/conf.d/目录下，并进行相关配置修改，命令如下：

```
[root@lamp ~]#cp /usr/share/doc/httpd-2.4.6/httpd-vhosts.conf /etc/httpd/conf.d/
[root@lamp ~]#vim /etc/httpd/conf.d/httpd-vhosts.conf
<VirtualHost *:80>
    ServerAdmin root@localhost
    DocumentRoot "/var/www/html/lamp"
    ServerName lamp.com
    ErrorLog "/var/log/httpd/dummy-host.example.com-error_log"
    CustomLog "/var/log/httpd/dummy-host.example.com-access_log" common
    </VirtualHost>
```

重启 Apache 服务以使得配置生效，命令如下：

```
[root@lamp ~]#systemctl restart httpd
```

使用虚拟主机访问网页，在浏览器地址栏中输入“lamp.com”，如图 21.3 所示。

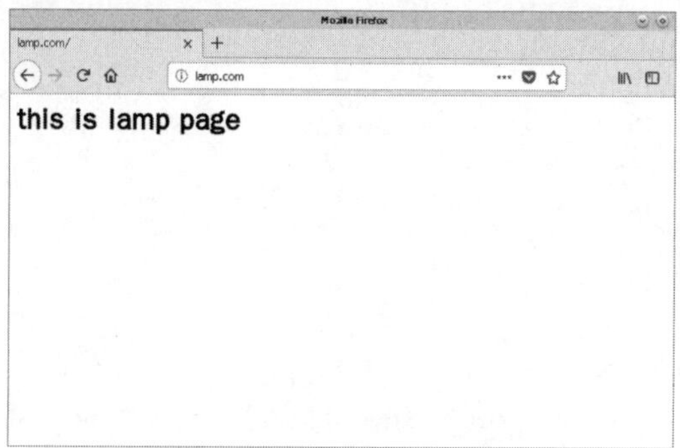

图 21.3　使用虚拟主机访问网页

21.2.2　PHP 的安装与配置

PHP 的具体安装与配置可以参考 10.3.5 节的相关内容，我们可以通过如下命令验证其安装是否成功：

```
[root@lamp ~]#systemctl restart httpd
```

在配置虚拟主机时修改了 httpd-vhosts.conf 文件，改变了 Web 访问默认目录，命令如下：

```
[root@lamp ~]#rm -rf /var/www/html/lamp/index.html                    //删除 LAMP 的 index.html 文件
[root@lamp ~]# echo '<?php phpinfo(); ?>' > /var/www/html//lamp/index.php   //创建新的 PHP 文件
```

现在用户就可以通过浏览器在地址栏中输入“http://lamp.com”或者“http://<服务器 IP>”进行访问了，如果页面显示了 PHP 相关信息就说明安装成功，如图 21.4 所示。

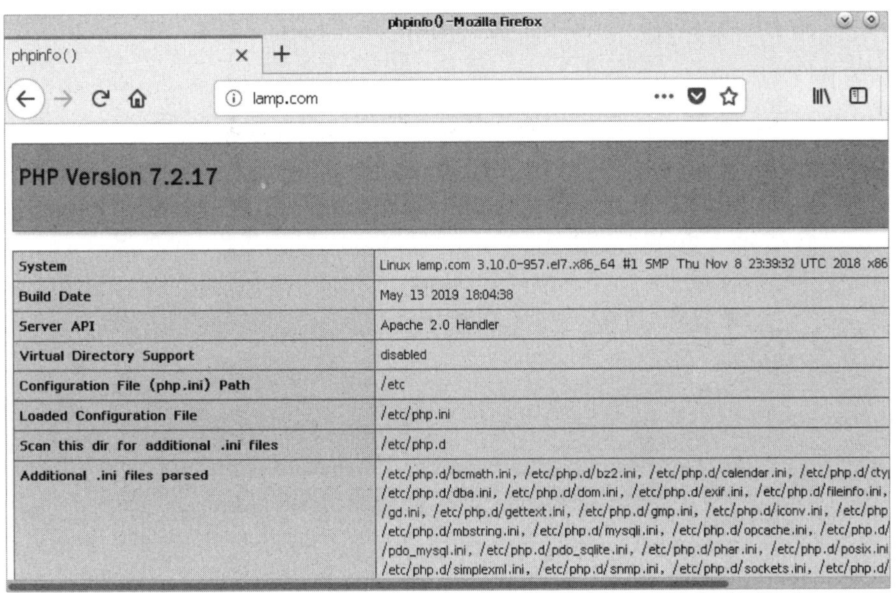

图 21.4　本机成功安装 PHP

21.2.3　数据库的安装与运行

CentOS 7 不再使用原来的 MySQL，而是使用 MariaDB，MariaDB 数据库管理系统是 MySQL 的一个分支，主要由开源社区在维护，采用 GPL 授权许可。MariaDB 的目的是完全兼容 MySQL，包括 API 和命令行，是目前非常受关注的 MySQL 数据库衍生版，也被视为开源数据库 MySQL 的替代品。

安装 MariaDB，命令如下：

```
[root@lamp ~]#yum -y install mariadb-server mariadb
```

配置 MariaDB 自启动，命令如下：

```
[root@lamp ~]#systemctl enable mariadb
```

启动 MariaDB 服务，命令如下：

```
[root@lamp ~]#systemctl start mariadb
```

设置 root 账户的密码，命令如下：

```
[root@lamp ~]#mysql_secure_installation
```

根据提示按 Enter 键并选择 Y/N，在提示输入密码时输入密码。

登录数据库，验证其是否正常运行，命令如下：

```
[root@lamp ~]#mysql -uroot -p
Enter password:                //输入上一步设置的 root 密码
Welcome to the MariaDB monitor.   Commands end with ; or \g.
Your MariaDB connection id is 10
Server version: 5.5.60-MariaDB MariaDB Server
Copyright (c) 2000, 2018, Oracle, MariaDB Corporation Ab and others.
```

```
Type 'help;' or '\h' for help. Type '\c' to clear the current input statement.
MariaDB [(none)]>            //登录成功
```

打开 PHP 网页，找到 mysqli 项，查看数据库安装情况如图 21.5 所示。

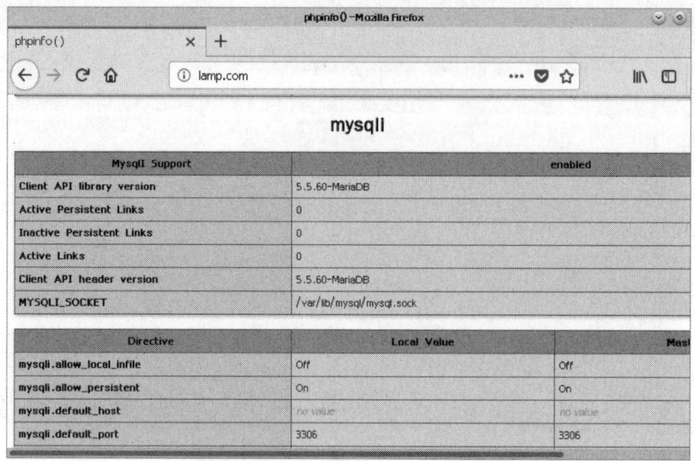

图 21.5　查看数据库安装情况

至此，LAMP 架构已经完成搭建，为了使用 PHP 对数据库进行更加方便的管理，可以安装 phpMyAdmin。

21.2.4　安装 LAMP 管理工具——phpMyAdmin

phpMyAdmin 是一个以 PHP 为基础，以 Web-Base 方式架构在网站主机上的 MySQL 数据库管理工具，可以让管理者用 Web 接口管理 MySQL 数据库。因此 Web 接口可以成为一个以简易方式输入复杂 SQL 语法的较佳途径，尤其在处理大量资料的汇入及汇出时更为方便。其中一个更大的优势在于 phpMyAdmin 与其他 PHP 工具一样在网页服务器上执行，但是用户可以在任何地方使用这些工具产生的 HTML 页面，也就是说，用户可以在远端管理 MySQL 数据库，方便地建立、修改、删除数据库及资料表，也可以通过 phpMyAdmin 建立常用的 PHP 语法，在编写网页时保证所需要的 SQL 语法的正确性。

下载 phpMyAdmin 工具包，命令如下：

```
[root@lamp ~]#wget https://files.phpmyadmin.net/phpMyAdmin/4.8.5/phpMyAdmin-4.8.5-all-languages.zip
```

解压缩 phpMyAdmin 工具包，命令如下：

```
[root@lamp ~]#unzip phpMyAdmin-4.8.5-all-languages.zip
```

移动 phpMyAdmin 文件到域名目录下，命令如下：

```
[root@lamp ~]#mv phpMyAdmin-4.8.5-all-languages /var/www/html/lamp/phpMyAdmin
```

关闭 SELinux 防火墙，命令如下：

```
[root@lamp ~]#setenforce 0        //此方法为临时关闭 SELinux 防火墙
```

现在用户就可以通过浏览器在地址栏中输入“http://zdhyw.lamp.com/phpMyAdmin”或者

“http://<服务器 IP>/phpMyAdmin”进行访问了。用户输入前面设置的数据库密码即可登录并管理数据库，如图 21.6 与图 21.7 所示。

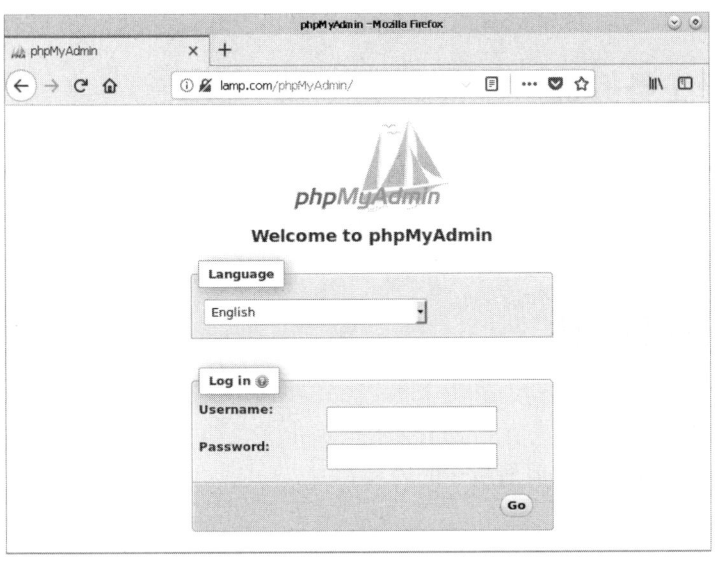

图 21.6　phpMyAdmin 登录界面

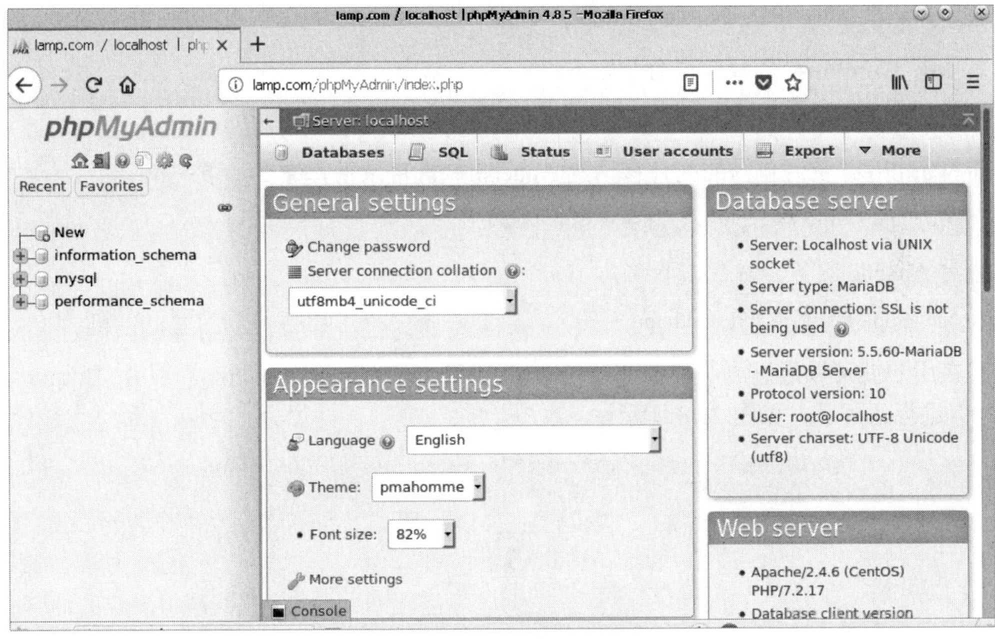

图 21.7　phpMyAdmin 管理界面

21.3 任务实战

21.3.1 任务描述

在 CentOS 7 中利用 LAMP 环境搭建 WordPress 博客系统。要求如下所述。

- 环境：LAMP。
- 域名：http://zdhyw.lamp.com。

21.3.2 任务实施

1. LAMP 环境搭建

LAMP 环境搭建参考本章前面所述的内容。

2. 下载并安装 WordPress

下载 WordPress 资源包，命令如下：

```
[root@lamp ~]#wget https://cn.wordpress.org/wordpress-5.0.3-zh_CN.zip
```

解压缩 WordPress 资源包，命令如下：

```
[root@lamp ~]#unzip unzip wordpress-5.0.3-zh_CN.zip
```

将 WordPress 资源包内的文件移动到 Apache 默认目录下，命令如下：

```
[root@lamp ~]#mv /wordpress/* /var/www/html/lamp
```

重启 Apache 服务，命令如下：

```
[root@lamp ~]#systemctl restart httpd
```

现在用户就可以通过浏览器在地址栏中输入“http://zdhyw.lamp.com”或者“http://<服务器 IP>”进行访问了，如图 21.8 所示。

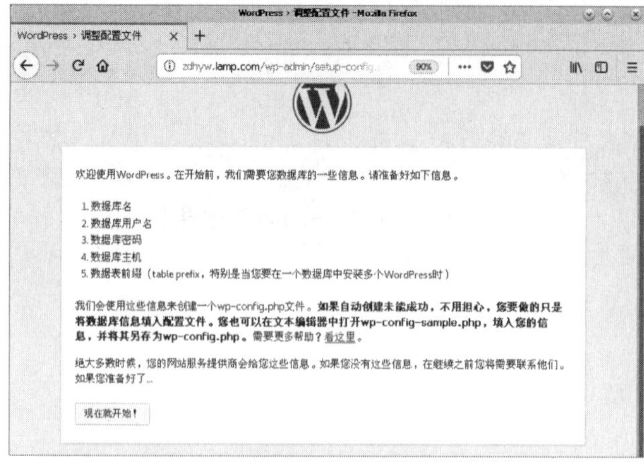

图 21.8 检验 WordPress 安装结果

3. 登录 phpMyAdmin 并创建数据库

用户通过浏览器在地址栏中输入“http://zdhyw.lamp.com/phpMyAdmin”，即可登录 phpMyAdmin 并创建数据库，如图 21.9 和图 21.10 所示。

图 21.9 登录 phpMyAdmin

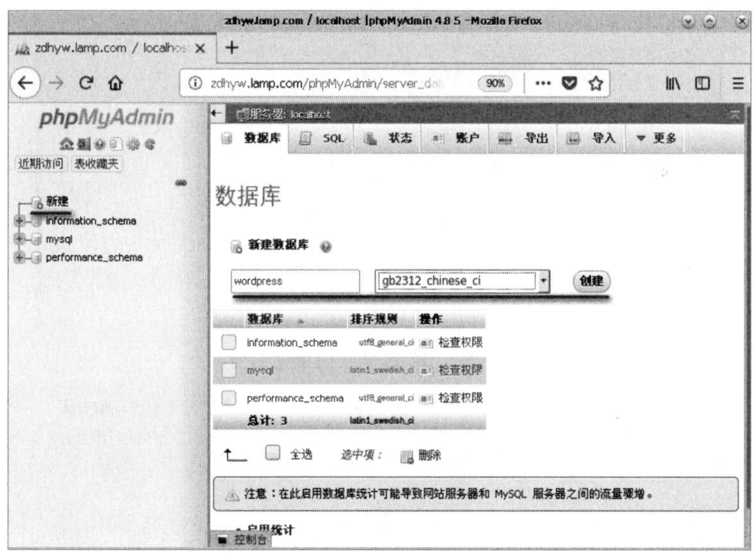

图 21.10 创建数据库

4. 配置 WordPress 论坛

修改 WordPress 配置文件，命令如下：

```
[root@lamp ~]#cd /var/www/html/lamp
[root@lamp ~]#cp wp-config-sample.php wp-config.php
[root@lamp ~]#vim wp-config.php                //修改如下几项
define('DB_NAME', 'wordpress');
```

```
define('DB_USER', 'root');
define('DB_PASSWORD', 'zdhyw');
define('DB_HOST', 'localhost');
```

使用浏览器访问 Web 站点，并根据配置向导进行设置，在配置完成后再次输入“http://zdhyw.lamp.com”，即可看到个人论坛，如图 21.11～图 21.14 所示。

图 21.11　填写建站信息（一）

图 21.12　填写建站信息（二）

图 21.13　填写建站信息（三）

图 21.14　访问 WordPress 搭建的个人论坛

5. 管理 WordPress 个人博客

用户通过浏览器在地址栏中输入“http://zdhyw.lamp.com/wp-admin”即可访问博客后台登录界面，在此输入用户名和密码即可登录并管理博客后台，如图 21.15 和图 21.16 所示。

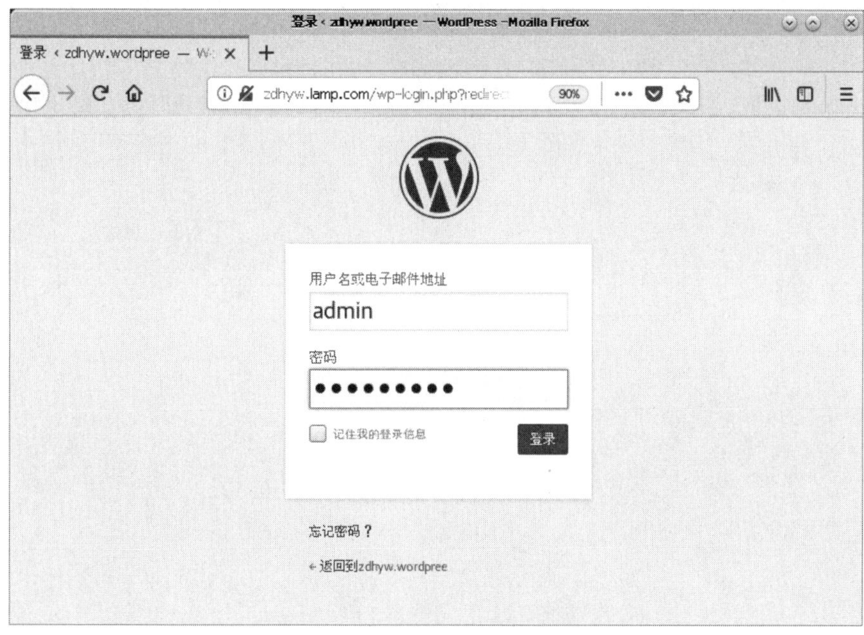

图 21.15　博客后台登录界面

图 21.16　个人博客后台管理界面

第 22 章　Docker 容器部署

扫一扫，
获取微课

22.1　Docker 简介

Docker 是 Docker.Inc 公司的一个基于轻量级虚拟化技术的开源容器引擎项目，整个项目基于 Go 语言开发，并遵从 Apache 2.0 协议。通过分层镜像标准化和内核虚拟化技术，Docker 使得应用开发者和运维工程师能够以统一的方式跨平台地发布应用，并且在几乎没有额外开销的情况下提供资源隔离的应用运行环境。Docker 基于 Linux 内核的 cgroup、namespace、Union FS 等技术，对应用进程进行封装隔离，并且独立于宿主机与其他进程，这种运行时封装的状态称为容器。Docker 早期版本的实现是基于 LXC 的，它对其进行进一步封装，包括文件系统、网络互联、镜像管理等方面，极大地简化了容器管理。然而 Docker 从 0.7 版本以后开始去除 LXC，转为自行研发的 1ibcontainer，并且从 1.11 版本开始，进一步演化为 runC 和 containerd。Docker 理念是将应用及依赖包打包到一个可移植的容器中，可发布到任意 Linux 发行版 Docker 引擎上。Docker 使用沙箱机制运行程序，并且程序之间相互隔离。

22.1.1　Docker 的特性

1. 更高效的系统资源利用

由于容器没有进行硬件虚拟和运行完整操作系统等的额外开销，Docker 对系统资源的利用率更高。无论是应用执行速度还是文件存储速度，Docker 都要比传统虚拟机技术更高效，内存消耗更少。因此，与虚拟机技术相比，一台相同配置的 Docker 主机，往往可以运行更多数量的应用。

2. 更快速的启动时间

使用传统的虚拟机技术启动应用服务往往需要数分钟，而由于 Docker 容器应用直接运行于宿主内核，无须启动完整的操作系统，因此启动时间可能为秒级、甚至毫秒级，大大地节约了开发、测试、部署的时间。

3. 一致的运行环境

在开发过程中，一个常见的问题是环境一致性问题。由于开发环境、测试环境、生产环境不一致，有些 bug 可能并未在开发过程中被发现。而 Docker 的镜像提供了除内核以外完整的运行时环境，确保了应用运行环境的一致性，从而不会再出现类似于“这段代码在我机器上可以运行，怎么不能在其他机器上运行呢？”的问题。

4. 持续交付和部署

Docker 号称“build once，run everywhere”，使用 Docker 可以通过定制应用镜像来实现持续集成、持续交付、部署。开发人员可以通过 Dockerfile 来进行镜像构建，并结合持续集成（CI）系统进行集成测试，而运维人员可以直接在生产环境中快速部署该镜像，甚至结合持续部署（CD）系统进行自动部署。

5. 更轻松的迁移

Docker 所使用的分层存储和镜像的技术，使得应用重复部分更为容易，也使得应用的维护更新更加简单，基于基础镜像进一步扩展镜像也变得非常简单。此外，Docker 团队同各个开源项目团队一起维护了大量高质量的官方镜像，既可以直接在生产环境中使用，又可以作为基础进一步定制，大大地降低了应用服务的镜像制作成本。Dockerfile 的应用使得镜像构建透明化，不仅有助于开发团队理解应用运行的环境，也有利于运维团队理解应用运行所需条件，从而在更好的生产环境中部署该镜像。

22.1.2 Docker 组件组成

1. 镜像（Image）

镜像，可以理解为一个模板，这个模板提供了机器运行时所需的程序、库、资源、配置等必要文件。只要有了这个模板，我们可以在任何装有 Docker 的系统上运行容器。

2. 容器（Container）

容器，就是依据镜像这个模板创建出来的实体。容器的实质是进程，但与直接在宿主机上执行的进程不同，容器进程运行于自己独立的命名空间。因此容器可以拥有自己的 root 文件系统、自己的网络配置、自己的进程空间，甚至自己的用户 ID 空间。容器内的进程运行在一个隔离的环境里，在使用时，就像在一个独立于宿主的系统下操作一样。这种特性使得容器封装的应用比直接在宿主机上运行的应用更加安全。

3. 仓库（Repository）

仓库，顾名思义就是存放东西的地方，这里的“东西”就是 Image。用户可以通过仓库拉取镜像运行容器，也可以构建镜像存放在仓库中。仓库可分为公共仓库和私有仓库，所有用户都能使用的仓库称为公共仓库，而私有仓库则是个人或者团队自己搭建的，仅供个人或者团队使用。

22.1.3 容器与虚拟机的区别

下面对容器和虚拟机进行了比较。传统虚拟机技术是虚拟出一套硬件后，在其上运行一个完整的操作系统，并在该操作系统上运行所需的应用进程；而容器内的应用进程直接运行于宿主机内核，容器没有自己的内核，而且也没有进行硬件虚拟。因此容器要比传统虚拟机更为轻便。

1. 启动时间

容器属于秒级启动，启动一个容器，类似于启动一个进程；虚拟机属于分钟级启动，启动一台虚拟机，类似于启动一个完整的操作系统。

2. 轻量级

容器镜像的大小通常以 MB 为单位，虚拟机则以 GB 为单位，所以容器资源占用空间较小，要比虚拟机的部署更快。

3. 性能

容器共享宿主机内核，属于系统级虚拟化，占用资源少，没有 Hypervisor 层开销，容器性能基本接近物理机；虚拟机需要 Hypervisor 层支持来虚拟出一些设备，具有完整的 GuestOS，虚拟化开销较大，所以降低了性能，没有容器性能好。

4. 安全性

由于容器共享宿主机内核，属于进程级隔离，因此隔离性和稳定性不如虚拟机。容器具有一定权限访问宿主机内核，但存在一定安全隐患。

5. 使用要求

虚拟机基于硬件的完全虚拟化，需要硬件 CPU 虚拟化技术支持；容器共享宿主机内核，可运行于主流的 Linux 发行版，不用考虑 CPU 是否支持虚拟化技术。

22.2 Docker 的安装与运行

Docker 官方在 2017 年 3 月份之后，将 Docker 分为两个版本，即 Docker CE（社区版）和 Docker EE（企业版）。Docker EE 由公司支持，可在经过认证的操作系统和云提供商中使用，并可运行来自 Docker Store 的、经过认证的容器和插件。Docker CE 是免费的 Docker 产品，Docker CE 包含了完整的 Docker 平台，非常适合开发人员和运维团队构建容器 App。本书使用的版本是 Docker CE。

22.2.1 安装前环境准备

（1）Docker 程序的部署安装需要在 64 位的 CentOS 7 上进行，命令如下：

```
[root@localhost ~]# cat /etc/redhat-release
CentOS Linux release 7.6.1810 (Core)
[root@localhost ~]# uname -a
Linux localhost 3.10.0-957.el7.x86_64 #1 SMP Thu Nov 8 23:39:32 UTC 2018 x86_64 x86_64 x86_64
```

```
GNU/Linux
```

（2）如果安装过旧版本，则需要先卸载已安装的旧版本及其相关的依赖包，以保证程序可以正常运行，命令如下：

```
[root@localhost ~]# yum remove docker docker-client docker-client-latest docker-common docker-latest docker-latest-logrotate docker-logrotate docker-engine
```

（3）首次在新的主机上安装 Docker CE 之前，需要设置 Docker 存储库（Repository）。之后，用户可以从存储库安装和更新 Docker。

- 安装所需的包。yum-utils 提供了 yum-config-manager 实用程序，device-mapper-persistent-data 和 lvm2 是 devicemapper 存储驱动程序所必需的，命令如下：

```
[root@localhost ~]# yum install -y yum-utils device-mapper-persistent-data lvm2
```

- 设置稳定的存储库，命令如下：

```
[root@localhost ~]# yum-config-manager --add-repo https://download.docker.com/linux/centos/docker-ce.repo
```

注意：

不要将不稳定的存储库使用在生产环境或非测试环境中。如果同时拥有稳定的存储库和不稳定的存储库，则在使用 yum install 命令或 yum update 命令在没有指定版本的前提下进行安装或升级操作时，需要注意大多数情况下获取的是最新版本的 Docker，并且极有可能是不稳定的版本。可以使用如下命令开启或关闭测试存储库：

```
yum-config-manager --enable docker-ce-test
yum-config-manager --disable docker-ce-test
```

22.2.2 安装 Docker CE

如果启用了多个 Docker 存储库，在安装或更新 Docker 时不指定版本，则 yum install 命令或 yum update 命令将始终安装尽可能最新版本的 Docker CE。在生产系统上，应该安装特定版本的 Docker CE，而不应使用最新版本的 Docker CE。

使用 Yum 命令列出可用的版本，并按版本号对结果进行排序（从最高版本到最低版本），命令如下：

```
[root@localhost ~]# yum list docker-ce --showduplicates | sort -r
* updates: mirrors.aliyun.com
Loading mirror speeds from cached hostfile
Loaded plugins: fastestmirror
* extras: mirrors.aliyun.com
docker-ce.x86_64        3:18.09.6-3.el7        docker-ce-stable
docker-ce.x86_64        3:18.09.5-3.el7        docker-ce-stable
docker-ce.x86_64        3:18.09.4-3.el7        docker-ce-stable
docker-ce.x86_64        3:18.09.3-3.el7        docker-ce-stable
docker-ce.x86_64        3:18.09.2-3.el7        docker-ce-stable
docker-ce.x86_64        3:18.09.1-3.el7        docker-ce-stable
```

```
docker-ce.x86_64          3:18.09.0-3.el7                docker-ce-stable
docker-ce.x86_64          18.06.3.ce-3.el7               docker-ce-stable
docker-ce.x86_64          18.06.2.ce-3.el7               docker-ce-stable
docker-ce.x86_64          18.06.1.ce-3.el7               docker-ce-stable
docker-ce.x86_64          18.06.0.ce-3.el7               docker-ce-stable
docker-ce.x86_64          18.03.1.ce-1.el7.centos        docker-ce-stable
docker-ce.x86_64          18.03.0.ce-1.el7.centos        docker-ce-stable
docker-ce.x86_64          17.12.1.ce-1.el7.centos        docker-ce-stable
docker-ce.x86_64          17.12.0.ce-1.el7.centos        docker-ce-stable
docker-ce.x86_64          17.09.1.ce-1.el7.centos        docker-ce-stable
docker-ce.x86_64          17.09.0.ce-1.el7.centos        docker-ce-stable
docker-ce.x86_64          17.06.2.ce-1.el7.centos        docker-ce-stable
docker-ce.x86_64          17.06.1.ce-1.el7.centos        docker-ce-stable
docker-ce.x86_64          17.06.0.ce-1.el7.centos        docker-ce-stable
docker-ce.x86_64          17.03.3.ce-1.el7               docker-ce-stable
docker-ce.x86_64          17.03.2.ce-1.el7.centos        docker-ce-stable
docker-ce.x86_64          17.03.1.ce-1.el7.centos        docker-ce-stable
docker-ce.x86_64          17.03.0.ce-1.el7.centos        docker-ce-stable
 * base: mirrors.aliyun.com
Available Packages
```

返回的列表取决于启用的存储库，在当前环境下，只启用了稳定的存储库。

- 第1列为架构版本。
- 第2列为版本号字符串。
- 第3列是存储库名称。

可以根据其包名称安装特定版本，在包名称（docker-ce）的基础上加上从第1个冒号（:）后到第1个连字符前的版本字符串（第2列），并用连字符（-）分隔，如docker-ce-18.09.6。

此环境使用的是稳定版存储库，可以直接安装官方最新的稳定版本，命令如下：

```
yum install docker-ce -y
```

使用Yum安装Docker版本示例如图22.1所示。

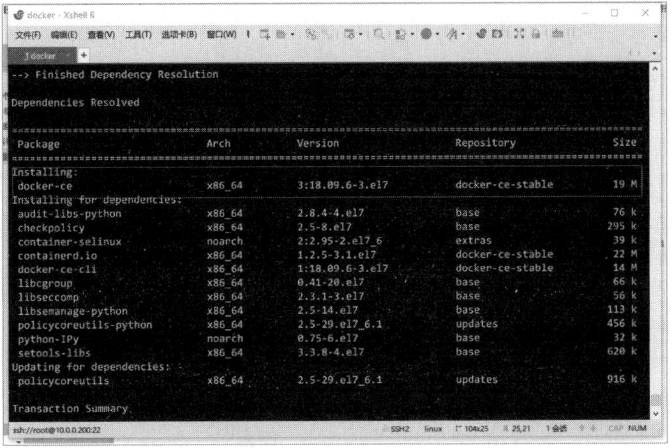

图22.1 使用Yum安装Docker版本示例

22.2.3 设置 Docker 阿里云加速器

由于 Docker 默认从国外服务器下载镜像，因此使用国内网络下载的速度较慢，还有可能下载失败。为了加快镜像的下载速度，可以使用加速器进行下载，提供加速服务的有网易、DaoCloud、阿里云。此处使用阿里云加速器进行加速，具体步骤如下所述。

（1）注册阿里云账号。

（2）登录阿里云，获取加速配置命令，如图 22.2 和图 22.3 所示。

图 22.2 登录阿里云

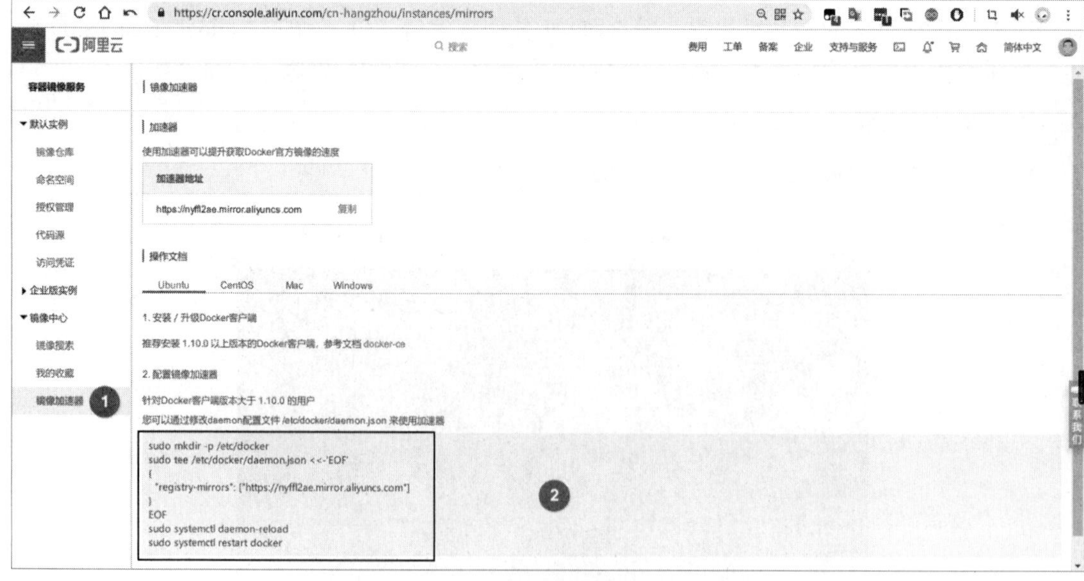

图 22.3 获取加速配置命令

（3）复制阿里云提供的专属加速配置命令，并在命令行执行，然后重新启动 Docker 服务即可。

22.2.4 启动 Docker 服务并配置开机自启动

启动 Docker 服务并配置开机自启动，命令如下：

```
[root@localhost ~]# systemctl start docker
[root@localhost ~]# systemctl enable docker
```

通过运行简单的 Docker 镜像 hello-world 来测试 Docker 是否有效安装，以及程序是否正常运行，命令如下：

```
[root@localhost ~]# docker run hello-world
Unable to find image 'hello-world:latest' locally
latest: Pulling from library/hello-world
1b930d010525: Pull complete
Digest: sha256:fb158b7ad66f4d58aa66c4455858230cd2eab4cdf29b13e5c3628a6bfc2e9f05
Status: Downloaded newer image for hello-world:latest
...
```

22.3 Docker 服务管理

22.3.1 镜像管理

1. 获取镜像

Docker 在运行容器前需要本地存在对应的镜像，如果本地不存在对应的镜像，则 Docker 会从镜像仓库下载，默认的镜像仓库为 Docker Hub 公共注册服务器中的仓库。

获取镜像的命令为 docker pull，格式如下：

```
docker image pull [OPTIONS] NAME[:TAG|@DIGEST]
[] 表示可选参数
```

可以使用 docker pull --help 命令或 man docker-pull 命令查看相关的帮助信息。

例如，拉取一个名称为 hello-world 的镜像，默认为最新版本（latest），命令如下：

```
[root@localhost ~]# docker pull hello-world
Using default tag: latest
latest: Pulling from library/hello-world
1b930d010525: Pull complete
Digest: sha256:0e11c388b664df8a27a901dce21eb89f11d8292f7fca1b3e3c4321bf7897bffe
Status: Downloaded newer image for hello-world:latest
```

2. 列出镜像

使用 docker images 命令显示本地已有的镜像，格式如下：

```
docker images [OPTIONS] [REPOSITORY[:TAG]]
```

可以使用 docker images --help 命令或 man docker-images 命令查看相关的帮助信息。

例如，显示当前镜像，命令如下：

```
[root@localhost ~]# docker images
REPOSITORY      TAG       IMAGE ID        CREATED         SIZE
busybox         1.30.1    64f5d945efcc    2 weeks ago     1.2MB
busybox         latest    64f5d945efcc    2 weeks ago     1.2MB
hello-world     latest    fce289e99eb9    4 months ago    1.84KB
<none>          <none>    e02e811dd08f    2 years ago     1.09MB
```

从显示结果可以看出，第 1 列为仓库名（镜像名），如一个名称为 busybox 的仓库，里面存放了不同版本号的镜像；第 2 列为版本号；第 3 列为镜像 ID；第 4 列为镜像的创建时间；第 5 列为镜像的大小。

为了方便演示，我们拉取另外多个镜像，可以看到最后一行的第 1 列和第 2 列显示为 none，这是一种特殊镜像，这种镜像称为虚悬镜像，其原来是有镜像名称和标签的，但随着官方镜像的维护，在发布新版本后多次进行 docker pull、build、tag 等操作，就可能导致虚悬镜像的出现。

例如，列出部分镜像，在 docker images 命令后面加上指定仓库名和标签，命令如下：

```
[root@localhost ~]# docker images hello-world
REPOSITORY      TAG       IMAGE ID        CREATED         SIZE
hello-world     latest    fce289e99eb9    4 months ago    1.84KB
```

3. 创建镜像

创建镜像的方式有很多种，可以从 Docker Hub 获取，也可以使用以下方法创建自己想要的镜像。

1）修改已有镜像

（1）启动容器，命令如下：

```
[root@localhost ~]# docker run -i -t --name box busybox
/ # touch file.txt
/ # ls
bin  dev  etc  file.txt  home  proc  root  sys  tmp  usr  var
/ # exit
```

参数说明如下所述。

- --name：设置容器的名称。
- -t：让 Docker 分配一个伪终端（pseudo-tty）并绑定到容器的标准输入上。
- -i：让容器的标准输入保持打开。
- exit：退出容器。

（2）使用 commit 命令基于名称为 box 的容器创建一个新的镜像，命令如下：

```
[root@localhost ~]# docker commit box box:latest
sha256:8d79f0005f7a564a4d9784a54b234ce287eccc20cecf9274461a27d78750a774
```

其中，“box”为容器名称，“box:latest”为镜像名称及版本号。
commit 命令的格式如下：

```
docker commit [OPTIONS] CONTAINER [REPOSITORY[:TAG]]
```

（3）使用 docker image box 命令查看新创建的镜像，命令如下：

```
[root@localhost ~]# docker images box
REPOSITORY        TAG          IMAGE ID          CREATED            SIZE
box               latest       8d79f0005f7a      51 seconds ago     1.2MB
```

（4）使用新镜像启动容器，查看新镜像的变化，命令如下：

```
[root@localhost ~]# docker run -it --rm box:latest
/ # ls
bin   dev   etc   file.txt   home   proc   root   sys   tmp   usr   var
```

2. 利用 Dockerfile 创建镜像

Dockerfile 是一个文本文件，包含一条条的指令（Instruction），每一条指令构建一层镜像，因此每一条指令的内容，就是描述该层应当如何构建。

4. 导出和载入镜像

镜像的导出和导入涉及的命令包括 export、import、save、load。

1）export 命令和 import 命令

（1）使用 export 命令从容器中导出镜像，命令如下：

```
[root@localhost ~]# docker export 921a549d8875 -o nginx_export.tar
[root@localhost ~]# ll -h nginx_export.tar
-rw------- 1 root root 107M Jun 15 20:25 nginx_export.tar
```

“-o”表示写入文件，nginx_export 文件导出后是一个 tar 归档文件，可以使用 file 命令查看文件类型，命令如下：

```
[root@localhost ~]# file nginx_export.tar
nginx_export.tar: POSIX tar archive
```

（2）使用 import 命令从 tar 文件创建文件系统镜像，命令如下：

```
[root@localhost ~]# docker import nginx_export.tar nginx:export
sha256:b0e698e1d34cc1f38a121f8a660a4a0d18abe233fa0481d0d21f555597a9adae
```

“nginx:export”中的“export”为版本号。
使用 docker images nginx:export 命令查看镜像，命令如下：

```
[root@localhost ~]# docker images nginx:export
REPOSITORY          TAG          IMAGE ID          CREATED            SIZE
nginx               export       b0e698e1d34c      10 seconds ago     108MB
```

2）save 命令和 load 命令

（1）使用 save 命令将镜像保存为归档文件，命令如下：

```
[root@localhost ~]# docker save -o nginx_save.tar nginx:latest
[root@localhost ~]# ll -h nginx_save.tar
-rw------- 1 root root 108M Jun 15 21:41 nginx_save.tar
```

（2）使用 load 命令从归档文件加载镜像，命令如下：

```
[root@localhost ~]# docker load -i nginx-save.tar
Loaded image: nginx:latest
```

5. 删除镜像

```
[root@localhost ~]# docker rmi -f hello-world
Untagged: hello-world:latest
Untagged: hello-world@sha256:0e11c388b664df8a27a901dce21eb89f11d8292f7fca1b3e3c4321bf7897bffe
Deleted: sha256:fce289e99eb9bca977dae136fbe2a82b6b7d4c372474c9235adc1741675f587e
```

“-f”表示强制删除镜像，如果有容器在使用镜像，则默认不可以直接删除，而加上“-f”可以强制删除。

22.3.2 容器操作

1. 启动一个容器

1）以后台方式运行一个容器

```
[root@localhost ~]# docker run -d nginx
902fce8db88a4207ace9e9b667edcc4a7048770264e9b6b26032757cf4991ded
```

2）以前台交互方式运行一个容器

```
[root@localhost ~]# docker run -i -t --name centos centos
[root@965be1163b3f /]# cat /etc/redhat-release
CentOS Linux release 7.6.1810 (Core)
```

参数说明如下所述。

- -t：让 Docker 分配一个伪终端（pseudo-tty）并绑定容器的标准输入。
- -i：让容器的标准输入保持打开。
- --name：给当前容器自定义一个名称。

3）容器退出时自动删除

```
[root@localhost ~]# docker run -d --rm centos sleep 10
f39d6a2bf106c8a49abd9fa6873e09a32bf4867be1d056379c523baf474d9ad6
```

4）容器端口映射到主机

```
[root@localhost ~]# docker run -d -p 80:80 --name nginx nginx
2e8a3e5458323fd43cd8160007d41c7370845b29d6a09c69495eb6dfd30c116a
```

5）访问宿主机

```
[root@localhost ~]# curl -I http://127.0.0.1
HTTP/1.1 200 OK
Server: nginx/1.17.0
Date: Sat, 15 Jun 2019 14:34:56 GMT
Content-Type: text/html
Content-Length: 612
Last-Modified: Tue, 21 May 2019 14:23:57 GMT
Connection: keep-alive
ETag: "5ce409fd-264"
Accept-Ranges: bytes
```

2. 查看容器日志

```
[root@localhost ~]# docker logs nginx
10.0.0.1 - - [15/Jun/2019:14:37:13 +0000] "GET / HTTP/1.1" 304 0 "-" "Mozilla/5.0 (Windows NT 10.0; Win64; x64) AppleWebKit/537.36 (KHTML, like Gecko) Chrome/74.0.3729.169 Safari/537.36" "-"
10.0.0.1 - - [15/Jun/2019:14:37:14 +0000] "GET / HTTP/1.1" 304 0 "-" "Mozilla/5.0 (Windows NT 10.0; Win64; x64) AppleWebKit/537.36 (KHTML, like Gecko) Chrome/74.0.3729.169 Safari/537.36" "-"
```

3. 进入容器

```
[root@localhost ~]# docker exec -it nginx bash
root@2e8a3e545832:/# ls
bin   dev  home  lib64  mnt  proc  run  srv  tmp  var
boot  etc  lib   media  opt  root  sbin  sys  usr
root@2e8a3e545832:/# cd ~
root@2e8a3e545832:~# ls
root@2e8a3e545832:~#
```

“-it”为将“-i”和“-t”写在一起的形式。

若要退出当前容器，则可以使用 exit 命令。

4. 查看当前的容器

```
[root@localhost ~]# docker ps -a
CONTAINER ID        IMAGE               COMMAND                  CREATED
STATUS              PORTS               NAMES
4fe37ab51081        nginx               "nginx -g 'daemon of…"   50 seconds ago      Up 49
seconds             0.0.0.0:80->80/tcp   nginx
```

5. 删除容器

```
[root@localhost ~]# docker rm -fv nginx
nginx
```

“-f”表示强制删除运行中的容器。

22.3.3 数据卷操作

容器是由镜像启动的，无论是关闭容器还是删除容器，容器中存储的数据和更改的数据都会消失，这就意味着数据可能有一定的丢失风险。但是，我们可以把宿主机的某个目录挂载到容器中，如创建/data/目录，将容器生成的新数据全部写到/data/目录下，也就是写到宿主机的磁盘中，这样即使删除了容器，数据也不会消失，挂载命令如下所述。

在当前宿主机的/data/目录下有一个文件，打开该文件，命令如下：

```
[root@localhost ~]# ls /data/file1
/data/file1
```

使用“-v”挂载本地目录到容器里，如果本地目录不存在，则 Docker 会自行创建，命令如下：

```
[root@localhost ~]# docker run -itd -v /data/:/data nginx
47dcf3b056efa3af26ffdcf01a202d91ef103fb51d7043df41dddf2e35ff38f7
```

进入容器中查看挂载的情况，命令如下：

```
[root@localhost ~]# docker exec -it 47dcf3b0 bash
root@47dcf3b056ef:/# df -h
Filesystem                Size     Used     Avail    Use%    Mounted on
overlay                   37GB     4.3GB    33GB     12%     /
tmpfs                     64MB     0        64MB     0%      /dev
tmpfs                     991MB    0        991MB    0%      /sys/fs/cgroup
/dev/mapper/centos-root   37GB     4.3GB    33GB     12%     /data
shm                       64MB     0        64MB     0%      /dev/shm
tmpfs                     991MB    0        991MB    0%      /proc/acpi
tmpfs                     991MB    0        991MB    0%      /proc/scsi
tmpfs                     991MB    0        991MB    0%      /sys/firmware
```

在挂载目录中新建一个文件，命令如下：

```
root@47dcf3b056ef:/# cd /data/
root@47dcf3b056ef:/data# ls
file1
root@47dcf3b056ef:/data# touch file2
root@47dcf3b056ef:/data# exit
exit
```

在宿主机上查看/data/目录，命令如下：

```
[root@localhost ~]# ls /data/
file1    file2
```

22.4 任务实战

1. 获取 WordPress 博客镜像

```
[root@localhost ~]# docker pull wordpress
...
Digest: sha256:6ba22ea13477460a76e47f2d01a21c67d53026b93e4c707b7bea74bb4641c13e
Status: Downloaded newer image for wordpress:latest
```

2. 获取 MariaDB 数据库镜像

```
[root@localhost /mnt]# docker pull mariadb
...
Digest: sha256:48f2bbe16e546469b92d2f9c70c684b514bf12f23aa4ad4f13b805ddcb21ca46
Status: Downloaded newer image for mariadb:latest
```

3. 启动 MariaDB 容器

```
[root@localhost ~]# docker run -d -p 3306:3306 -e MYSQL_ROOT_PASSWORD=000000 --name sql mariadb:latest
59c6c5eed7d6add7c0bec893ab5af5b0f19f8bff49ce9e71032eb73bfa4bf1bb
```

“-e MYSQL_ROOT_PASSWORD=000000”指定容器的环境参数，此处表示初始化 MariaDB 的 root 密码。

4. 进入 MariaDB 容器，创建数据库和用户

进入 MariaDB 容器，命令如下：

```
[root@localhost ~]# docker exec -it sql bash
```

登录数据库，命令如下：

```
root@59c6c5eed7d6:/# mysql -uroot -p000000
Welcome to the MariaDB monitor.  Commands end with ; or \g.
Your MariaDB connection id is 8
Server version: 10.3.15-MariaDB-1:10.3.15+maria~bionic mariadb.org binary distribution
Copyright (c) 2000, 2018, Oracle, MariaDB Corporation Ab and others.
Type 'help;' or '\h' for help. Type '\c' to clear the current input statement.
```

创建 WordPress 数据库，命令如下：

```
MariaDB [(none)]> create database wordpress;
Query OK, 1 row affected (0.001 sec)
```

创建 WordPress 用户，并授予其操作 WordPress 数据库的所有权限，命令如下：

```
MariaDB [(none)]> grant all on wordpress.* to wordpress@172.17.0.% identified by 'wordpress';
Query OK, 0 rows affected (0.002 sec)
```

5. 启动 WordPress 容器

```
[root@localhost ~]# docker run --name wp --link sql:sql -p 80:80 -d wordpress:latest
2ae3616a91ae88eb9e8e1f49ba6212e25053de94c1d469895a9b80572ec09b7c
```

“--link”用来连接两个容器，第 1 个“sql”代表的是 MariaDB 容器的名称，第 2 个“sql”代表的是源容器在 link 下的别名。

6. 获取 MariaDB 容器的 IP 地址

```
[root@localhost ~]# docker inspect sql |grep 'IPAddress'
            "SecondaryIPAddresses": null,
            "IPAddress": "172.17.0.2",
                    "IPAddress": "172.17.0.2",
```

7. 在宿主机上安装 WordPress

具体过程如图 22.5、图 22.6 和图 22.7 所示。

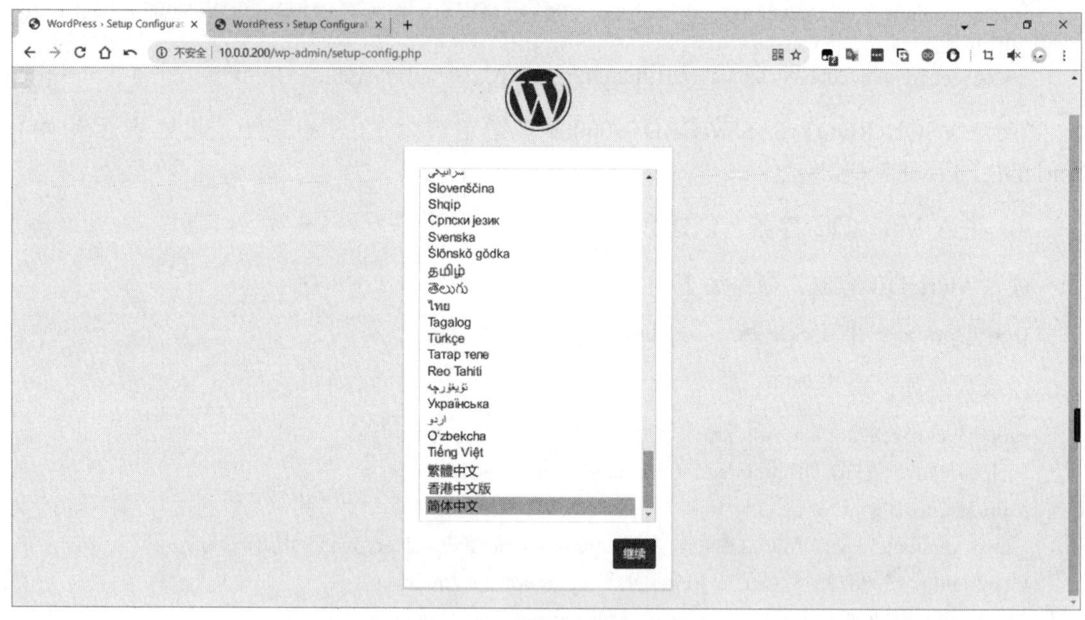

图 22.5 安装 WordPress

WordPress › Setup Configurat　WordPress › 调整配置文件

10.0.0.200/wp-admin/setup-config.php?step=1&language=zh_CN

请在下方填写您的数据库连接信息。如果您不确定，请联系您的服务提供商。

数据库名	wordpress	希望将WordPress安装到的数据库名称。
用户名	wordpress	您的数据库用户名。
密码	wordpress	您的数据库密码。
数据库主机	172.17.0.2	如果localhost不能用，您通常可以从网站服务提供商处得到正确的信息。
表前缀	wp_	如果您希望在同一个数据库安装多个WordPress，请修改前缀。

提交

图 22.6　数据库连接

图 22.7　安装完成